Mathematik
zu den Experimentalphysik-Vorlesungen

Volkhard Riech

Mathematik zu den Experimentalphysik-Vorlesungen

Ein Leitfaden für Studienanfänger

Spektrum Akademischer Verlag   Heidelberg · Berlin

Die Deutsche Bibliothek – CIP-Einheitsaufnahme

Riech, Volkhard:
Mathematik zu den Experimentalphysik-Vorlesungern : ein Leitfaden für Studien-
anfänger / Volkhard Riech. – Heidelberg ; Berlin : Spektrum, Akad. Verl., 1997
 (Spektrum-Hochschultaschenbuch)
 ISBN 3-8274-0220-4

Lektorat: Björn Gondesen / Georg W. Botz
Umschlaggestaltung: Eta Friedrich, Berlin
Druck und Verarbeitung: Strauss Offsetdruck, Mörlenbach

Einführung

Das vorliegende Buch bietet eine Zusammenstellung elementarer mathematischer Methoden, die für die quantitative Behandlung klassisch physikalischer Phänomene erforderlich sind. Es wendet sich damit an Studienanfänger im Fach Physik und will ihnen behilflich sein, eine Brücke zwischen dem mathematischen Schulwissen und den von der ersten Vorlesungsstunde an gestellten Anforderungen zu schlagen.

Die Darstellung entstand aus den Aufzeichnungen zu einer zweisemestrigen Vorlesung, die an der Universität Hamburg regelmäßig parallel zu den einführenden Experimentalphysikvorlesungen angeboten wird. Die Ursachen für die mathematischen Probleme der Studierenden sind bekannt: Einerseits ist es nicht Aufgabe des Mathematikunterrichts der Gymnasien, mathematische Vorkenntnisse für angehende Physikstudenten bereitzustellen. Auf der anderen Seite sind die Studienpläne der Universitäten für das Fach Physik in der Regel so angelegt, daß die viersemestrige Mathematikausbildung in günstigen Fällen zwar gleichzeitig mit den Physikvorlesungen startet, wegen ihres systematischen Aufbaus und des sehr allgemein gehaltenen Inhalts aber die Probleme der Physikstudenten häufig zu spät anpackt.

So wird schon in den ersten Vorlesungsstunden des ersten Semesters im Physikstudium über die Bahnbewegung von Massenpunkten im dreidimensionalen Raum gesprochen: Die Differentialgeometrie der Raumkurven wie auch krummlinige Koordinatensysteme gehören aber zum mathematischen Neuland für die Studienanfänger. Es sind Themen, die in der „Mathematik für Physiker" nur am Rande behandelt werden oder sogar den Besuch von Spezialvorlesungen erforderlich machen. Näherungsdarstellungen von Funktionen durch Potenzreihenentwicklung gehören zum täglichen Brot der Physiker. In Gymnasien wird dieses Thema aber nur selten behandelt. In besonderem Maße stellen sowohl die Differentiation und Integration mehrdimensionaler Funktionen als auch die Lösung von Differentialgleichungen unbekannte mathematische Territorien für die Studierenden der ersten Semester dar. Hier ist der Erläuterungsbedarf der Begriffe und der gängigen Rechenmethoden besonders groß. Diesem Themenbereich ist daher im vorliegenden Text besonders viel Platz eingeräumt.

Nicht alles, was in meinem Buch angesprochen wird, ist für die Studienanfänger neu. Aus wiederholt durchgeführten Hörerbefragungen konnte ich entnehmen, daß beispielsweise die Differential- und Integralrechnung mit Funktionen einer reellen Variablen den meisten Studienanfängern geläufig ist, ebenso wie die wichtigsten Regeln der Vektoralgebra. Die entsprechenden Kapitel sind daher hier kurz gehalten und dienen als Formelsammlung und als Basis für die übrigen Themen.

Die Darstellung ist generell knapp. Der Inhalt ist abgestimmt auf die mathematischen Anforderungen, die eine zweisemestrige Physikvorlesung an die Hörer stellt. Begriffe und Definitionen werden vorzugsweise anschaulich eingeführt, um die praktische Anwendung auf Probleme der Physik zu erleichtern. Auf die mathematisch strenge Darstellung in der Literatur wird hingewiesen. Abweichend von Standarddarstellungen mathematischer Methoden in der Physik habe ich, wo immer dieses angebracht ist – bei Integrationen, Fourieranalysen und Differentialgleichungen – Anregungen für die Erstellung numerischer Lösungen mit dem Computer eingestreut.

V. Riech   Hamburg, im Juni 1997

Inhaltsverzeichnis

Teil I

Über den Umgang mit reellen und komplexen Funktionen

Kapitel 1

Funktionen einer reellen Variablen

Physikalische Erkenntnis basiert auf Beobachtungen der Natur und deren quantitativer Präzisierung durch Messungen. Gezielte Experimente erforschen die Abhängigkeiten zwischen verschiedenen physikalischen Größen. Ausgangspunkt und Grundlage für die mathematischen Methoden, mit deren Hilfe die physikalischen Meßdaten ausgewertet und bis hin zu mathematisch-physikalischen Modellen analysiert und synthetisiert werden, sind Funktionen reeller Veränderlicher. Ihre wichtigsten Eigenschaften sind daher hier am Anfang aller Kapitel kurz zusammengestellt.

1.1 Definition und Eigenschaften

1. Definition einer Funktion

Die Funktion $f(x)$ ist eine Abbildung

$$f : \quad \mathbb{D} \to \mathbb{B}$$

der Menge $\mathbb{D}$ auf die Menge $\mathbb{B}$, wobei $\mathbb{D}$ und $\mathbb{B}$ Teilmengen der reellen Zahlen $\mathbb{R}$ sind. Mit anderen Worten: Gegeben seien zwei nicht leere Mengen $\mathbb{D}$ und $\mathbb{B}$ von reellen Zahlen. Eine **Funktion** f ist eine **Menge von geordneten Paaren reeller Zahlen**

$$f = \{x, y | x \in \mathbb{D} \land y \in \mathbb{B}\}$$

2. Eindeutigkeit

Die Funktion ist überdies **eindeutig**, wenn sie die folgende Eigenschaft besitzt: Wenn (x_1, y_1) und (x_1, y_2) zu f gehören, folgt $y_1 = y_2$.

3. Definitionsbereich

Die Menge aller Zahlen x, für die es eine Zahl y gibt, so daß (x, y) zu f gehört, ist der **Definitionsbereich** $\mathbb{D}$ der Funktion f .

4. Umkehrfunktion

Besitzt eine eindeutige Funktion f zusätzlich die folgende Eigenschaft: Wenn (x_1, y_1)

und (x_2, y_1) zu f gehören, dann ist $x_1 = x_2$, so nennt man f eine **umkehrbar eindeutige (eineindeutige) Funktion**.
Die **Umkehrfunktion** der Funktion f

$$f^{-1}: \quad \mathbb{B} \to \mathbb{D}$$

ist die Abbildung der Menge $\mathbb{B}$ auf die Menge $\mathbb{D}$.

5. Gleichheit von Funktionen

Zwei Funktionen f und g sind **im Punkt** x_0 **gleich**, wenn sie in x_0 definiert sind und $f(x_0) = g(x_0)$ ist.
Zwei Funktionen sind genau dann **gleich**, wenn ihre Definitionsbereiche gleich sind:

$$\mathbb{D}_f = \mathbb{D}_g = \mathbb{D}$$

und wenn

$$f(x) = g(x) \quad \text{für alle } x \in \mathbb{D} \quad \text{gilt.}$$

6. Symmetrie

Eine Funktion $f(x)$ ist eine **gerade Funktion**, wenn $f(x) = f(-x)$ für alle $x \in D$ gilt. Entsprechend ist $f(x)$ eine **ungerade Funktion**, wenn $f(x) = -f(-x)$ für alle $x \in D$ ist.

7. Beschränkung

Eine Funktion $f(x)$ heißt **nach oben bzw. unten beschränkt**, wenn es eine Zahl s gibt, so daß $f(x) \leq s$ bzw. $f(x) \geq s$ ist für alle $x \in D$.

8. Monotonie

Eine Funktion $f(x)$ heißt genau dann **(streng) monoton steigend** im Intervall $[a, b]$ ihres Definitionsbereiches $\mathbb{D}_f$, wenn $f(x_1) < f(x_2)$ für alle x_1, x_2 mit $a < x_1 < x_2 < b$ gilt. (Analog definiert man eine monoton fallende Funktion.)

9. Periodizität

Eine Funktion $f(x)$ heißt periodisch, wenn es eine Zahl $p \neq 0$ gibt, so daß $f(x) = f(x + p)$ für alle $x \in D$ ist.

1.2   Verknüpfungen von Funktionen

1.2.1   Algebraische Verknüpfungen

f und g seien zwei Funktionen, deren Definitionsbereiche einen nichtleeren Durchschnitt $\mathbb{D}$ besitzen:

- Dann ist die **Summe** definiert als

$$f + g: \quad x \to f(x) + g(x) \qquad x \in D$$

auch als $(f + g)(x) = f(x) + g(x)$ geschrieben.

- Dann ist das **Produkt** definiert als

$$f \cdot g : \quad x \to f(x) \cdot g(x) \qquad x \in \mathbb{D}$$

- Dann ist der **Quotient** definiert als

$$\frac{f}{g} : \quad x \to \frac{f(x)}{g(x)} \qquad x \in \mathbb{D} \backslash \{x | g(x) = 0\}$$

1.2.2 Verkettung von Funktionen

Zwei Funktionen f und g haben die Definitionsbereiche $\mathbb{D}_f$ und $\mathbb{D}_g$, und die Bildmenge $\mathbb{B}_g = g(\mathbb{D}_g)$ sei eine Teilmenge von $\mathbb{D}_f$.
Dann wird die Verkettung $f \circ g$ beider Funktionen definiert durch die Vorschrift

$$f \circ g : \quad x \to f(g(x)) \qquad x \in \mathbb{D}_g$$

1. Beispiel: Die beiden möglichen Verkettungen der Funktionen
$f(x) = 2e^x + 1, \qquad x \in \mathbb{R}$ und $g(x) = x^2, \qquad x \in \mathbb{R}$ ergeben:

$$f \circ g = 2e^{x^2} + 1, \qquad x \in \mathbb{R}$$

$$g \circ f = 4e^{2x} + 4e^x + 1 \qquad x \in \mathbb{R}$$

2. Beispiel: Die Verkettung einer Funktion mit ihrer Umkehrfunktion ergibt:

$$(f^{-1} \circ f)(x) = x \qquad x \in \mathbb{D}$$

1.3 Stetigkeit

Vorbemerkung über Folgen und Grenzwerte

Eine Folge $\{a_n\}$ reeller Zahlen – (vgl. dazu Kapitel 3) – heißt **konvergent gegen** a, wenn es ein $a \in \mathbb{R}$ gibt mit der Eigenschaft, daß für jedes $\epsilon > 0$ ein $N(\epsilon) \in \mathbb{N}$ existiert, so daß

$$|a_n - a| < \epsilon$$

für alle $n > N(\epsilon)$ ist. Man schreibt dann

$$\lim_{n \to \infty} a_n = a$$

und a heißt **Grenzwert der Folge.**
Wenn für jede gegen a konvergierende Folge $\{x_n\}$, $x_n \in \mathbb{D}$, die Folge der Funktionswerte $\{f(x_n)\}$ gegen eine Zahl A konvergiert, so heißt A der **Grenzwert der Funktion $f(x)$ für x gegen** a

$$\lim_{x \to a} f(x) = A$$

Stetigkeit einer Funktion einer reellen Veränderlichen

Eine auf einem Intervall $\mathbb{D} = [a, b] \subset \mathbb{R}$ definierte Funktion $f(x)$ heißt **stetig im Punkt** $x_0 \in \mathbb{D}$, wenn der Grenzwert von $f(x)$ für x gegen x_0 gleich $f(x_0)$ ist :

$$\lim_{x \to x_0} f(x) = f(x_0)$$

Die Funktion heißt **stetig in** $\mathbb{D}$, wenn diese Bedingung für alle $x_0 \in \mathbb{D}$ erfüllt ist. Ohne Beweis: Die algebraische Verknüpfung und die Verkettung von stetigen Funktionen ergibt wieder eine stetige Funktion.

Folgerungen aus der Stetigkeit einer Funktion

- Ist eine Funktion f über einem abgeschlossenen Intervall $[a, b]$ stetig, so ist f **beschränkt über** $[a, b]$ **und** f **nimmt über** $[a, b]$ **ein Maximum und ein Minimum an.**

- **Zwischenwertsatz:** Die Funktion f sei stetig in $[a, b]$ Dann wird jeder Zwischenwert γ zwischen dem Minimum m und dem Maximum M der Funktion f angenommen, d.h. es existiert mindestens eine Stelle $x \in [a, b]$ mit

$$f(x) = \gamma \in [m, M].$$

- **Nullstellensatz:** Die Funktion f sei stetig in $[a, b]$ und $f(a)$ und $f(b)$ haben verschiedene Vorzeichen. Dann existiert mindestens ein $x \in]a, b[$ mit $f(x)=0$.

1.4 Differentiation

1.4.1 Differenzierbarkeit

Gegeben sei die Funktion f über dem Intervall $\mathbb{D} = [a, b] \subset \mathbb{R}$. Es sei $x_0 \in \mathbb{D}$ und mit $h \neq 0$ auch $x_0 + h \in \mathbb{D}$.
Dann heißt f **differenzierbar im Punkt** x_0, wenn der Grenzwert

$$f'(x_0) = \left(\frac{df(x)}{dx} \right)_{x=x_0} = \lim_{h \to 0} \frac{f(x_0 + h) - f(x_0)}{h}$$

existiert.   Mit anderen Worten: Die Funktion f ist **im Punkt** x_0 **differenzierbar** und **ihre Ableitung ist** a, wenn zu jedem $\epsilon > 0$ ein $\delta = \delta(\epsilon, x_0)$ existiert mit

$$\left| a - \frac{f(x_0 + h) - f(x_0)}{h} \right| < \epsilon$$

für alle $0 < |h| < \delta$.
Eine Funktion heißt **differenzierbar in einem Intervall**, wenn sie an jeder Stelle des Intervalls differenzierbar ist.
Es sei $\mathbb{D}_{f'}$ die Menge aller Punkte, in denen die Funktion f differenzierbar ist. Dann heißt die Menge aller $f'(x)$ über $\mathbb{D}_{f'}$ die **Ableitungsfunktion** zu f.
Eine Funktion $f(x)$, die an einer Stelle ihres Definitionsbereiches differenzierbar ist, ist dort auch stetig.

1.4.2 Das Differential

Der Differentialquotient $f'(x_0)$ gibt die Steigung der Funktion $f(x)$ im Punkt $(x_0,\, f(x_0))$ an. Die Gerade

$$f_T(x) = f(x_0) + f'(x_0) \cdot (x - x_0)$$

ist damit die **Tangente**, die die Funktion $f(x)$ im Punkt $(x_0,\, f(x_0))$ berührt. In der nahen Umgebung dieses Punktes stellt $f_T(x)$ eine **lineare Näherung der Funktion** $f(x)$ dar. (Vgl. Kap.3 über Taylorreihen.)

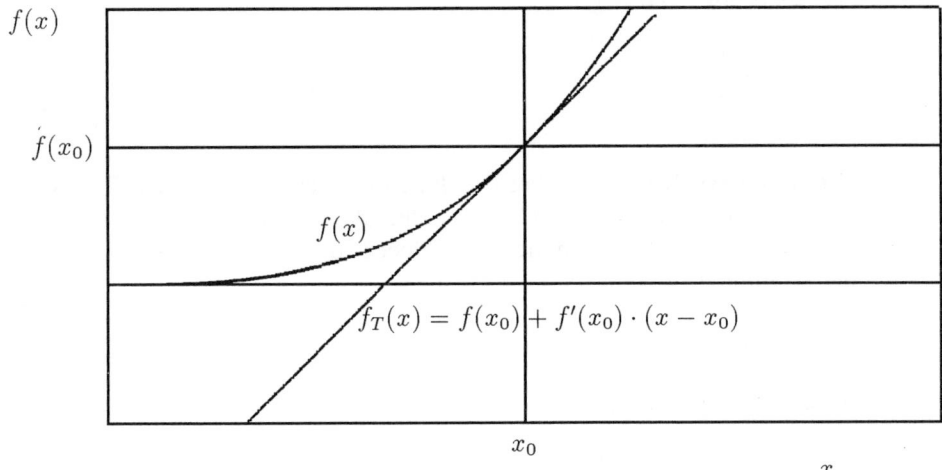

Abb. 1.1: Die Tangente einer Funktion $f(x)$

Die endliche Abweichung

$$\Delta f = f_T(x) - f(x_0) = f'(x_0) \cdot \Delta x$$

bezeichnet man als das **Differential** der Funktion:

$$df = f'(x) \cdot dx$$

Es gibt in linearer Näherung die Änderung df der Funktion $f(x)$ infolge der Änderung dx der Variablen x an.

1.4.3 Differentiationsregeln

Gegeben seien zwei über dem gesamten gemeinsamen Definitionsbereich $\mathbb{D}$ differenzierbare Funktionen $f(x)$ und $g(x)$. Dann gilt:

1. **Die Summenregel:**

$$(a \cdot f + b \cdot g)' = a \cdot f' + b \cdot g' \qquad (1.1)$$

Darin sind $a \in \mathbb{R}$ und $b \in \mathbb{R}$ feste Zahlen (Konstanten).

2. **Die Produktregel:**

$$(f \cdot g)' = f' \cdot g + f \cdot g' \qquad (1.2)$$

3. **Die Quotientenregel:**

$$\left(\frac{f}{g}\right)' = \frac{f' \cdot g - f \cdot g'}{g^2} \qquad \text{für} \qquad g(x) \neq 0 \quad \text{und} \quad x \in \mathbb{D} \qquad (1.3)$$

4. **Die Kettenregel:** Es sei f über $\mathbb{D}$ definiert mit dem Wertebereich $\mathbb{B}_f$ und über $\mathbb{D}$ auch differenzierbar, g sei über $\mathbb{B}_f$ definiert und differenzierbar.
   Dann ist die verkettete Funktion $g \circ f$ über $\mathbb{D}$ definiert und differenzierbar mit der Ableitungsfunktion

$$(g \circ f)'(x) = g'(f(x)) \cdot f'(x) \qquad (1.4)$$

Andere Schreibweisen:

$$\frac{d(g \circ f)}{dx} = \frac{dg}{df} \cdot \frac{df}{dx}$$

oder, mit $u = f(x)$:

$$\frac{dg(u)}{dx} = \frac{dg(u)}{du} \cdot \frac{du}{dx}$$

5. **Ableitung der Umkehrfunktion:** Es sei f über $\mathbb{D}$ umkehrbar eindeutig definiert mit f^{-1} über $\mathbb{B}$ als Umkehrfunktion. f sei über $\mathbb{D}$ differenzierbar mit der Ableitungsfunktion $f'(x)$.
   Dann ist f^{-1} für alle $f(x) \in \mathbb{B}$ mit $f'(x) \neq 0$ differenzierbar mit

$$(f^{-1})' = \frac{1}{f'(x)} \qquad (1.5)$$

6. **Logarithmische Ableitung:** Die Differentiation von Funktionen $y = f(x)$, die das Produkt mehrerer Funktionen sind, kann durch Verwendung des natürlichen Logarithmus $\ln y$ und der Beziehung

$$\frac{dy}{dx} = y \cdot \frac{d(\ln y)}{dx} \qquad (1.6)$$

vereinfacht werden.

1.4.4 Die Ableitung wichtiger Funktionen

$$f(x) = \text{const.} \qquad\qquad f'(x) = 0$$
$$f(x) = x^m \qquad\qquad f'(x) = m \cdot x^{m-1}$$

$$f(x) = \sin x \qquad\qquad f'(x) = \cos x$$
$$f(x) = \cos x \qquad\qquad f'(x) = -\sin x$$
$$f(x) = \tan x \qquad\qquad f'(x) = (\cos x)^{-2}$$

$$f(x) = \arcsin x \qquad\qquad f'(x) = \frac{1}{\sqrt{1 - x^2}}$$

$$f(x) = \arccos x \qquad\qquad f'(x) = -\frac{1}{\sqrt{1 - x^2}}$$

$$f(x) = \arctan x \qquad\qquad f'(x) = \frac{1}{1 + x^2}$$

$$f(x) = \exp x \qquad\qquad f'(x) = \exp x$$
$$f(x) = \ln x \qquad\qquad f'(x) = \frac{1}{x}$$

$$f(x) = \sinh x \qquad\qquad f'(x) = \cosh x$$
$$f(x) = \cosh x \qquad\qquad f'(x) = \sinh x$$
$$f(x) = \tanh x \qquad\qquad f'(x) = (\cosh x)^{-2}$$

Kapitel 2

Integration von Funktionen einer reellen Variablen

2.1 Das bestimmte Integral

Die Strecke x, die ein Fahrzeug bei konstanter Gechwindigkeit v in der Zeit t zurücklegt, beträgt $x = v \cdot t$. In einem v-t-Diagramm (Abb. 2.1) entspricht dieser Wert der Fläche des Rechtecks unterhalb der $v(t)$-Geraden zwischen $t = 0$ und t.

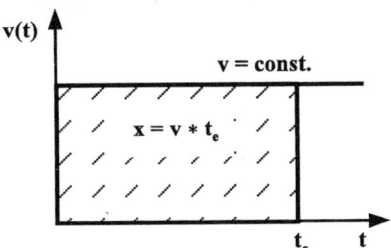

Abb. 2.1: Berechnung der in der Zeit t bei konstanter Geschwindigkeit zurückgelegten Strecke x.

Für den freien Fall ohne Luftreibung zeigt das v-t-Diagramm die linear mit t anwachsende Fallgeschwindigkeit $v = g \cdot t$ (Abb. 2.2). Die Strecke x, die ein Körper in der Zeit t durchfällt, ist auch hier wieder gegeben als die Fläche unterhalb der Kurve $v(t)$ zwischen den Grenzen 0 und t.

$$x = \frac{1}{2} \cdot g \, t^2$$

Die Verallgemeinerung dieses physikalischen Problems führt zu der Aufgabe, die Fläche I zwischen einer beliebigen, aber stetigen, reellen Funktion $f(x)$ und der x-Achse zwischen den Grenzen $x = a$ und $x = b$ zu berechnen. Einen Näherungswert

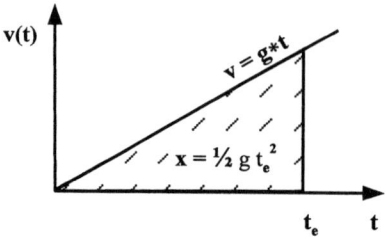

Abb. 2.2: Berechnung der in der Zeit t zurückgelegten Fallhöhe x.

für diese Fläche konstruiert man beispielsweise folgendermaßen:

Die Untersumme $U(z, f)$**:** Es sei $f(x) \geq 0$ für alle $x \in [a, b]$. Das Intervall $[a, b]$ werde in n Teilintervalle zerlegt mit den Teilpunkten x_k, $k = 0, 1, \ldots, n$. Die Funktion $f(x)$ werde über jedem Teilintervall ersetzt durch die konstante Funktion, deren Wert gleich dem Minimum von $f(x)$ innerhalb des Teilintervalls ist:

$$(f_u(x))_k := \min |f(x)| \quad \text{für} \quad \text{alle} \quad x \in [x_{k-1}, \ldots, x_k] \quad k = 1, \ldots, n$$

Dann ist mit

$$\Delta x_k = x_k - x_{k-1}$$

die Summe über die so entstandenen rechteckigen Teilflächen (Abb. 2.3)

$$U(z, f) = \sum_{k=1}^{n} (f_u(x))_k \cdot \Delta x_k$$

eine Näherung für die gesuchte Fläche I, abhängig von der gewählten Zerlegung z, aber es gilt natürlich

$$U(z, f) \leq I$$

Eine **Obersumme** $O(z, f)$ als Näherung für I kann entsprechend dadurch definiert werden, daß in den Teilintervallen die Funktion $f(x)$ durch ihre jeweiligen Maximalwerte ersetzt werden. Für die Obersumme als Summe über die rechteckigen Teilflächen gilt dann

$$O(z, f) \geq I$$

2.1.1 Das Riemannsche Integral

Die Annäherung an den gesuchten Flächeninhalt I läßt sich verallgemeinern: Das Integrationsintervall $[a, b]$ werde in n Teilintervalle mit der Grenzen $\{x_0, x_1, \cdots, x_n\}$ zerlegt (Abb. 2.3). In jedem Teilintervall werde ein Zwischenpunkt ξ_k gewählt. Es gibt dann n Zwischenpunkte

$$\{\xi_1, \xi_2, \cdots \xi_n\} \quad \text{mit} \quad \xi_k \in [x_{k-1}, x_k]$$

Mit $\lambda(n)$ bezeichne man die maximale Länge aller Teilintervalle der gewählten Zerlegung von $[a, b]$

$$\lambda(n) = \max\{(x_k - x_{k-1}), \, k = 1, 2, \cdots n\}$$

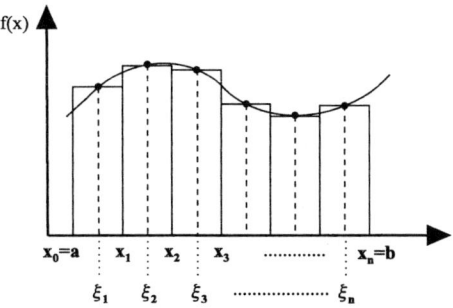

Abb. 2.3: Illustration zum Riemannschen Integral über Funktionen einer reellen Veränderlichen

Verfeinert man nun die Zerlegung des Integrationsintervalls, indem $n \to \infty$ geht, aber gleichzeitig $\lambda(n) \to 0$, d.h. die maximale Teilintervallänge gegen 0 geht, erhält man im Grenzfall aus der Summe der Rechteckflächen den Flächeninhalt I:

$$\lim_{n \to \infty} \sum_{k=1}^{n} f(\xi_k) \cdot (x_k - x_{k-1}) = \int_{a}^{b} f(x)\,dx = I$$

I ist das **Riemannsche Integral** der Funktion $f(x)$ über $[a, b]$, wenn der resultierende Grenzwert unabhängig von der gewählten Zerlegung des Intervalls ist.

Beispiel 2.1:

Grenzwert der Untersumme

Die Berechnung der Strecke, die ein frei fallender Körper in der Zeit t_e zurücklegt, soll die Definition des Riemannschen Integrals illustrieren. Zu ermitteln ist die Fläche unter der Geraden $v(t) = g \cdot t$ zwischen den x-Werten 0 und t_e (s. Abb. 2.2).

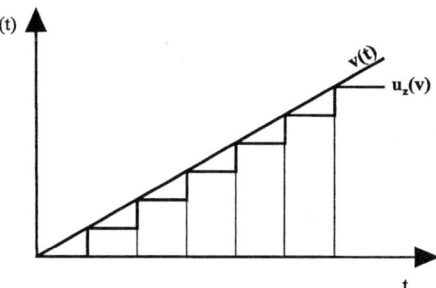

Abb. 2.4: Berechnung eines bestimmten Integrals aus der Untersumme

Zerlegt man das Integrationsintervall $[0, t_e]$ in n äquidistante Teilstücke von der Länge $h = t_e/n$ und bildet eine Stufenfunktion als Untersumme dadurch, daß in jedem der Teilintervalle das Minimum der Funktionswerte als konstanter Wert verwendet wird, für das k-te Teilintervall also

$$f_k = g \cdot (k-1) \cdot h$$

folgt die Untersumme selbst, d. h. die Fläche unter der Stufenfunktion in Abb. 2.4, damit zu

$$U(f) = \sum_{k=1}^{n} f_k \cdot h \;=\; g\,h^2 \cdot \sum_{k=1}^{n} (k-1)$$

$$= \; g\,h^2 \cdot \frac{n\,(n-1)}{2}$$

$$= \; g\,t_e^2 \cdot \frac{n\,(n-1)}{2\,n^2}$$

Der Grenzübergang erfüllt die Voraussetzungen für die Flächenberechnung mit dem Riemannschen Integral, nämlich daß für $n \to \infty$ der Grenzwert von U existiert und daß gleichzeitig die maximale Länge der Teilintervalle gegen Null geht.

$$\lim_{n \to \infty} g\,t_e^2 \cdot \frac{n\,(n-1)}{2\,n^2} = \frac{1}{2}\,g\,t_e^2$$

Anmerkung zur Integrierbarkeit einer Funktion

Funktionen, die den Voraussetzungen des Riemannschen Integrals erfüllen, nennt man **Riemann-integrabel.** Hierzu gehören **stetige Funktionen**, aber auch über dem Integrationsintervall beschränkte Funktionen, die an nur endlich vielen Stellen unstetig sind. (Näheres dazu s. z. B. [12].)

Einige Eigenschaften des bestimmten Integrals

1. Die Funktion $f(x)$ sei über den Intervallen $[a, b]$ und $[b, c]$ integrierbar und es sei $(a < b < c)$. Dann ist $f(x)$ auch integrierbar über dem Intervall $[a, c]$, und es gilt

$$\int\limits_a^c f(x)\,dx = \int\limits_a^b f(x)\,dx + \int\limits_b^c f(x)\,dx$$

2. $f(x)$ sei über $[a, b]$ integrierbar, und es sei $a < b$. Dann nennt man:

$$\int\limits_a^b f(x)\,dx = - \int\limits_b^a f(x)\,dx$$

Speziell ist:

$$\int\limits_a^a f(x)\,dx = 0$$

3. $f(x)$ und $g(x)$ seien zwei über demselben Intervall $[a, b]$ integrierbare Funktionen. Dann ist auch die Funktion $(f + g)(x)$ über $[a, b]$ integrierbar, und es gilt:

$$\int\limits_a^b (f + g)(x)\,dx = \int\limits_a^b f(x)\,dx + \int\limits_a^b g(x)\,dx$$

4. $f(x)$ sei über dem Intervall $[a, b]$ integrierbar, und λ sei eine beliebige reelle Zahl ($\lambda \in \mathbb{R}$). Dann ist $\lambda \cdot f(x)$ über $[a, b]$ integrierbar, und es gilt:

$$\int\limits_a^b \lambda \cdot f(x)\,dx = \lambda \cdot \int\limits_a^b f(x)\,dx$$

5. Folgerung aus 3. und 4.: Gegeben sei eine endliche Anzahl n von Funktionen $f_i(x)$, jede von ihnen über dem Intervall $[a, b]$ integrierbar. Dann ist auch jede Linearkombination aus ihnen

$$u(x) = \sum_{i=1}^n \lambda_i \cdot f_i(x) \qquad \text{mit} \quad \lambda_i \in \mathbb{R} \quad (i = 1, 2, \dots, n)$$

über $[a, b]$ integrierbar, und es gilt:

$$\int\limits_a^b u(x)\,dx = \int\limits_a^b \left(\sum_{i=1}^n \lambda_i \cdot f_i(x) \right) dx = \sum_{i=1}^n \lambda_i \cdot \int\limits_a^b f_i(x)\,dx$$

6. $f(x)$ sei eine über dem Intervall $[a, b]$ integrierbare Funktion. Dann gilt: $|f(x)|$ ist über $[a, b]$ integrierbar und es ist

$$\left| \int\limits_a^b f(x)\,dx \right| \leq \int\limits_a^b |f(x)|\,dx$$

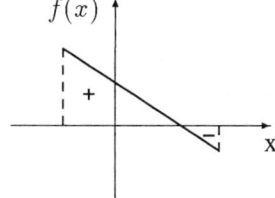 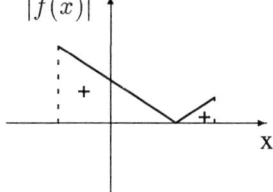

Abb. 2.5: Integral über $|f(x)|$

7. Der Mittelwertsatz der Integralrechnung

Ist $f(x)$ über $[a, b]$ stetig, so existiert mindestens ein $\xi \in]a, b[$, so daß gilt:

$$\int_a^b f(x)\,dx = f(\xi) \cdot (b - a) \tag{2.1}$$

Denn: Sind M und m die Extremwerte der Funktion $f(x)$ über dem Intervall $[a, b]$ mit

$$M \geq f(x) \geq m$$

so gilt:

$$M \cdot (b - a) \geq \int_a^b f(x)\,dx \geq m \cdot (b - a)$$

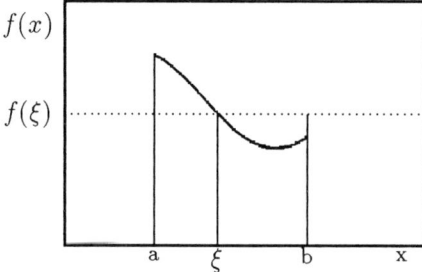

Abb. 2.6: Zum Mittelwertsatz der Integralrechnung

Wegen der Stetigkeit muß die Funktion $f(x)$ zwischen ihren Extremwerten in diesem Intervall jeden Zwischenwert annehmen. Also muß im Intervall $[a, b]$ mindestens ein Wert ξ liegen, für den $f(\xi)$ die Behauptung erfüllt.

2.2   Verfahren zur numerischen Integration

In physikalischen Untersuchungen ergibt sich vielfach die Notwendigkeit, Funktionen zu integrieren, deren Stammfunktion (s. Kapitel 2.2.1) nicht bekannt ist oder deren Verlauf aus Messungen heraus als Wertetabelle vorliegt. $f(x)$ sei eine solche, über dem Intervall $[a, b]$ zu integrierende Funktion, deren Funktionswerte in Tabellenform numerisch gegeben sind:

$$\{x_i, f(x_i)\} \qquad i = 1, 2, \ldots, n$$

Das bestimmte Integral

$$I = \int_a^b f(x)dx$$

kann dann nach einer der folgenden Methoden näherungsweise berechnet werden:

2.2.1   Das Sehnentrapezverfahren

Es sei $z_n = \{x_0 = a, x_1, \ldots, x_n = b\}$ eine äquidistante Zerlegung des Integrationsintervalls $[a, b]$ mit

$$h = \frac{b - a}{n} = x_k - x_{k-1} \quad f\ddot{u}r \quad k = 1, 2, \ldots, n$$

Dann gilt

$$\int\limits_a^b f(x)dx = \lim_{n \to \infty} \left(h \cdot \sum_{k=1}^{n} f(x_{k-1}) \right) = \lim_{n \to \infty} \left(h \cdot \sum_{k=1}^{n} f(x_k) \right)$$

f(x)

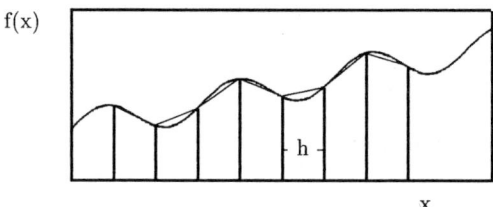

x

Abb. 2.7: Das Sehnentrapezverfahren

Darin sind $f(x_{k-1})$ der Funktionswert am linken Intervallrand und $f(x_k)$ der Funktionswert am rechten Intervallrand. Es folgt

$$2 \cdot \int\limits_a^b f(x)dx = \lim_{n \to \infty} \left\{ h \cdot \sum_{k=1}^{n} (f(x_{k-1}) + f(x_k)) \right\}$$

Jede endliche Summe

$$\frac{1}{2}h \cdot \sum_{k=1}^{n} (f(x_{k-1}) + f(x_k))$$

ist also eine Näherung an das gesuchte Integral. Anders geschrieben lautet die **Sehnentrapezregel**:

$$I = \int\limits_a^b f(x)dx \approx h \cdot \left\{ \frac{1}{2}f(a) + \left(\sum_{k=1}^{n-1} f(a + k \cdot h) \right) + \frac{1}{2}f(b) \right\} \qquad (2.2)$$

2.2.2   Das Rechteckverfahren

Es sei wieder $z_n = \{x_0 = a, x_1, \ldots, x_n = b\}$ die äquidistante Zerlegung des Integrationsintervalls $[a, b]$ mit

$$h = \frac{b - a}{n} = x_k - x_{k-1} \quad \text{für} \quad k = 1, 2, \ldots, n$$

$\{t_1, t_2, \ldots, t_n\}$ sei eine Menge von Zwischenpunkten zur Zerlegung z_n derart, daß in jedem der n Teilintervalle genau ein Zwischenpunkt liegt, dann ist das bestimmte

Integral von $f(x)$ über $[a, b]$ gegeben durch den Grenzwert

$$I = \int\limits_a^b f(x)dx = \lim_{n\to\infty} \left(\frac{b-a}{n} \cdot \sum_{k=1}^n f(t_k) \right)$$

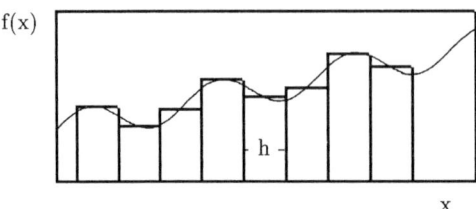

f(x)

x

Abb. 2.8: Das Rechteckverfahren

Jede endliche Summe

$$\frac{b-a}{n} \cdot \sum_{k=1}^n f(t_k)$$

ist dann eine Näherung an das gesuchte Integral:

$$I = \int\limits_a^b f(x)dx \approx h \cdot \sum_{k=1}^n f(t_k) \tag{2.3}$$

Wählt man die Intervallmittelpunkte

$$t_k = \frac{1}{2} \cdot (x_k + x_{k-1})$$

als Zwischenpunkte, dann handelt es sich hier um das **Tangententrapezverfahren**.

2.2.3   Die Simpsonsche Regel

Eine weitere Verbesserung in der Approximation der zu integrierenden Funktion wird dadurch erreicht, daß man diese zwischen jeweils drei aufeinanderfolgenden, äquidistanten Funktionswerten durch Stücke von Polynomen 2. Grades (Parabeln) ersetzt. Für eine Zerlegung des Intervalls $[a, b]$ in eine **gerade Anzahl von Teilintervallen**

$$z_n = \{x_0, x_1, \dots, x_n\} \quad \text{mit} \quad x_0 = a, \quad x_n = b \quad \text{und} \quad h = \frac{b-a}{n}$$

lautet die **Simpsonsche Regel** zur näherungsweisen Berechnung des Integrals:

$$\begin{aligned} I &= \int\limits_a^b f(x)dx \approx \frac{h}{3} \cdot \{ f(a) + 4f(x_1) + 2f(x_2) \\ &+ 4f(x_3) + 2f(4_4) + \dots + 4f(x_{n-1}) + f(b) \} \end{aligned} \tag{2.4}$$

Für $n = 2$ ist sie identisch mit der **Keplerschen Faßregel**:

$$I \approx 2h \cdot \left(\frac{1}{6}f(a) + \frac{4}{6}f(a+h) + \frac{1}{6}f(a+2h) \right)$$

Herleitung für $n = 2$ und $a = 0$: Ist die Näherungsparabel

$$g(x) = \kappa + \lambda \cdot x + \mu \cdot x^2 \quad ,$$

so lautet das Integral

$$
\begin{aligned}
G &= \int\limits_0^{2h} g(x)\,dx \\
&= \left[\kappa \cdot x + \frac{1}{2}\lambda \cdot x^2 + \frac{1}{3}\mu \cdot x^3 \right]_0^{2h} \\
&= 2h \cdot \left(\kappa + \lambda \cdot h + \frac{4}{3}\mu \cdot h^2 \right)
\end{aligned}
$$

Drückt man andererseits das Integral G durch den Ansatz:

$$G = 2h \cdot (c_0 \cdot g(0) + c_1 \cdot g(h) + c_2 \cdot g(2h))$$

aus, so folgt:

$$G = 2h \cdot \left\{ (c_0 + c_1 + c_2) \cdot \kappa + (c_1 + 2c_2) \cdot \lambda \cdot h + (c_1 + 4c_2) \cdot \mu \cdot h^2 \right\}$$

Koeffizientenvergleich ergibt:

$$
\left.
\begin{aligned}
c_0 + c_1 + c_2 &= 1 \\
c_1 + 2c_2 &= 1 \\
c_1 + 4c_2 &= \frac{4}{3}
\end{aligned}
\right\}
\quad \Longleftrightarrow \quad
\left\{
\begin{aligned}
c_0 &= \tfrac{1}{6} \\
c_1 &= \tfrac{4}{6} \\
c_2 &= \tfrac{1}{6}
\end{aligned}
\right.
$$

Das Integral über die Näherungsfunktion $g(x)$, ausgedrückt durch die Funktionswerte $g(0)$, $g(h)$ und $g(2h)$, lautet

$$G = 2h \cdot \left\{ \frac{1}{6}g(0) + \frac{4}{6}g(h) + \frac{1}{6}g(2h) \right\}$$

Ersetzt man $g(0)$ durch $f(0)$, $g(h)$ durch $f(h)$ und $g(2h)$ durch $f(2h)$, so stellt G eine Näherung des Integrals

$$I = \int\limits_0^{2h} f(x)\,dx$$

dar.

2.2.4 Gaußsche Integrationsverfahren

Auf der näherungsweisen Darstellung einer Funktion durch eine Entwicklung nach orthogonalen Polynomsystemen beruhen die *Gaußschen Integrationsformeln*.

Sind die orthogonalen Polynome speziell die

$$\text{Legendre} - \text{Polynome} \quad P_0(x) \;=\; 1$$

$$P_1(x) \;=\; x$$

$$P_2(x) \;=\; \tfrac{1}{2}(-1 + 3x^2)$$

$$P_3(x) \;=\; \tfrac{x}{2}(-3 + 5x^2)$$

$$\vdots$$

so lautet die Gaußsche Formel für die näherungsweise Integration der Funktion $f(x)$ über dem Intervall $[-1, 1]$

$$\int_{-1}^{1} f(x)dx = \sum_{i=1}^{n} w_i \cdot f(x_i) + R_n$$

Die **Stützstellen** x_i sind die Nullstellen des Polynoms $P_n(x)$, und die **Gewichte** w_i lauten:

$$w_i = 2 \cdot \left[(1 - x_i^2) \cdot \left\{ P_n'(x_i) \right\}^2 \right]^{-1}$$

Das Restglied R_n gibt die Güte der Näherung an.

Für ein beliebiges Integrationsintervall $[a, b]$ geschrieben lautet die Gaußsche Integrationsformel:

$$\int_{a}^{b} f(y)dy = \frac{b - a}{2} \sum_{i=1}^{n} w_i \cdot f(y_i) + R_n \tag{2.5}$$

$$\text{mit} \quad y_i = \left(\frac{b - a}{2} \right) \cdot x_i + \left(\frac{b + a}{2} \right)$$

Für verschiedene Werte von n sind die Größen x_i und w_i tabelliert [1], [6].

Andere orthogonale Funktionensysteme, auf denen Gaußsche Integrationsformeln beruhen, sind die Jacobischen Polynome, die Tschebyscheffschen Polynome, die Laguerreschen Polynome und die Hermiteschen Polynome.

2.2.5 Vergleich der genannten Verfahren

zur näherungsweisen numerischen Integration an einem Beispiel: Mit Hilfe der geschlossen integrierbaren Funktion

$$f(x) = \frac{4}{1 + x^2}$$

wird im folgenden ein Vergleich der Konvergenz der vier numerischen Integrationsverfahren in Abhängigkeit von der Zerlegung des Integrationsintervalls $[0, 1]$ durchgeführt.

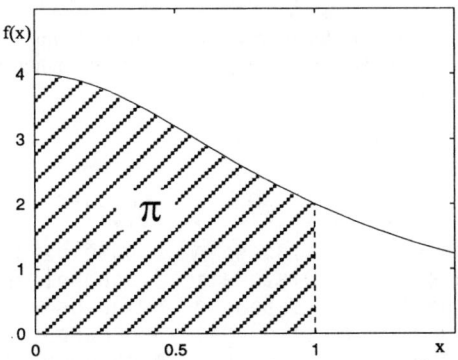

Abb. 2.9: Beispiel zur numerischen Integration

Tabelle 2.1: Ergebnis der numerischen Berechnung der Zahl π, durchgeführt mit dem Sehnentrapezverfahren und dem Rechteckverfahren. Neben den errechneten Zahlenwerten der Zahl π sind ihre Abweichungen vom wahren Wert in Abhängigkeit von der Anzahl n der Teilintervalle aufgeführt.

```
***************************************************************
    n     h       Sehnentrapezverfahren      Tangententrapezverfahren
                   T          Delta-T          R          Delta-R
***************************************************************
    4  0.2500  3.1311764706  -0.0104161830  3.1468005184   0.0052078648
    8  0.1250  3.1389884945  -0.0026041591  3.1428947296   0.0013020760
   12  0.0833  3.1404352468  -0.0011574067  3.1421713567   0.0005787031
   16  0.0625  3.1409416120  -0.0006510415  3.1419181743   0.0003255207
   20  0.0500  3.1411759870  -0.0004166666  3.1418009869   0.0002083333
   24  0.0417  3.1413033018  -0.0002893518  3.1417373295   0.0001446759
   28  0.0357  3.1413800686  -0.0002125850  3.1416989461   0.0001062925
   32  0.0313  3.1414298932  -0.0001627604  3.1416740338   0.0000813802
   36  0.0278  3.1414640528  -0.0001286008  3.1416569540   0.0000643004
   40  0.0250  3.1414884869  -0.0001041667  3.1416447369   0.0000520833
   44  0.0227  3.1415065654  -0.0000860882  3.1416356977   0.0000430441
   48  0.0208  3.1415203156  -0.0000723380  3.1416288226   0.0000361690
   52  0.0192  3.1415310165  -0.0000616371  3.1416234721   0.0000308185
   56  0.0179  3.1415395073  -0.0000531462  3.1416192267   0.0000265731
   60  0.0167  3.1415463573  -0.0000462963  3.1416158017   0.0000231482
   64  0.0156  3.1415519635  -0.0000406901  3.1416129987   0.0000203451
***************************************************************
```

Es ist

$$I = \int\limits_0^1 \frac{4}{1+x^2}\,dx = [4 \cdot \arctan x]_0^1 = \pi = 3.141592653589793$$

Berechnet wurden die Näherungswerte für die Zahl π in den Tabellen 2.1 und 2.2 mit dem im Anhang A angegebenen Pascal-Programm.

Tabelle 2.2: Ergebnis der entsprechenden numerischen Berechnung der Zahl π mit der Simpson-schen Regel und dem Gauß-Legendre Integrationsverfahren, wieder mit Angabe ihrer Abweichungen vom wahren Wert in Abhängigkeit von der Anzahl n der Teilintervalle.

```
*************************************************************************
   n      h         Simpsons Regel              Gauss (2-Punkt)
                  S          Delta-S            SG          Delta-G
*************************************************************************
   4  0.2500   3.1415686275  -0.0000240261   3.1416098930   0.0000172394
   8  0.1250   3.1415925025  -0.0000001511   3.1415927611   0.0000001075
  12  0.0833   3.1415926403  -0.0000000133   3.1415926630   0.0000000094
  16  0.0625   3.1415926512  -0.0000000024   3.1415926553   0.0000000017
  20  0.0500   3.1415926530  -0.0000000006   3.1415926540   0.0000000004
  24  0.0417   3.1415926534  -0.0000000002   3.1415926537   0.0000000002
  28  0.0357   3.1415926535  -0.0000000001   3.1415926537   0.0000000001
  32  0.0313   3.1415926536  -0.0000000000   3.1415926536   0.0000000000
  36  0.0278   3.1415926536  -0.0000000000   3.1415926536   0.0000000000
  40  0.0250   3.1415926536  -0.0000000000   3.1415926536   0.0000000000
*************************************************************************
```

2.3   Das unbestimmte Integral

Die Berechnung eines bestimmten Integrals als Fläche unter der Kurve $f(x)$ durch Ermittlung des Grenzwertes einer Summe über Teilflächen ist in der Regel mühsam oder erfordert den Einsatz numerischer Methoden. Aus Beispiel 2.1 wird jedoch sichtbar, daß das Integral

$$\int_0^{t_e} g\,t\,dt = \frac{1}{2}\,g\,t_e^2$$

über $v(t) = g\,t$ eine Funktion $x(t) = \dfrac{1}{2}\,g\,t^2$ ergibt, deren Ableitung $\dfrac{d\,x(t)}{dt} = v(t)$ ist. Die Integration erweist sich als Umkehroperation zur Differentiation.

2.3.1   Der Hauptsatz der Differential- und Intgralrechnung

Die Stammfunktion

$f(x)$ sei eine über dem Intervall $[a,\,b]$ stetige Funktion. Dann heißt jede über $[a,\,b]$ stetig differenzierbare Funktion $F(x)$, für die gilt:

$$F'(x) = f(x)$$

eine **Stammfunktion** zu $f(x)$.

Es seien $F_1(x)$ und $F_2(x)$ zwei verschiedene Stammfunktionen zu $f(x)$, dann ist:

$$\frac{d}{dx}(F_1(x) - F_2(x)) = \frac{dF_1(x)}{dx} - \frac{dF_2(x)}{dx}$$
$$= f(x) - f(x) = 0$$
$$F_1(x) - F_2(x) = \text{const.}$$

Folgerung:

$\|$ **Zwei verschiedene Stammfunktionen der Funktion f(x)** $\|$
$\|$ **unterscheiden sich nur durch eine additive Konstante** $\|$

Das unbestimmte Integral als Stammfunktion

Ist $f(x)$ über dem Intervall $[a, b]$ stetig, dann ist das bestimmte Integral

$$G(x) = \int\limits_a^x f(\xi)d\xi$$

für alle $x \in [a,\ b]$ eine stetige und nach x differenzierbare Funktion der oberen Grenze x, und es gilt:

$$\frac{dG(x)}{dx} = f(x)$$

Stetigkeit und Differenzierbarkeit der Funktion $G(x)$ lassen sich leicht nachweisen [12]. Dabei zeigt sich, daß für ihre Ableitung gilt:

$$G'(x) = \frac{d}{dx} \int\limits_a^x f(\xi)\,d\xi = f(x)$$

Das **Differential der Funktion** $G(x)$ lautet:

$$dG = G'(x)\,dx = f(x)\,dx \qquad \text{d.h.} \qquad G(x) = \int\limits_a^x dG$$

Es sei $f(x)$ über $[a,\ b]$ stetig. Dann heißt die allgemeinste Stammfunktion zu $f(x)$:

$$F(x) = \int\limits_a^x f(\xi)\,d\xi + C = \int f(x)\,dx \qquad\qquad (2.6)$$

das unbestimmte Riemann-Integral von $f(x)$.

Der Hauptsatz der Differential- und Integralrechnung

$f(x)$ sei über $[a,\ b]$ stetig und $F(x)$ für alle $x \in [a,\ b]$ eine Stammfunktion von $f(x)$. Dann gilt:

$$\int\limits_a^b f(x)\,dx = F(b) - F(a) = F(x)\big|_a^b = [F(x)]_a^b \qquad\qquad (2.7)$$

Denn es ist:

$$F(x) \;=\; \int\limits_a^x f(\xi)\,d\xi + C$$

$$F(a) \;=\; C$$

$$F(b) \;=\; \int_a^b f(\xi)\,d\xi + C$$

$$F(b) - F(a) \;=\; \int\limits_a^b f(\xi)\,d\xi$$

Die Berechnung von Integralen ist damit zurückgeführt worden auf das Aufsuchen einer Stammfunktion und die Berechnung ihrer Funktionswerte an den Intervallgrenzen.

Beispiel 2.2: ━━━━━━━━━━━━━━━━━━━━━━━━━━━━━━━

Berechnung bestimmter Integrale durch Aufsuchen der Stammfunktionen

1.) Zu berechnen ist

$$\int\limits_1^2 f(x)\,dx \qquad \text{mit} \quad f(x) - x^3$$

Eine Funktion, deren Ableitung $f(x)$ ergibt, ist

$$F(x) = \frac{1}{4}x^4 + C$$

$$\Rightarrow \quad \int\limits_1^2 f(x)\,dx = [\frac{1}{4}x^4 + C]_1^2 = \frac{16}{4} + C - \left(\frac{1}{4} + C\right) = \frac{15}{4}$$

2.) Das folgende Integral führt auf zwei, auf den ersten Blick völlig verschiedene Stammfunktionen:

$$\int\limits_0^{\pi/4} \sin 2x\,dx = ?$$

(a) Eine Funktion, deren Ableitung $f(x) = \sin 2x$ ergibt, ist

$$F_1(x) = -\frac{1}{2}\cos 2x$$

d.h.

$$\int\limits_0^{\pi/4} \sin 2x\,dx = -\frac{1}{2} \cdot [\cos 2x]_0^{\pi/4} = \frac{1}{2}$$

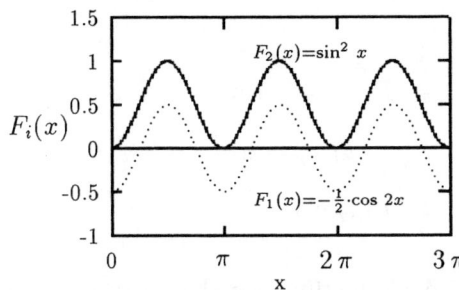

Abb. 2.10: Stammfunktionen zu $f(x) = \sin 2x$

(b) Eine zweite Funktion, deren Ableitung $f(x) = \sin 2x$ ergibt, ist

$$F_2(x) = \sin^2 x$$

d.h.

$$\int_0^{\pi/4} \sin 2x\, dx = \left[\sin^2 x\right]_0^{\pi/4} = \frac{1}{2}$$

Beide Funktionen $F_1(x)$ und $F_2(x)$ sind Stammfunktionen zu f(x). Sie unterscheiden sich nur um eine additive Konstante:

$$F_1(x) = F_2(x) - \frac{1}{2}$$

2.3.2 Integrationsverfahren

Integrationsregeln

1. Ein konstanter Faktor kann vor das Integral gezogen werden:

$$\int a \cdot f(x)\, dx = a \cdot \int f(x)\, dx \tag{2.8}$$

2. Das Integral über eine Summe oder eine Differenz von Funktionen ist gleich der Summe bzw. der Differenz der Integrale über die Summanden:

$$\int \{u(x) + v(x) - w(x)\}\, dx = \int u(x)\, dx + \int v(x)\, dx - \int w(x)\, dx \tag{2.9}$$

3. Ist

$$\int f(x)\, dx = F(x) + \text{const.}$$

bekannt, so gilt

$$\int f(a \cdot x)\,dx = \frac{1}{a} \cdot F(ax) + \text{const.} \tag{2.10}$$

$$\int f(x + b)\,dx = F(x + b) + \text{const.} \tag{2.11}$$

$$\int f(ax + b)\,dx = \frac{1}{a} \cdot F(ax + b) + \text{const.} \tag{2.12}$$

4. Ist der Integrand ein Bruch und darin die Zählerfunktion gleich der Ableitung der Nennerfunktion, so ist das Integral gleich dem Logarithmus der Nennerfunktion:

$$\int \frac{f'(x)}{f(x)}\,dx = \int \frac{df}{f} = \ln|f(x)| + \text{const.} \tag{2.13}$$

Die Substitutionsmethode

Aus der Kettenregel für die Differentiation mittelbarer Funktionen

$$\frac{d}{dx} f(u(x)) = \frac{df}{du} \cdot \frac{du}{dx}$$

leitet sich eine Methode zur Transformation der Variablen (Substitution) ab: $u(x)$ sei für $x \in I$ stetig differenzierbar und eindeutig umkehrbar, $f(u)$ sei für $u \in I'$ stetig. Dann gilt für $\alpha, \beta \in I$ und für $u(\alpha) = a \in I'$ und $u(\beta) = b \in I'$

$$\int\limits_a^b f(u)\,du = \int\limits_\alpha^\beta f(u(x)) \cdot u'(x)\,dx \tag{2.14}$$

Voraussetzung für die Anwendung der Substitutionsmethode ist, daß die Funktion $u(x)$ eindeutig umkehrbar ist. Das ist z.B. für streng monotone Funktionen erfüllt. In anderen Fällen, z.B. für $u(x) = x^2$ über $[-1, 1]$ kann man sich dadurch helfen, daß man das Integrationsintervall so unterteilt, daß in jedem Teilintervall die Forderung nach Monotonie erfüllt ist. Dann gilt: $F(u)$ sei eine Stammfunktion zu $f(u)$, d.h. $F(u)$ ist über I' stetig differenzierbar mit $F'(u) = f(u)$. Nach der Kettenregel ist

$$\frac{dF(u(x))}{dx} = \frac{dF}{du} \cdot \frac{du}{dx}$$

Integration von $x = \alpha$ bis $x = \beta$ ergibt:

$$\int\limits_\alpha^\beta \frac{dF}{dx}\,dx = F(u(\alpha)) - F(u(\beta))$$

$$= F(b) - F(a)$$

$$= \int \frac{dF}{du} \cdot \frac{du}{dx}\,dx$$

Aus dem Hauptsatz der Differential- und Integralrechnung folgt:

$$\int\limits_a^b f(u)\,du = F(b) - F(a)$$

$$\Rightarrow \qquad \int\limits_a^b f(u)\,du = \int\limits_\alpha^\beta f(u(x)) \cdot u'(x)\,dx$$

Beispiel 2.3: $\quad$ ▬▬▬▬▬▬▬▬▬▬▬▬▬

Integration durch Substitution

Gegeben seien $f(u)$ und eine ihrer Stammfunktionen $F(u)$. Das Integral

$$\int\limits_c^d f(ax + b)\,dx$$

ist durch die Substitution $u = ax + b$ mit dem Differential $du = a \cdot dx$ und die Transformation der Integrationsgrenzen

$$u(c) = a \cdot c + b$$
$$u(d) = a \cdot d + b$$

zu berechnen als:

$$\int\limits_c^d f(ax + b)\,dx = \int\limits_{u(c)}^{u(d)} f(u) \cdot \frac{1}{a}\,du = \frac{1}{a} \cdot [F(u)]_{u(c)}^{u(d)} = \frac{1}{a} \cdot [F(a \cdot d + b) - F(a \cdot c + b)]$$

Die Methode der partiellen Integration

Die Funktionen $f(x)$ und $g(x)$ seien für $x \in [a,\,b]$ stetig differenzierbar. Dann gilt für die Ableitung des Produktes der Funktionen

$$\frac{d}{dx}(f \cdot g) = f' \cdot g + f \cdot g'$$

Die Funktion $(f \cdot g)$ ist also eine Stammfunktion zu $(f' \cdot g + f \cdot g')$. Demnach ist

$$f(x) \cdot g(x) = \int\limits_a^b (f' \cdot g + f \cdot g')\,dx$$

$$= \int\limits_a^b f'(x) \cdot g(x)\,dx + \int\limits_a^b f(x) \cdot g'(x)\,dx$$

Daraus folgt die Methode der partiellen Integration: Ist der Integrand als Produkt zweier Funktionen darstellbar und bei einem der Faktoren die Stammfunktion erkennbar, so ist das Integral berechenbar als:

$$\int_a^b f'(x) \cdot g(x)\, dx = [f(x) \cdot g(x)]_a^b - \int_a^b f(x) \cdot g'(x)\, dx \qquad (2.15)$$

Beispiel 2.4: ▬▬▬▬▬▬▬▬▬▬▬▬▬▬▬▬▬▬▬▬▬▬▬▬▬▬▬▬▬▬▬▬▬▬▬▬▬▬▬
Partielle Integrationen
1.) Zu berechnen sei das Integral über $u(x) = x \cdot e^x$ Nennt man $f'(x) = e^x$ und $g(x) = x$, dann ist $f(x) = e^x$ und $g'(x) = 1$

$$\text{so folgt}: \quad \int_a^b x \cdot e^x\, dx = [x \cdot e^x]_a^b - \int_a^b e^x \cdot 1\, dx = [(x-1) \cdot e^x]_a^b$$

2.) Lautet der Integrand $\ln x$, so kann die partielle Integration in folgender Weise durchgeführt werden: Mit $f'(x) = 1$ und $g(x) = \ln x$ ergibt sich $f(x) = x$ und $g'(x) = \frac{1}{x}$

$$\int_a^b \ln x\, dx = [x \cdot \ln x]_a^b - \int_a^b x \cdot \frac{1}{x}\, dx = [x \cdot (\ln x - 1)]_a^b$$

Grundintegrale

$$\int x^n\, dx \quad = \quad \frac{1}{n+1} \cdot x^{n+1} + C$$
$$\text{für} \quad n \neq -1$$

$$\int \frac{dx}{x} \quad = \quad \ln |x| + C$$

$$\int \sin x\, dx \quad = \quad -\cos x + C$$

$$\int \cos x\, dx \quad = \quad \sin x + C$$

$$\int \tan x\, dx \quad = \quad -\ln |\cos x| + C$$

$$\int \cot x\, dx \quad = \quad \ln |\sin x| + C$$

$$\int \frac{1}{\cos^2 x}\,dx \quad = \quad \tan x + C$$

$$\int \frac{1}{\sin^2 x}\,dx \quad = \quad -\cot x + C$$

$$\int e^x\,dx \quad = \quad e^x + C$$

$$\int a^x\,dx \quad = \quad \frac{1}{\ln a}\cdot a^x + C$$

$$\int \frac{1}{a^2 + x^2}\,dx \quad = \quad \frac{1}{a}\cdot \arctan \frac{x}{a} + C$$

$$\int \frac{1}{\sqrt{a^2 - x^2}}\,dx \quad = \quad \arcsin \frac{x}{a} + C$$

$$\int \sinh x\,dx \quad = \quad \cosh x + C$$

$$\int \cosh x\,dx \quad = \quad \sinh x + C$$

Weitere Grundintegrale findet man in Integraltafeln [1] [6] [13] [16].

2.4   Uneigentliche Integrale

Anwendungen, insbesondere aus der theoretischen Physik, führen gelegentlich auf Integrale, die mit den bisher erörterten Berechnungsmethoden nicht ohne weiteres behandelt werden können. Es sind dieses

- Integrale, deren Integrationsgrenzen unendlich sind.

- Integrale, deren Integrand innerhalb oder am Rand des Integrationsintervalls gegen $+\infty$ oder $-\infty$ geht.

2.4.1   Unendliche Integrationsgrenzen

$f(x)$, definiert für alle x mit $a \leq x \leq +\infty$, sei über jedem Intervall $I = [a, \lambda]$ mit $a < \lambda < +\infty$ integrierbar. Das **uneigentliche Integral**

$$\int\limits_a^\infty f(x)\,dx$$

heißt **konvergent**, d.h. es besitzt einen endlichen Wert, wenn der Grenzwert

$$\lim_{\lambda \to +\infty} \int\limits_a^\lambda f(x)\,dx$$

existiert.

Beispiel 2.5: ▬▬▬▬▬▬▬▬▬▬▬▬▬▬
Zur Berechnung uneigentlicher Integrale

1.

$$\int_1^\infty x^{-2}\,dx = \lim_{b\to\infty}\int_1^b x^{-2}\,dx = \lim_{b\to\infty}[-\frac{1}{x}]_1^b = \lim_{b\to\infty}\left(-\frac{1}{b}+1\right) = 1$$

Das Integral existiert also.

2.

$$\int_1^\infty x^{-1}\,dx = \lim_{b\to\infty}\int_1^b x^{-1}\,dx = \lim_{b\to\infty}[\ln x]_1^b = \lim_{b\to\infty}(\ln b) \to \infty$$

Das Integral existiert also nicht, obwohl der Integrand für $x \to \infty$ verschwindet.

3. Es sei $n \neq 1$

$$\int_1^\infty x^{-n}dx = \lim_{b\to\infty}\left[\frac{x^{1-n}}{1-n}\right]_1^b = \frac{1}{n-1}\left(1 - \lim_{b\to\infty}b^{1-n}\right)$$

$$= \begin{cases} \text{nicht existent für } n < 1 \\ \text{endlich für } n = 1 + \epsilon \text{ mit } \epsilon > 0 \end{cases}$$

Das Ergebnis dieses letzten Beispiels ist von praktischem Nutzen, wenn nämlich das uneigentliche Integral $\int_a^\infty f(x)\,dx$ einer beliebigen Funktion $f(x)$ nicht berechnet werden kann, man aber nachweisen kann, daß

$$|f(x)| \leq \text{const.} \cdot x^{-n} \qquad (n > 1)$$

gilt für alle $x \geq b > a$ (s. Abb. 2.11). Ist $f(x)$ über $[a, b]$ integrierbar, so folgt, daß das uneigentliche Integral

$$\int_a^\infty f(x)\,dx$$

existiert.

▬▬▬▬▬▬▬▬▬▬▬▬▬▬▬▬▬▬▬▬▬▬▬▬▬▬▬▬▬▬

Das uneigentliche Integral

$$\int_{-\infty}^b f(x)\,dx$$

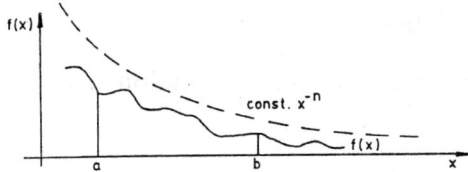

Abb. 2.11: Die Funktion const. $\cdot\, x^{-n}$ als Majorante einer Funktion $f(x)$

über eine für alle x mit $-\infty < x \le b$ definierte Funktion $f(x)$ wird in völlig analoger Weise erklärt.

Integrale vom Typ

$$\int\limits_{-\infty}^{+\infty} f(x)\,dx$$

verlangen getrennte Grenzwertbetrachtungen an beiden Integrationsgrenzen.

2.4.2 Singuläre Integranden

Die Funktion $f(x)$ sei für alle $x \in [a, b[$ (d.h. $a \le x < b$) definiert und habe an der Stelle $x = b$ den **singulären Funktionswert** $f(b) = \infty$. $f(x)$ sei über jedem Teilintervall $[a, b - \epsilon]$ mit $0 < \epsilon < b - a$ integrierbar. Das Integral

$$\int\limits_{a}^{b} f(x)\,dx$$

heißt **konvergent**, wenn der Grenzwert

$$\lim_{\epsilon \to 0} \int\limits_{a}^{b-\epsilon} f(x)\,dx$$

existiert. Befindet sich im allgemeinen Fall die singuläre Stelle x_0 der Funktion $f(x)$ innerhalb des Integrationsintervalls, so kann man dieses in zwei Teile so zerlegen, daß

$$\int\limits_{a}^{b} f(x)\,dx = \lim_{\epsilon_1 \to 0} \int\limits_{a}^{x_0-\epsilon_1} f(x)\,dx + \lim_{\epsilon_2 \to 0} \int\limits_{x_0+\epsilon_2}^{b} f(x)\,dx$$

ist. Wenn beide Grenzwerte existieren, ist dieses uneigentliche Integral definiert.

Beispiel 2.6: ▬▬▬▬▬▬▬▬▬▬▬▬▬▬▬▬▬▬

Integration über singuläre Integranden

1.) Der Integrand im folgenden Beispiel weist eine Singularität an der oberen Integrationsgrenze auf.

$$\int_{0}^{1} \left(\sqrt{1 - x^2}\right)^{-1} dx = \quad ?$$

Das Integral existiert, denn

$$\lim_{\epsilon \to 0} \int_{0}^{1-\epsilon} \left(\sqrt{1 - x^2}\right)^{-1} dx = \lim_{\epsilon \to 0} [\arcsin x]_{0}^{1-\epsilon} = \pi/2$$

2.)

$$\int_0^3 (x-1)^{-2}dx =?$$

Weil die Singularität hier mitten im Integrationsintervall bei $x = 1$ auftritt, muß man bei der Rechnung folgendermaßen vorgehen:

$$\int_0^3 (x-1)^{-2}dx = \lim_{\epsilon_1 \to 0}\int_0^{1-\epsilon_1} (x-1)^{-2}dx + \lim_{\epsilon_2 \to 0}\int_{1+\epsilon_2}^3 (x-1)^{-2}dx$$

$$= \lim_{\epsilon_1 \to 0}\left[-\frac{1}{x-1}\right]_0^{1-\epsilon_1} + \lim_{\epsilon_2 \to 0}\left[-\frac{1}{x-1}\right]_{1+\epsilon_2}^3$$

$$= \lim_{\epsilon_1 \to 0}\left(\frac{-1}{1-\epsilon_1-1} - 1\right) + \lim_{\epsilon_2 \to 0}\left(-\frac{1}{2} + \frac{1}{\epsilon_2}\right)$$

$$= \quad \text{nicht} \quad \text{existent}$$

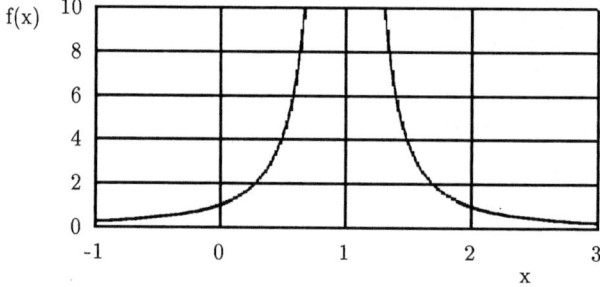

Abb. 2.12: Singulärer Integrand

Hätte man, ohne auf die Singularität zu achten, zwischen den Grenzen 0 und 3 integriert, so hätte man das falsche Ergebnis erhalten:

$$\int_0^3 (x-1)^{-2}dx = \left[\frac{-1}{x-1}\right]_0^3 = -\frac{3}{2} = \text{falsch}$$

Kapitel 3

Näherungsdarstellungen I:
Die Taylorreihe

Komplizierte mathematische Darstellungen physikalischer Zusammenhänge lassen sich für die Untersuchung lokaler Eigenschaften in einem eng begrenzten Bereich der Variablen durch mathematisch einfache Funktionen näherungsweise ersetzen.

Beispiel 3.1:
Approximation einer Potentialfunktion
Die potentielle Energie E_p zwischen zwei neutralen Atomen eines Gases wird z.B. durch das Lennard-Jones-Potential beschrieben (s. Abb. 3.1):

$$E_p(x) = -E_{p_0} \cdot \left[2 \cdot \left(\frac{x_0}{x} \right)^6 - \left(\frac{x_0}{x} \right)^{12} \right]$$

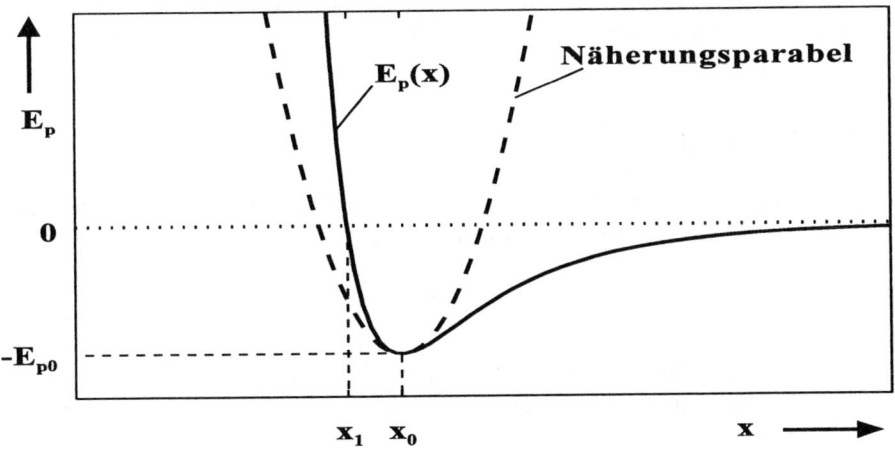

Abb. 3.1: Das Lennard-Jones-Potential und seine Taylor-Reihenentwicklung

- Im Bereich der Nullstelle $x = x_1$ kann diese Funktion gut durch ihre Tangente (lineare Näherung)

$$E_p(x) \approx E_p(x_1) + \left(\frac{dE_p}{dx}\right)_{x_1} \cdot (x - x_1)$$

$$= -E_{p_0} \cdot \left\{-12 \cdot \frac{x_0^6}{x_1^7} + 12 \cdot \frac{x_0^{12}}{x_1^{13}}\right\} \cdot (x - x_1)$$

approximiert werden, um z.B. Aussagen über die abstoßende Kraft zwischen den Atomen zu gewinnen.

- In der Umgebung des Punktes x_0 (Gleichgewichtslage) ersetzt man die Funktion in guter Näherung durch die Parabel

$$E_p(x) \approx E_p(x_0) + \frac{1}{2} \cdot \left(\frac{d^2 E_p}{dx^2}\right)_{x_0} \cdot (x - x_0)^2$$

$$= E_{p_0} \cdot \left[36 \cdot \left(\frac{x}{x_0}\right)^2 - 72 \cdot \left(\frac{x}{x_0}\right) + 35\right]$$

3.1 Einiges über Folgen und Reihen

Die für das Verständnis dieses Kapitels notwendigen Begriffe, Definitionen, Sätze und Zusammenhänge sind im folgenden stichwortartig zusammengestellt. Ausführlichere Darstellungen mit Beweisen findet man z.B. bei Berendt/Weimar[3], Forster[12], Hainzl [17] und Weltner[25].

3.1.1 Zahlenfolgen

- **Definition:** Eine unendliche Folge von Zahlen $\{a_n\}$ ist definiert als Funktion f über der Menge der natürlichen Zahlen:

$$f : n \to a_n = f(n) \qquad n \in \mathbb{N}$$

- Gibt es eine Zahl M derart, daß alle $a_n \leq M$ sind, dann ist die Folge nach oben **beschränkt**. Analog ist sie durch die Zahl m nach unten beschränkt, wenn alle $a_n \geq m$ sind.

- A ist ein **Häufungswert** der Folge $\{a_n\}$, wenn in jeder beliebigen Umgebung von A Glieder a_n der Folge anzutreffen sind.

- Die Folge $\{a_n\}$ ist **konvergent mit dem Grenzwert** A, wenn A der einzige Häufungswert der Folge ist. Andernfalls **divergiert** die Folge.

- Beispiel 1: Die Folge

$$-1, \ +\frac{1}{2}, \ -\frac{1}{3}, \ +\frac{1}{4}, \cdots \left\{ \frac{(-1)^n}{n} \right\} \quad \text{mit} \quad n \in \mathbb{N}$$

  ist beschränkt, absolut monoton fallend, alternierend und konvergent mit dem Grenzwert $A = 0$.

- Beispiel 2: Die Folge

$$1, \ 2, \ 4, \ 8, \ 16, \ \cdots \{2^n\} \quad \text{mit} \quad n = 0, \ 1, \ 2, \ \cdots$$

  ist nicht beschränkt, monoton steigend und divergent.

- Beispiel 3: Die Folge

$$0.1, \ 0.11, \ 0.111, \ 0.1111, \ \cdots \left\{ \sum_{i=1}^{n} \frac{1}{10^i} \right\} \quad \text{mit} \quad n \in \mathbb{N}$$

  ist beschränkt, monoton steigend und konvergent mit dem Grenzwert $A = \frac{1}{9}$.

- **Konvergenzkriterium von Cauchy** (notwendig und hinreichend): Eine Zahlenfolge $\{a_n\}$ ist genau dann konvergent, wenn es zu jedem beliebig kleinen $\epsilon > 0$ eine natürliche Zahl n_0 gibt, so daß

$$|a_n - a_m| \leq \epsilon$$

  ist für alle $n \geq n_0$ und $m \geq n_0$.

3.1.2 Zahlenreihen

- **Definition:** Die nicht ausführbare Summe einer unendlichen Zahlenfolge nennt man eine **unendliche Reihe**:

$$\sum_{n=1}^{\infty} s_n = s_1 + s_2 + s_3 + s_4 + \cdots + \cdots$$

- Die endliche Summe

$$\sum_{n=1}^{i} s_n$$

  bezeichnet man als die i-te **Partialsumme** der Reihe.

- Eine unendliche Reihe ist konvergent, wenn die Folge ihrer Partialsummen einen endlichen Grenzwert, die Zahl S

$$S = \lim_{n \to \infty} S_n$$

  besitzt, die man auch die **Summe der Reihe** nennt.

- **Beispiele:**

$$1 + \frac{1}{2} + \frac{1}{4} + \frac{1}{8} + \cdots \;=\; \sum_{n=1}^{\infty} \frac{1}{2^n} = 2$$

$$1 + \frac{1}{1!} + \frac{1}{2!} + \frac{1}{3!} + \cdots \;=\; \sum_{n=0}^{\infty} \frac{1}{n!} = e$$

$$1 - \frac{1}{2} + \frac{1}{3} - \frac{1}{4} + \cdots \;=\; \sum_{n=1}^{\infty} (-1)^{n+1} \frac{1}{n} = \ln 2$$

$$1 - \frac{1}{3} + \frac{1}{5} - \frac{1}{7} + \cdots \;=\; \sum_{n=1}^{\infty} (-1)^{n+1} \frac{1}{2n-1} = \frac{\pi}{4}$$

$$1 + \frac{1}{2} + \frac{1}{3} + \frac{1}{4} + \cdots \;=\; \sum_{n=1}^{\infty} \frac{1}{n} = \text{divergent}$$

- Konvergiert die Reihe $\sum_n s_n$, dann gilt für die Folge ihrer Summanden

$$\lim_{n \to \infty} s_n = 0$$

(Diese Aussage ist nicht umkehrbar.)

- Eine konvergente Reihe bleibt konvergent, wenn endlich viele Summanden in ihr abgeändert werden.

- Konvergiert die Reihe $\sum_n s_n$ gegen S und ist k eine Konstante, so konvergiert die Reihe $\sum_n k \cdot s_n$ gegen $k \cdot S$.

- Konvergenzkriterium nach Cauchy: Die Reihe $\sum_k s_k$ ist genau dann konvergent, wenn es zu jedem beliebigen $\epsilon > 0$ ein $n_0 \in \mathbb{N}$ gibt, so daß

$$\sum_{k=n+1}^{n+q} s_k \leq \epsilon$$

ist für alle $n \geq n_0$ und alle $q \in \mathbb{N}$.

- **Das Quotientenkriterium**, ein Konvergenzkriterium für den praktischen Gebrauch: Die Reihe

$$\sum_{k=1}^{\infty} s_k = s_1 + s_2 + s_3 + \cdots + s_k \cdots$$

mit $s_k \neq 0$ für alle $k \in \mathbb{N}$ ist absolut konvergent, wenn es eine positive Zahl $\lambda < 1$ gibt, so daß

$$\left| \frac{s_{k+1}}{s_k} \right| < \lambda$$

für alle k gilt.

3.1.3 Funktionenreihen

Eine Menge von Funktionen $f_n(x)$ sei definiert über dem Intervall $I = [a, b]$ für alle $n \in \mathbb{N}$ und alle $x \in I$.
$\{f_n(x)\}$ ist dann die Folge der Funktionswerte an der Stelle x. Entsprechend ist

$$\sum_{n=0}^{\infty} f_n(x) = f_1(x) + f_2(x) + \cdots$$

die **Funktionenreihe** der Funktionen $f_n(x)$ an der Stelle x.

- **Konvergenz**: Die Funktionenreihe $\sum f_i(x)$ konvergiert im Punkt $x \in I$ gegen den Wert $f(x)$ einer Funktion f, wenn es zu jedem noch so kleinen $\epsilon > 0$ ein $N = N(\epsilon, x) \in \mathbb{N}$ gibt, so daß

$$\left| f(x) - \sum_{i=1}^{n} f_i(x) \right| < \epsilon$$

  für alle $n > N(\epsilon, x)$ erfüllt ist.

- **Konvergenzbereich**: Die Menge aller $x \in I$, für die die Funktionenreihe konvergiert, heißt Konvergenzbereich $K \subset I$ der Funktionenreihe. Die Menge der Grenzwerte der Reihe **definiert über I eine Funktion** $f(x)$.

3.1.4 Potenzreihen

Eine spezielle Klasse von Funktionenreihen stellen die Potenzreihen dar.

- **Definition**: Ist

$$\{f_n(x)\} = \{a_{n-1} \cdot x^{n-1}\} \qquad \text{mit} \quad a_n \in \mathbb{R} \quad \text{und} \quad n \in \mathbb{N}$$

  eine Folge von Funktionen, definiert für $x \in [a, b]$, so nennt man

$$\sum_{n=1}^{\infty} f_n(x) = \sum_{k=0}^{\infty} a_k \cdot x^k$$

$$= a_0 + a_1 \cdot x + a_2 \cdot x^2 + \cdots$$

  eine **Potenzreihe**.

- **Konvergenzradius einer Potenzreihe**: Eine Potenzreihe $\sum_{n=0}^{\infty} a_n \cdot x^n$ ist für alle $|x| < R$ absolut konvergent: R nennt man den *Konvergenzradius*. Die Größe von R ergibt sich z.B. aus dem Quotientenkriterium zu

$$R = \frac{1}{\lim\limits_{n \to \infty} \left| \dfrac{a_{n+1}}{a_n} \right|}$$

$R = \infty$ heißt: *Die Reihe konvergiert für alle x.*

- **Beispiel**: Die Potenzreihe

$$P(x) = \sum_{n=0}^{\infty} \frac{x^n}{n!} = 1 + x + \frac{x^2}{2!} + \cdots$$

konvergiert gemäß dem Quotientenkriterium

$$\lim_{n \to \infty} \left| \frac{a_{n+1}}{a_n} \right| = \lim_{n \to \infty} \frac{n!}{(n+1)!} = \lim_{n \to \infty} \frac{1}{n+1} = 0$$

für alle x. Es ist daher $R = \infty$.

3.2   Die näherungsweise Beschreibung einer Funktion durch eine Potenzreihe

Gegeben sei die Funktion $f(x)$ über $[a, b]$. Sie sei im Punkt $x_0 \in [a, b]$ mindestens n-mal differenzierbar.

Gesucht ist das Polynom n-ten Grades $P_n(x)$, d. h. eine nach dem $(n+1)$-ten Term abgebrochene Potenzreihe, das die Funktion $f(x)$ in der Umgebung von $x = x_0$ möglichst gut approximiert.

Als **Bedingung** dafür soll gelten, daß in $x = x_0$ die Funktion und ihre n ersten Ableitungen mit dem Polynom und seinen entsprechenden Ableitungen übereinstimmen:

$$f^{(\nu)}(x_0) = P_n^{(\nu)}(x_0) \qquad \text{für} \quad \nu = 0, 1, 2, \ldots, n$$

Das Polynom

$$P_n(x) = \sum_{\nu=0}^{n} a_\nu \cdot (x - x_0)^\nu$$

mit den Koeffizienten

$$a_\nu = \frac{1}{\nu!} \cdot f^{(\nu)}(x_0)$$

erfüllt diese Forderungen, denn

aus $P(x_0) = a_0$ folgt mit $P(x_0) = f(x_0)$ $\Rightarrow$ $a_0 = f(x_0)$

aus $P'(x_0) = a_1$ folgt mit $P'(x_0) = f'(x_0)$ $\Rightarrow$ $a_1 = f'(x_0)$

aus $P''(x_0) = 2 \cdot a_2$ folgt mit $P''(x_0) = f''(x_0)$ $\Rightarrow$ $a_2 = \frac{1}{2} f''(x_0)$

$$\vdots \qquad\qquad\qquad \vdots \qquad\qquad\qquad \vdots$$

aus $P^{(\nu)}(x_0) = \nu! \cdot a_\nu$ folgt mit $P^{(\nu)}(x_0) = f^{(\nu)}(x_0)$ $\Rightarrow$ $a_\nu = \frac{1}{\nu!} f^{(\nu)}(x_0)$

Über die Güte der Approximation der Funktion f(x) durch das so definierte Polynom $P_n(x)$ an der Stelle $x = x_0$ entscheidet das **Restglied**

$$R_{n+1}(x) := f(x) - P_n(x)$$

3.2.1 Die Taylorsche Formel

$f(x)$ sei über $[a, b]$ eine $(n+1)$mal stetig differenzierbare Funktion. Dann gilt für alle $x, x_0 \in [a, b]$ die **Taylorsche Formel**:

$$f(x) = f(x_0) + \frac{f'(x_0)}{1!} \cdot (x - x_0) \; + \; \frac{f''(x_0)}{2!} \cdot (x - x_0)^2 + \cdots$$

$$+ \; \frac{f^{(n)}(x_0)}{n!} \cdot (x - x_0)^n + R_{n+1}(x) \quad (3.1)$$

mit dem Restglied in Integralform:

$$R_{n+1}(x) = \frac{1}{n!} \int_{x_0}^{x} (x - t)^n \cdot f^{(n+1)}(t)\, dt$$

Beweis für das Restglied (nach der Methode der vollständigen Induktion):

1. Für $n = 0$ gilt nach dem Hauptsatz der Differential- und Integralrechnung:

$$f(x) = f(x_0) + \int_{x_0}^{x} (x - t)^0 \cdot f'(t)\, dt$$

2. Für irgendein n sei gezeigt, daß

$$R_n = \frac{1}{(n - 1)!} \cdot \int_{x_0}^{x} (x - t)^{n-1} \cdot f^{(n)}(t)\, dt \qquad \text{gilt.}$$

Mit

$$R_n = \int_{x_0}^{x} f^{(n)}(t) \cdot \frac{d}{dt}\left[-\frac{(x - t)^n}{n!} \right] dt$$

folgt aus R_n durch partielle Integration R_{n+1}:

$$R_n(x) = \left[-f^{(n)}(t) \cdot \frac{(x - t)^n}{n!} \right]_{x_0}^{x} + \int_{x_0}^{x} \frac{(x - t)^n}{n!} \cdot f^{(n+1)}(t)\, dt$$

$$= \frac{f^{(n)}(x_0)}{n!} \cdot (x - x_0)^n + R_{n+1}(x)$$

3.2.2 Andere Formen des Restgliedes und Beispiele

Aus der Anwendung des Mittelwertsatzes der Integralrechnung auf das Restglied in Integralform ergibt sich das Restglied nach Lagrange:

$$R_{n+1}(x) = \frac{f^{(n+1)}(\xi)}{(n+1)!} \cdot (x - x_0)^{n+1} \qquad (3.2)$$

worin ξ ein Punkt aus dem Intervall $]x, x_0[$ ist.

Abschätzung des Restgliedes: Wenn die Funktion $f^{(n+1)}(x)$ über dem Intervall [a,b] stetig ist, ist sie dort auch beschränkt, d.h. es gibt ein $M > 0$ mit

$$\left| f^{(n+1)}(x) \right| \leq M \qquad \text{für alle} \quad x \in [a, b]$$

Damit wird

$$|R_{n+1}(x)| \;=\; \left| \frac{f^{(n+1)}(\xi)}{(n+1)!} \cdot (x - x_0)^{n+1} \right| \;\leq\; M \cdot \frac{|x - x_0|^{n+1}}{(n+1)!}$$

$$\text{für alle} \quad x \in [a, b]$$

Beispiel 3.2: ▬▬▬▬▬▬▬▬▬▬▬▬▬▬▬▬▬▬▬▬▬▬▬▬▬▬▬▬
Zur Abschätzung des Restgliedes

Die ersten drei Terme des Taylor-Polynoms der Funktion $f(x) = \cos x$ lauten für den Entwicklungspunkt x_0

$$P_2(x) = \sum_{k=0}^{2} \left(\frac{d^k(\cos x)}{dx^k} \right)_{x=x_0} \frac{(x - x_0)^k}{k!} = \cos x_0 - \sin x_0\,(x - x_0) - \frac{1}{2} \cos x_0\,(x - x_0)^2$$

Wie genau ist der damit für $x = 31°$ berechnete Wert, wenn als Entwicklungspunkt $x_0 = 30° \,\hat{=}\, \pi/6$ gewählt wird?

$x - x_0$ beträgt hier $1° \,\hat{=}\, \pi/180$. Der Wert von $\cos 31°$ berechnet sich mit dem gegebenen Taylor-Polynom zu $\cos 31° \approx 0.85716685$.

Wählt man als obere Schranke für die Sinusfunktion $M = 1$, so ergibt die Abschätzung des Restgliedes

$$R_3 = \frac{\sin x_0}{3!} \cdot (x - x_0)^3 \leq M \cdot \frac{(\pi/180)^3}{3!} \leq 10^{-6}$$

Der Tabellenwert lautet $\cos 31° = 0.857167300$ [1].

3.3 Die exakte Darstellung einer Funktion durch ihre Taylorreihe

Entsprechend dem allgemein über Funktionenreihen Gesagten stellt eine Potenzreihe mit einem nichtverschwindenden Konvergenzradius über ihrem Konvergenzintervall $I =]-R, R[$ eine Funktion $f(x)$ dar:

$$f(x) = \sum_{n=0}^{\infty} a_n \cdot x^n$$

Die Frage, wie man umgekehrt zu einer gegebenen Funktion $f(x)$ eine Potenzreihe bestimmt, wie man „die Funktion $f(x)$ in eine Potenzreihe entwickelt", wird durch die Taylorsche Formel beantwortet.

Denn, wenn man von der Funktion $f(x)$ voraussetzen kann, daß sie über $I = [a, b]$ beliebig oft differenzierbar ist, heißt für einen Entwicklungspunkt $x_0 \in]a, b[$

$$P(x) = \sum_{\nu=0}^{\infty} \frac{f^{(\nu)}(x_0)}{\nu!} \cdot (x - x_0)^{\nu}$$

die **Taylorreihe von** $f(x)$.

Diese Taylorreihe konvergiert genau dann gegen $f(x)$, wenn

$$\lim_{n \to \infty} R_{n+1}(x) = 0 \qquad \text{ist.}$$

Außerdem gilt: Es sei $f(x)$, definiert über $[a, b]$, eine Funktion, die für alle $x \in [a, b]$ durch die Potenzreihe

$$f(x) = \sum_{n=0}^{\infty} a_n \cdot (x - x_0)^n \qquad x_0 \in]a, b[$$

dargestellt wird. Dann ist die Taylorreihe der Funktion $f(x)$ mit dem Entwicklungspunkt x_0 gleich dieser Potenzreihe.

 Erläuterungen und Beweise hierzu findet man in [3] [12] [17] [18] [25].

Die Darstellung spezieller Funktionen durch ihre Taylorreihen

Beispiel 3.3:   Berechnung der Taylorreihe zu $f(x) = \ln(1 + x)$

$f(x)$ ist definiert über $]-1, \infty[$ und dort beliebig oft differenzierbar. Der Entwicklungspunkt sei $x_0 = 0$. Mit

$$
\begin{aligned}
f'(x_0) &= 1 \\
f''(x_0) &= -1 \\
f'''(x_0) &= 2 \\
&\ \vdots \\
f^{(\nu)}(x_0) &= (-1)^{\nu-1} \cdot (\nu - 1)!
\end{aligned}
$$

folgt die Taylorreihe:

$$P(x) = \sum_{\nu=1}^{\infty} \frac{(-1)^{\nu-1}}{\nu} \cdot x^{\nu} = x - \frac{x^2}{2} + \frac{x^3}{3} - + \cdots$$

Für die Konvergenz der Reihe ergibt sich aus dem Quotientenkriterium:

$$\lim_{n\to\infty} \left| \frac{n \cdot x^{n+1}}{(n+1) \cdot x^n} \right| = |x| \lim_{n\to\infty} \frac{1}{1 + 1/n} = |x|$$

Das bedeutet: Die Reihe ist für alle $|x| < 1$ konvergent. (Überdies ist sie auch bei $x = 1$ konvergent.)
Untersuchung des Restgliedes:

$$R_{n+1}(x) = \frac{f^{(n+1)}(\xi)}{(n+1)!} \cdot x^{n+1}$$

berechnet sich mit

$$f^{(n+1)}(\xi) = (-1)^n \cdot \frac{n!}{(1+\xi)^{n+1}} \qquad \xi \in]x, x_0[$$

zu

$$R_{n+1}(x) = (-1)^n \cdot \frac{1}{n+1} \cdot \left(\frac{x}{1+\xi} \right)^{n+1}.$$

Für alle $x \in]-1, 1]$ ist

$$\left| \frac{x}{1+\xi} \right| < 1,$$

also ist

$$|R_{n+1}(x)| < \frac{1}{n+1} \qquad \text{und} \qquad \lim_{n\to\infty} R_{n+1}(x) = 0$$

Folglich ist $P(x)$ die Potenzreihendarstellung der Funktion $f(x)$ über $-1 < x \leq 1$:

$$\ln(1+x) = \sum_{n=1}^{\infty} \frac{(-1)^{n-1}}{n} \cdot x^n$$

Beispiel 3.4: Die binomische Reihe

Berechnung der Taylorreihe für $f(x) = (1+x)^{\gamma}$ mit $\gamma \in \mathbb{R}$. Der Entwicklungspunkt sei $x = 0$. Die k-te Ableitung von $f(x)$ lautet:

$$f^{(k)}(x) \quad = \quad \gamma \cdot (\gamma - 1) \cdot \cdots \cdot (\gamma - k + 1) \cdot (1+x)^{\gamma-k}$$

Die Verwendung der *Binomialkoeffizienten*:

$$\binom{\gamma}{k} = \prod_{i=1}^{k} \frac{\gamma - i + 1}{i} = \frac{1}{k!} \cdot [\gamma \cdot (\gamma - 1) \cdots (\gamma - k + 1)]$$

führt zu einer vereinfachten Schreibweise

$$f^{(k)}(x) = k! \cdot \binom{\gamma}{k} \cdot (1 + x)^{\gamma - k}$$

(Vgl. Abschnitt 19.1 sowie Darstellungen über den Binomischen Lehrsatz in [3], [6],[12], [18] u. a.) Damit ergibt sich die gesuchte Taylorreihe zu

$$P(x) = \sum_{k=0}^{\infty} \binom{\gamma}{k} \cdot x^k$$

Das Konvergenzintervall der Reihe folgt aus dem Quotientenkriterium für $\gamma \notin \mathbb{N}$ und $x \neq 0$

$$\lim_{n \to \infty} \left| \frac{a_{n+1}}{a_n} \right| = \lim_{n \to \infty} \left| \frac{\binom{\gamma}{n+1} \cdot x^{n+1}}{\binom{\gamma}{n} \cdot x^n} \right| = \lim_{n \to \infty} |x| \cdot \left| \frac{\frac{\gamma}{n} - 1}{1 + \frac{1}{n}} \right| = |x|$$

Die Reihe ist also konvergent für alle $|x| < 1$. Daß das Restglied $R_{n+1}(x)$ für alle $|x| < 1$ gegen Null konvergiert, läßt sich beweisen. (s. z.B. [12])

Die Taylorreihe der Funktion $f(x) = (1 + x)^\gamma$ lautet also

$$(1 + x)^\gamma = \sum_{n=0}^{\infty} \binom{\gamma}{n} \cdot x^n \qquad \text{für} \quad |x| < 1$$

In dieser Darstellung sind drei spezielle Reihen enthalten, die in physikalischen Berechnungen sehr häufig zur Vereinfachung herangezogen werden:

1. Die **geometrische Reihe** für $\gamma = -1$: Es ist

$$\binom{-1}{n} = (-1)^n$$

folglich gilt

$$\frac{1}{1 + x} = \sum_{n=0}^{\infty} \binom{-1}{n} \cdot x^n = \sum_{n=0}^{\infty} (-1)^n \cdot x^n = 1 - x + x^2 - x^3 + - \cdots$$

2. Die Potenzreihendarstellung für $f(x) = \sqrt{1 + x}$, d.h. $\gamma = +\frac{1}{2}$:

$$\sqrt{1 + x} = 1 + \frac{1}{2}x - \frac{1}{8}x^2 + \frac{1}{16}x^3 - \frac{5}{128}x^4 + - \cdots$$

3. Die Potenzreihendarstellung für $f(x) = 1/\sqrt{1 + x}$, d.h. $\gamma = -\frac{1}{2}$:

$$\frac{1}{\sqrt{1 + x}} = 1 - \frac{1}{2}x + \frac{3}{8}x^2 - \frac{5}{16}x^3 + - \cdots$$

Kapitel 4

Komplexe Zahlen und Funktionen

Die Einführung der komplexen Zahlen unter Verwendung imaginärer Zahlen als Quadratwurzeln aus negativen reellen Zahlen stellt eine Erweiterung des Systems der reellen Zahlen dar. So sind die Lösungen der quadratischen Gleichung

$$2\,x + 3\,x + 2 = 0 \qquad x_1 = -\frac{3}{4} + \frac{1}{4}\sqrt{-7} \quad \text{und} \quad x_2 = -\frac{3}{4} - \frac{1}{4}\sqrt{-7}$$

Beispiele für komplexe Zahlen, die aus einer reellen und einer imaginären Komponente zusammengesetzt sind.

4.1 Über das Rechnen mit komplexen Zahlen

4.1.1 Definitionen

Definiert wird eine **komplexe Zahl** z als ein geordnetes Paar zweier reeller Zahlen ($x, y \in \mathbb{R}$).

$$z = (x, y)$$

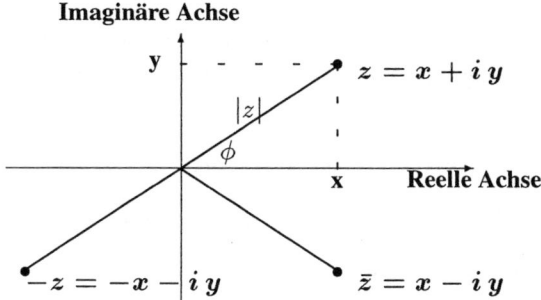

Abb. 4.1: Die Gaußsche Zahlenebene

Komplexe Zahlen lassen sich wie zweidimensionale Vektoren in einem rechtwinkligen Koordinatensystem darstellen (Abb. 4.1). Man bezeichnet die x-Achse als **reelle Achse**, die y-Achse als **imaginäre Achse**. Maßeinheiten sind: In Richtung der reellen Achse: $1 = (1, 0)$, in Richtung der imaginären Achse: $i = (0, 1)$. In Polarkoordinaten ist $x = |z| \cdot \cos \phi$ und $y = |z| \cdot \sin \phi$.

Damit ergeben sich die folgenden Schreibweisen für komplexe Zahlen:

$$\begin{aligned} z &= (x, y) \\ &= x + i \cdot y \\ &= |z| \cdot (\cos \phi + i \cdot \sin \phi) \end{aligned}$$

$\Re z = x = |z| \cdot \cos \phi$ nennt man den **Realteil** von z, $\Im z = y = |z| \cdot \sin \phi$ nennt man den **Imaginärteil** von z.

- Zwei komplexe Zahlen z_1 und z_2 sind genau dann **gleich**, wenn sie als geordnetes Zahlenpaar übereinstimmen: Für $z_1 = (x_1, y_1)$ und $z_2 = (x_2, y_2)$ ist $z_1 = z_2$, wenn $x_1 = x_2$ und $y_1 = y_2$ gilt.

- Der **Betrag** einer komplexen Zahl ist gegeben durch die nicht negative reelle Zahl
$$|z| = +\sqrt{x^2 + y^2}$$

- Die zur komplexen Zahl $z = (x, y)$ **konjugiert komplexe** Zahl ist definiert als
$$\bar{z} = (x, -y)$$

- Die **negative** komplexe Zahl ist als $z = (-x, -y)$ definiert.

- Die Menge der komplexen Zahlen wird mit $\mathbb{C}$ bezeichnet.

4.1.2   Verknüpfungen komplexer Zahlen

In diesem Abschnitt sind die für den praktischen Umgang mit komplexen Zahlen wichtigsten Rechenregeln tabellarisch zusammengestellt. Die meisten von ihnen lassen sich leicht verifizieren.

1. Addition: $z_1 + z_2 = (x_1, y_1) + (x_2, y_2) = (x_1 + x_2, \, y_1 + y_2)$

2. Multiplikation: $z_1 \cdot z_2 = (x_1, y_1) \cdot (x_2, y_2) = (x_1 x_2 - y_1 y_2, \, x_1 y_2 + x_2 y_1)$

3. Summe der Zahl z und der konjugiert komplexen Zahl $\bar{z}$: $z + \bar{z} = 2 \cdot \Re z$

4. Differenz der Zahl z und der konjugiert komplexen Zahl $\bar{z}$: $z - \bar{z} = 2 \cdot \Im z$

5. Produkt der Zahl z und der konjugiert komplexen Zahl $\bar{z}$: $z \cdot \bar{z} = |z|^2$

6. Die konjugiert komplexe Zahl zu $\bar{z}$: $\bar{\bar{z}} = z$

7. Die konjugiert komplexe Zahl zur Summe zweier komplexer Zahlen:

$$\overline{z_1 + z_2} = \bar{z}_1 + \bar{z}_2$$

8. Die konjugiert komplexe Zahl zum Produkt zweier komplexer Zahlen:

$$\overline{z_1 \cdot z_2} = \bar{z}_1 \cdot \bar{z}_2$$

9. Die Dreiecksungleichung in der komplexen Ebene: $|z_1 + z_2| \le |z_1| + |z_2|$

10. Der Quotient zweier komplexer Zahlen:

$$\frac{z_1}{z_2} = \frac{z_1 \cdot \bar{z}_2}{|z_2|^2} \quad \text{für} \quad z_2 \ne (0,0)$$

11. Das Produkt in Polarkoordinaten:

$$z_1 \cdot z_2 = |z_1| \cdot |z_2| \cdot (\cos(\phi_1 + \phi_2) + i \cdot \sin(\phi_1 + \phi_2))$$

12. Der Quotient in Polarkoordinaten:

$$\frac{z_1}{z_2} = \frac{|z_1|}{|z_2|} \cdot (\cos(\phi_1 - \phi_2) + i \cdot \sin(\phi_1 - \phi_2)) \quad \text{für} \quad z_2 \ne (0,0)$$

13. Der Kehrwert einer komplexen Zahl:

$$\frac{1}{z} = \frac{1}{|z|} \cdot (\cos \phi - i \cdot \sin \phi) \quad \text{für} \quad z \ne (0,0)$$

14. Die wiederholte Multiplikation der Zahl z mit sich selbst ergibt die **Moivresche Formel** der n-ten Potenz:

$$z^n = |z|^n \cdot (\cos n\phi + i \cdot \sin n\phi)$$

Wegen der Periodizität der trigonometrischen Funktionen kann eine komplexe Zahl z auch geschrieben werden als:

$$z = |z| \cdot (\cos(\phi + 2\pi k) + i \cdot \sin(\phi + 2\pi k)) \qquad k = \text{ganze} \quad \text{Zahl}$$

15. Die n-te Wurzel aus einer komplexen Zahl:

$$w = \sqrt[n]{z} = z^{\frac{1}{n}} = |z|^{1/n} \cdot \left(\cos \frac{\phi + 2\pi k}{n} + i \cdot \sin \frac{\phi + 2\pi k}{n} \right)$$

nimmt n verschiedene Werte an entsprechend den n verschiedenen Werten des Winkels ϕ_w für $k = 0, 1, \cdots, (n-1)$.
Den Wurzelwert für $k = 0$ nennt man **Hauptwert** der Wurzel. (Vgl. Abb. 4.2.)

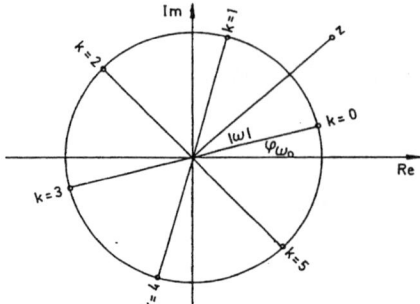

Abb. 4.2: Darstellung einer 6. Wurzel in der Gaußschen Zahlenebene

Beispiel 4.1:
Die Quadratwurzel aus $z = -1$

$$w = \sqrt[2]{-1}$$

$$
\begin{aligned}
z &= -1 \\
&= 1 \cdot (\cos \pi + \sin \pi) \\
w &= 1 \cdot \left(\cos \frac{\pi + 2\pi k}{2} + i \cdot \sin \frac{\pi + 2\pi k}{2} \right) \qquad k = 0, 1 \\
w &= \begin{cases} 1 \cdot \left(\cos \frac{\pi}{2} + i \sin \frac{\pi}{2} \right) = +i \\ 1 \cdot \left(\cos \frac{3\pi}{2} + i \sin \frac{3\pi}{2} \right) = -i \end{cases}
\end{aligned}
$$

4.2 Die Exponentialfunktion
Einiges über Folgen und Reihen komplexer Zahlen

4.2.1 Zahlenfolgen und Zahlenreihen

Zahlreiche Begriffe, Definitionen und Sätze über Folgen und Reihen reeller Zahlen lassen sich übertragen auf Folgen und Reihen komplexer Zahlen.

So gilt beispielsweise für die **Konvergenz einer Folge**: Eine Folge komplexer Zahlen $\{c_n\}$, $n \in \mathbb{N}$ ist *konvergent gegen eine komplexe Zahl c*, anders geschrieben:

$$\lim_{n \to \infty} c_n = c$$

wenn zu jedem $\epsilon > 0$ ein $N \in \mathbb{N}$ existiert, so daß

$$|c_n - c| < \epsilon \qquad \text{für alle } n \geq N \text{ ist.}$$

Das bedeutet: Die Folge $\{c_n\}$ konvergiert genau dann, wenn die beiden reellen Folgen $\{\Re c_n\}$ und $\{\Im c_n\}$, $n \in \mathbb{N}$, konvergieren. Dann gilt

$$\lim_{n\to\infty} c_n = \lim_{n\to\infty} \Re c_n + i \cdot \lim_{n\to\infty} \Im c_n = a + i \cdot b = c$$

Über die **Konvergenz einer unendlichen Reihe** ist analog zu den Reihen reeller Zahlen zu sagen: Eine Reihe $\sum_{n=0}^{\infty} c_n$ komplexer Zahlen ist konvergent, wenn die Folge ihrer Partialsummen $\{s_n\}$ konvergiert. Darin ist

$$s_n = \sum_{k=0}^{n} c_k$$

Die Reihe nennt man **absolut konvergent**, wenn die Reihe

$$\sum_{n=0}^{\infty} |c_n|$$

konvergiert. Auch für Zahlenreihen komplexer Zahlen gelten u. a. die folgenden **Konvergenzkriterien**:

1. **Majorantenkriterium**: Es sei $\sum_{n=0}^{\infty} \alpha_n$ eine konvergente Reihe mit reellen positiven Gliedern

    $$\alpha_n \in \mathbb{R} \quad \text{für} \quad \text{alle} \quad n \in \mathbb{N}.$$

    Es sei $\{c_n\}$, $n \in \mathbb{N}$ eine Folge komplexer Zahlen mit $|c_n| \leq \alpha_n$ für alle n. Dann konvergiert die Reihe $\sum_{n=0}^{\infty} c_n$ absolut.

2. **Quotientenkriterium**: Es sei $\sum_{n=0}^{\infty} c_n$ eine Reihe komplexer Zahlen mit $c_n \neq 0$ für $n \geq n_0$. Es gebe ein $\lambda \in \mathbb{R}$ mit $0 < \lambda < 1$, so daß

    $$\left| \frac{c_{n+1}}{c_n} \right| \leq \lambda$$

    für alle $n > n_0$ ist. Dann konvergiert die Reihe $\sum_{n=0}^{\infty} c_n$ absolut.

3. **Wurzelkriterium**: Die Reihe $\sum_{n=0}^{\infty} c_n$ ist absolut konvergent, wenn für ein festes γ mit $0 < \gamma < 1$

    $$\sqrt[n]{|c_n|} \leq \gamma$$

    ist für alle n.

4.2.2 Funktionenreihen

Die unendliche Reihe

$$\sum_{n=0}^{\infty} a_n \cdot (z - z_0)^n = a_0 + a_1(z - z_0) + a_2(z - z_0)^2 + \cdots + a_n(z - z_0)^n + \cdots$$

nennt man **Potenzreihe mit den Koeffizienten** a_n **und dem Mittelpunkt** z_0 .

Beispiele für Potenzreihen:

1. Die Werte $z_0 = 0$ und $a_n = 1$ für alle n ergeben die Reihe

$$\sum_{n=0}^{\infty} z^n = 1 + z + z^2 + \cdots + z^n + \cdots$$

Nach dem Quotientenkriterium ist die Reihe für alle $|z| < 1$ absolut konvergent, d.h. für alle Werte von z innerhalb des Einheitskreises. Für diese *geometrische* Reihe ist der Einheitskreis der **Konvergenzkreis** mit dem **Konvergenzradius** $R = 1$.

2. Die Reihe

$$\sum_{n=1}^{\infty} \frac{(z-1)^n}{n} = (z-1) + \frac{(z-1)^2}{2} + \cdots + \frac{(z-1)^n}{n} + \cdots$$

(d.h. $z_0 = 1$ und $a_n = 1/n$) ist für alle $|z-1| < 1$ absolut konvergent.

3. Speziell für $z_0 = 0$ und $a_n = 1/n!$ ergibt sich die Reihe

$$\sum_{n=0}^{\infty} \frac{z^n}{n!} = 1 + z + \frac{z^2}{2} + \frac{z^3}{3!} + \cdots + \frac{z^n}{n!} + \cdots$$

Sie ist nach dem Quotientenkriterium, weil

$$\left| \frac{z^{n+1} \cdot n!}{(n+1)! \cdot z^n} \right| = \left| \frac{z}{n+1} \right| \leq \Theta < 1 \qquad \text{für} \quad \text{alle} \quad n > |z-1|$$

gilt, für alle Werte von z absolut konvergent.

Die Exponentialfunktion

Die für reelle x bekannte Funktion e^x wird durch die folgende *Definition* ins Komplexe fortgesetzt:

$$e^z = \sum_{n=0}^{\infty} \frac{z^n}{n!}$$

Durch Multiplikation der beiden Reihen e^{z_1} und e^{z_2} läßt sich das

$$\text{Additionstheorem}: \qquad e^{z_1} \cdot e^{z_2} = e^{z_1 + z_2}$$

zeigen. Damit folgt

$$e^z = e^{x+iy} = e^x \cdot e^{iy}$$

Als Potenzreihe geschrieben lautet

$$e^{iy} = \sum_{n=0}^{\infty} \frac{(iy)^n}{n!}$$

$$= \sum_{k=0}^{\infty} (-1)^k \cdot \frac{y^{2k}}{(2k)!} + i \cdot \sum_{k=0}^{\infty} (-1)^k \cdot \frac{y^{2k+1}}{(2k+1)!}$$

Durch Vergleich mit den bekannten Reihen

$$\cos y = \sum_{k=0}^{\infty} (-1)^k \cdot \frac{y^{2k}}{(2k)!}$$

$$\sin y = \sum_{k=0}^{\infty} (-1)^k \frac{y^{2k+1}}{(2k+1)!}$$

ergibt sich damit die **Eulersche Formel**:

$$e^{iy} = \cos y + i \cdot \sin y \tag{4.1}$$

Daraus folgt für e^z:

$$e^z = e^x \cdot (\cos y + i \cdot \sin y)$$

$$|e^z| = e^{\Re z} = e^x \qquad \text{Betrag}$$

$$\arg(e^z) = \Im z = y \qquad \text{Argument}$$

Jede komplexe Zahl z kann also geschrieben werden als

$$z = |z| \cdot e^{i\phi} \tag{4.2}$$

e^z ist eine periodische Funktion:

$$e^z = e^{z+k\cdot 2\pi i} \qquad k \in \mathbb{Z}$$

Speziell ist:

$$e^{2\pi i} = 1 \quad e^{\pm \pi i} = -1 \quad e^{\pi/2 \cdot i} = i \quad e^{-\pi/2 \cdot i} = -i$$

Die **Ableitung der Exponentialfunktion** lautet:

$$\frac{d}{dz} \left(\sum_{n=0}^{\infty} \frac{z^n}{n!} \right) = \sum_{n=0}^{\infty} \frac{z^n}{n!}$$

d.h. es gilt:

$$\frac{de^z}{dz} = e^z$$

Teil II

Vektoren und vektorwertige Funktionen

Kapitel 5

Vektoralgebra

Der mathematische Begriff des Vektors als einer gerichteten Größe, die sich durch
Angabe ihres Betrages und ihrer Richtung charakterisieren läßt, hat sich als ein un-
verzichtbares Hilfsmittel der Physik erwiesen: So sind der Weg, den ein Masssen-
punkt bei einer Verschiebung zurücklegt, die Kraft als Ursache für die Bewegung eines Körpers und die Geschwindigkeit eines Körpers nur durch Vektoren vollständig zu
beschreiben. Die wichtigsten Gesetze der Vektoralgebra im dreidimensionalen Raum
$\mathbb{R}^3$ bilden den Inhalt dieses Kapitels.

Es beginnt mit einer einführenden, anschaulich geometrischen Darstellung der Vektoren, ihrer Eigenschaften und Verknüpfungen mit Beispielen aus der analytischen
Geometrie. Mit der Definition der *linearen Unabhängigkeit* von Vektoren ergibt sich
ihre Beschreibung in einem *kartesischen Koordinatensystem* (s. auch [10] [15]).

5.1 Geometrische Darstellung von Vektoren und ihren Verknüpfungen

5.1.1 Definitionen

Skalare Größen sind durch die Angabe einer reellen Zahl vollständig charakterisiert
(z.B. Zeit, Masse, Energie, Ladung, Temperatur).

Vektoren sind als geordnete Punktepaare (im $\mathbb{R}^3$) definiert mit einem Anfangspunkt
A und einem Endpunkt E, anschaulich als gerichtete Strecken. *Freie Vektoren* $\vec{v}$ sind
als gerichtete Strecken $\vec{v} = \overline{AE}$ durch Angabe ihres Betrages (Länge der Strecke
$\overline{AE} = |\vec{v}|$) und ihrer Richtung $\vec{v}_0$ bestimmt (z.B. Geschwindigkeit, Kraft, elektrische
Feldstärke). Zwei solche Vektoren $\vec{a} = \overline{A_1 A_2}$ und $\vec{b} = \overline{B_1 B_2}$ sind genau dann gleich:
$\vec{a} = \vec{b}$, wenn sie gleichlang und gleichgerichtet sind.

Ortsvektoren: Ist im dreidimensionalen Raum ein Punkt O als Bezugspunkt (Ursprung
bzw. Nullpunkt) definiert, so kann jedem Punkt P im $\mathbb{R}^3$ sein *Ortsvektor* $\vec{r}_p$ eindeutig
zugeordnet werden: $\vec{r}_p$ ist der Vektor mit dem Anfangspunkt O und dem Endpunkt P.
Zwei Ortsvektoren sind genau dann gleich, wenn sie bei gleichem Ursprung denselben
Endpunkt haben.

Einheitsvektor : $\vec{v}_0$ ist ein Vektor vom Betrag $|\vec{v}_0| = 1$.

Nullvektor : $\vec{0}$ ist ein Vektor vom Betrag Null mit undefinierter Richtung.

Negativer Vektor : Der Vektor $-\vec{v}$ hat dieselbe Länge wie $\vec{v}$, aber die entgegengesetzte Richtung.

5.1.2   Addition von Vektoren

Sind $\vec{a}$ und $\vec{b}$ zwei Vektoren im $\mathbb{R}^3$, so kann man graphisch ihre Summe $\vec{a} + \vec{b}$ auf zwei Wegen bestimmen (s. Abb. 5.1):

a) indem die Vektoren mit ihren Anfangspunkten zusammengelegt und zum Parallelogramm ergänzt werden. Die vom gemeinsamen Anfangspunkt ausgehende Diagonale ist der Summenvektor $\vec{a} + \vec{b}$, b) indem der Vektor $\vec{b}$ mit seinem Anfangspunkt in den Endpunkt des Vektors $\vec{a}$ gelegt wird und der Anfangspunkt von $\vec{a}$ mit dem Endpunkt von $\vec{b}$ verbunden werden zur Summe $\vec{a} + \vec{b}$.

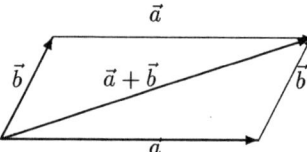

Abb. 5.1: Addition zweier Vektoren

Die Vektoraddition hat die folgenden Eigenschaften:

1.	$\vec{a} + \vec{b} = \vec{b} + \vec{a}$	Kommutativgesetz
2.	$\vec{a} + (\vec{b} + \vec{c}) = (\vec{a} + \vec{b}) + \vec{c}$	Assoziativgesetz
3.	$\vec{a} + (-\vec{a}) = \vec{0}$	Nullvektor

Die **Subtraktion von Vektoren** kann als Addition eines Vektors $\vec{a}$ und eines negativen Vektors $-\vec{b}$ aufgefaßt werden:

$$\vec{a} - \vec{b} = \vec{a} + (-\vec{b})$$

5.1.3   Multiplikation eines Vektors mit einem Skalar

$$k \cdot \vec{a} \quad = \quad (\overrightarrow{k \cdot a}) \tag{5.1}$$

Für $k \in \mathbb{R}$ hat $(\overrightarrow{k \cdot a})$ den Betrag

$$|\overrightarrow{k \cdot a}| = |k| \cdot |\vec{a}|$$

und die Richtung von $\vec{a}$ für $k > 0$, von $-\vec{a}$ für $k < 0$. Für $k = 0$ ist $(\overrightarrow{k \cdot a}) = \vec{0}$ (Nullvektor).

Mit den Skalaren k und l und den Vektoren $\vec{a}$ und $\vec{b}$ gilt:

1. $(k + l) \cdot \vec{a} = k \cdot \vec{a} + l \cdot \vec{a}$

2. $k \cdot (\vec{a} + \vec{b}) = k \cdot \vec{a} + k \cdot \vec{b}$ Distributivgesetze

3. $k \cdot (l \cdot \vec{a}) = (k \cdot l) \cdot \vec{a} = l \cdot (k \cdot \vec{a})$ Assoziativgesetz

4. $1 \cdot \vec{a} = \vec{a}$

Beispiel 5.1: ▬▬▬▬▬▬▬▬▬▬▬▬▬▬▬▬▬▬▬▬▬▬▬▬▬

Darstellung einer Geraden im Raum

Für die reellen Zahlen λ mit $-\infty < \lambda < +\infty$ gibt der Endpunkt des Vektors $\vec{r}(\lambda)$, ausgehend von einem festen Punkt O (Ursprung) mit

$$\vec{r}(\lambda) = \vec{a} + (\vec{b} - \vec{a}) \cdot \lambda$$

alle Punkte P der Geraden durch die beiden Punkte A und B wieder (Abb. 5.2). Bezüglich des Ursprungs O sind die Punkte A und B durch ihre konstanten Ortsvektoren $\vec{a}$ und $\vec{b}$ gegeben.

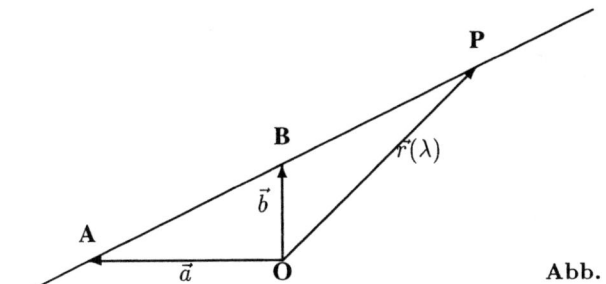

Abb. 5.2: Gerade durch zwei Punkte

5.1.4   Das Skalarprodukt (inneres Produkt)

Das Skalarprodukt der beiden Vektoren $\vec{a}$ und $\vec{b}$ ist in folgender Weise als skalare Größe definiert:

$$k = (\vec{a} \cdot \vec{b}) = |\vec{a}| \cdot |\vec{b}| \cdot \cos\phi \qquad \text{mit} \qquad 0 \leq \phi \leq \pi \qquad \text{und} \quad k \in \mathbb{R}$$
$$(5.2)$$

(ϕ ist der Winkel zwischen den Richtungen der Vektoren $\vec{a}$ und $\vec{b}$)

Eigenschaften des Skalarprodukts:

1. $\quad k = \vec{a} \cdot \vec{b} = 0 \qquad\qquad$ wenn $\vec{a} = \vec{0}$ oder $\vec{b} = \vec{0}$ oder $\phi = \frac{\pi}{2}$

2. $\quad \vec{a} \cdot \vec{b} = \vec{b} \cdot \vec{a} \qquad\qquad$ (Kommutativgesetz)

3. $\quad (\lambda \cdot \vec{a}) \cdot \vec{b} = \lambda \cdot (\vec{a} \cdot \vec{b}) \qquad$ für $\lambda \in \mathbb{R}$

4. $\quad \vec{a} \cdot (\vec{b} + \vec{c}) = \vec{a} \cdot \vec{b} + \vec{a} \cdot \vec{c} \qquad$ (Distributivgesetz)

5. $\quad \vec{a}^2 := \vec{a} \cdot \vec{a} = |\vec{a}|^2$

6. $\quad |\vec{a} \cdot \vec{b}| \leq |\vec{a}| \cdot |\vec{b}|$

Hieraus leiten sich die folgenden Definitionen ab:

Betrag eines Vektors $\vec{a}$:

$$|\vec{a}| = +\sqrt{\vec{a} \cdot \vec{a}} = +\sqrt{\vec{a}^2} \qquad\qquad (5.3)$$

Richtung eines Vektors $\vec{a}$:

$$\vec{a}_\circ = \frac{\vec{a}}{|\vec{a}|} \qquad\qquad (5.4)$$

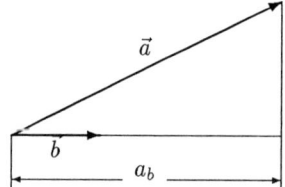

Abb. 5.3: Vektorkomponente

Komponente eines Vektors $\vec{a}$ in Richtung des Vektors $\vec{b}$ (Abb. 5.3):

$$a_b = \vec{a} \cdot \vec{b}_\circ = \frac{\vec{a} \cdot \vec{b}}{|\vec{b}|} \qquad\qquad (5.5)$$

Beispiel 5.2: ▬▬▬▬▬▬▬▬▬

Der Kosinussatz der ebenen Trigonometrie

Im Dreieck $\overline{ABC}$ (Abb. 5.4) gilt:

$$\vec{c} = \vec{a} + \vec{b}$$

$$\vec{c}^2 = (\vec{a} + \vec{b}) \cdot (\vec{a} + \vec{b})$$

$$= |\vec{a}|^2 + |\vec{b}|^2 + 2 \cdot |\vec{a}| \cdot |\vec{b}| \cdot \cos(\pi - \gamma)$$

$$\Longrightarrow \qquad c^2 = a^2 + b^2 - 2\,a\,b\,\cos\gamma \quad \text{(Kosinussatz)}$$

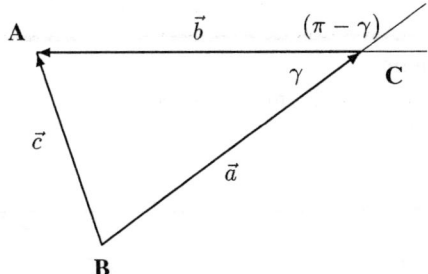

Abb. 5.4: Zur Herleitung des Kosinus-satzes

Für $\gamma = \pi/2$ folgt daraus der **Satz des Pythagoras**.

5.1.5   Das Vektorprodukt (äußeres Produkt)

Das Vektorprodukt zweier Vektoren $\vec{a}$ und $\vec{b}$ ist definiert als der Vektor

$$\vec{c} = \vec{a} \times \vec{b} \tag{5.6}$$

mit dem Betrag:

$$|\vec{c}| = |\vec{a}| \cdot |\vec{b}| \cdot \sin\phi \qquad 0 \leq \phi \leq \pi$$

und der Richtung senkrecht auf $\vec{a}$ und $\vec{b}$. Die Vektoren $\vec{a}$, $\vec{b}$ und $\vec{c}$ bilden in dieser Reihenfolge ein „Rechtssystem" *.

Geometrisch ist das Ergebnis des Vektorprodukts $|\vec{c}|$ gleich der Fläche des von den Vektoren $\vec{a}$ und $\vec{b}$ aufgespannten Parallelogramms.

Eigenschaften des Vektorprodukts:

1. $\vec{b} \times \vec{a} = -\vec{a} \times \vec{b}$

2. $(\lambda \cdot \vec{a}) \times \vec{b} = \vec{a} \times (\lambda \cdot \vec{b}) = \lambda \cdot (\vec{a} \times \vec{b})$ für $\lambda \in \mathbb{R}$

3. $\vec{a} \times (\vec{b} + \vec{c}) = \vec{a} \times \vec{b} + \vec{a} \times \vec{c}$
      $(\vec{a} + \vec{b}) \times \vec{c} = \vec{a} \times \vec{c} + \vec{b} \times \vec{c}$ Distributivgesetze

4. $\vec{a} \times \vec{b} = \vec{0}$ Nullvektor
      wenn $\vec{a} = \vec{0}$ oder $\vec{b} = \vec{0}$
      oder $\phi = 0$ oder $\phi = \pi$

5. $\vec{a} \times \vec{a} = \vec{0}$

---

*Zu veranschaulichen ist ein solches „Rechte-Hand-System", indem die relative Lage der drei Vektoren durch Daumen (für $\vec{a}$), Zeigefinger (für $\vec{b}$) und Mittelfinger (für $\vec{c}$) der rechten Hand dargestellt wird, wobei die drei Finger senkrecht zueinander gehalten werden.

Beispiel 5.3: ▬▬▬▬▬▬▬▬▬▬▬▬▬▬
Der Normaleneinheitsvektor auf einer Ebene
Drei Punkte in einer Ebene A, B und C seien durch ihre Ortsvektoren $\vec{a}$, $\vec{b}$ und $\vec{c}$ bezüglich eines Ursprungs O gegeben. (s.Abb.5.5)

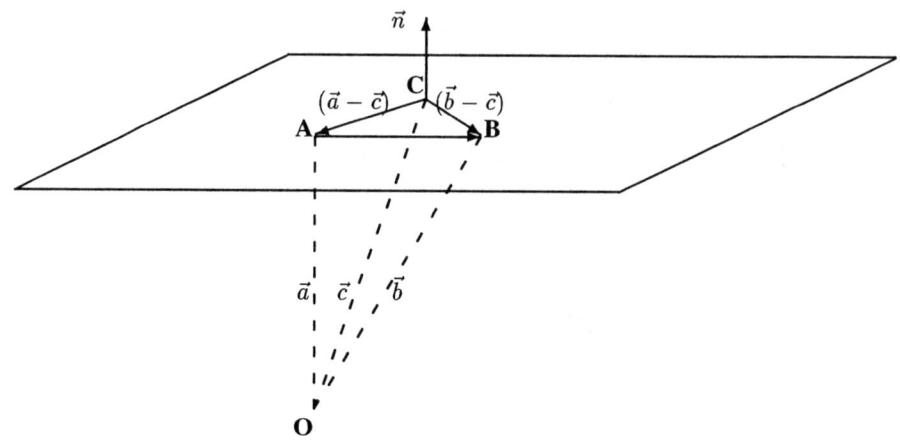

Abb. 5.5: Der Normaleneinheitsvektor auf einer Ebene
Die beiden Vektoren $(\vec{a} - \vec{c})$ und $(\vec{b} - \vec{c})$ liegen in der Ebene. Dann ist der Vektor

$$\vec{n} = \frac{(\vec{a} - \vec{c}) \times (\vec{b} - \vec{c})}{|(\vec{a} - \vec{c}) \times (\vec{b} - \vec{c})|}$$

ein Einheitsvektor, der senkrecht auf der Ebene steht (Normalenrichtung).

▬▬▬▬▬▬▬▬▬▬▬▬▬▬▬▬▬▬▬▬▬▬▬▬▬▬▬▬▬▬▬▬▬

5.1.6 Das Spatprodukt

Das Spatprodukt $V = (\vec{a}, \vec{b}, \vec{c})$ dreier Vektoren im $\mathbb{R}^3$ ist definiert als das Skalarprodukt der Vektoren $\vec{a} \times \vec{b}$ und $\vec{c}$:

$$(\vec{a}, \vec{b}, \vec{c}) := (\vec{a} \times \vec{b}) \cdot \vec{c} = \vec{a} \cdot (\vec{b} \times \vec{c}) = V \qquad V \in \mathbb{R} \qquad (5.7)$$

V ist ein Skalar und ist positiv, wenn $\vec{a}$, $\vec{b}$, $\vec{c}$ in dieser Reihenfolge ein Rechtssystem bilden, andernfalls negativ.
Geometrisch bezeichnet $V = (\vec{a}, \vec{b}, \vec{c})$ das Volumen des von den drei Vektoren $\vec{a}$, $\vec{b}$ und $\vec{c}$ aufgespannten Spats (Parallelepipeds). (Vgl. Abb. 5.6)

Eigenschaften des Spatprodukts:

1. $(\vec{a}, \vec{b}, \vec{c}) = (\vec{b}, \vec{c}, \vec{a}) = (\vec{c}, \vec{a}, \vec{b})$

2. $(\vec{a}, \vec{b}, \vec{c}) = -(\vec{b}, \vec{a}, \vec{c})$

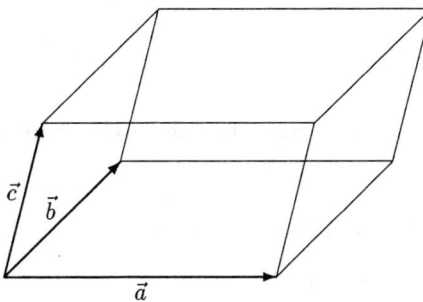

Abb. 5.6: Geometrische Interpretation des Spatprodukts

5.1.7 Das Doppelkreuzprodukt

Es ist definiert als

$$\vec{d} = [\vec{a} \times \vec{b}] \times \vec{c} \qquad (5.8)$$

und ergibt wieder einen Vektor. Für seine Berechnung gilt der *Graßmannsche Entwicklungssatz*:

$$[\vec{a} \times \vec{b}] \times \vec{c} = (\vec{a} \cdot \vec{c}) \cdot \vec{b} - (\vec{b} \cdot \vec{c}) \cdot \vec{a} \qquad (5.9)$$

(s. dazu auch Abschnitt 5.3.2)

Das Doppelkreuzprodukt ist nicht assoziativ:

$$\vec{a} \times [\vec{b} \times \vec{c}] = (\vec{a} \cdot \vec{c}) \cdot \vec{b} - (\vec{a} \cdot \vec{b}) \cdot \vec{c}$$

5.1.8 Mehrfache Produkte

1. Das Skalarprodukt zweier Vektorprodukte:

$$[\vec{a} \times \vec{b}] \cdot [\vec{c} \times \vec{d}] = (\vec{a} \cdot \vec{c}) \cdot (\vec{b} \cdot \vec{d}) - (\vec{a} \cdot \vec{d}) \cdot (\vec{b} \cdot \vec{c}) \qquad (5.10)$$

(Identität von Lagrange)

2. Das Vektorprodukt zweier Vektorprodukte:

$$[\vec{a} \times \vec{b}] \times [\vec{c} \times \vec{d}] = \vec{c} \cdot (\vec{a}, \vec{b}, \vec{d}) - \vec{d} \cdot (\vec{a}, \vec{b}, \vec{c}) = \vec{b} \cdot (\vec{a}, \vec{c}, \vec{d}) - \vec{a} \cdot (\vec{b}, \vec{c}, \vec{d}) \qquad (5.11)$$

Für vier Vektoren im $\mathbb{R}^3$ ergibt sich aus (5.11) die **Cramersche Identität**:

$$\vec{a} \cdot (\vec{b}, \vec{c}, \vec{d}) - \vec{b} \cdot (\vec{c}, \vec{d}, \vec{a}) + \vec{c} \cdot (\vec{d}, \vec{a}, \vec{b}) - \vec{d} \cdot (\vec{a}, \vec{b}, \vec{c}) = \vec{0} \qquad (5.12)$$

5.2   Lineare Abhängigkeit von Vektoren

Definition: n Vektoren $\vec{a}_1, \vec{a}_2, \cdots \vec{a}_n$ heißen **linear unabhängig**, wenn die Gleichung

$$\sum_{i=1}^{n} \lambda_i \vec{a}_i = \lambda_1 \vec{a}_1 + \lambda_2 \vec{a}_2 + \cdots + \lambda_n \vec{a}_n = \vec{0} \qquad (\lambda_i \in \mathbb{R})$$

nur erfüllt ist, wenn alle λ_i gleich Null sind. Andernfalls heißen sie **linear abhängig**.
Folgerungen:

1. Zwei Vektoren $\vec{a}$ und $\vec{b}$ im $\mathbb{R}^3$ sind linear unabhängig, wenn

$$\vec{a} \times \vec{b} \neq \vec{0}$$

   ist, d.h. wenn sie nicht parallel sind.

2. Drei Vektoren $\vec{a}$, $\vec{b}$ und $\vec{c}$ im $\mathbb{R}^3$ sind linear unabhängig, wenn sie einen Spat nicht verschwindenden Volumens aufspannen:

$$(\vec{a}, \vec{b}, \vec{c}) \neq 0$$

3. **Im dreidimensionalen Raum $\mathbb{R}^3$ sind maximal drei Vektoren linear un-abhängig.**
   Für vier beliebige Vektoren $\vec{a}$, $\vec{b}$, $\vec{c}$, $\vec{d}$ im $\mathbb{R}^3$ gilt nämlich die Cramersche Iden-tität:

$$\vec{a} \cdot (\vec{b}, \vec{c}, \vec{d}) - \vec{b} \cdot (\vec{c}, \vec{d}, \vec{a}) + \vec{c} \cdot (\vec{d}, \vec{a}, \vec{b}) - \vec{d} \cdot (\vec{a}, \vec{b}, \vec{c}) = \vec{0}$$

   Sind also z.B. $\vec{a}$, $\vec{b}$ und $\vec{c}$ linear unabhängig, dann ist $(\vec{a}, \vec{b}, \vec{c}) \neq 0$. Damit ist aber für die vier Vektoren $\vec{a}$, $\vec{b}$, $\vec{c}$, $\vec{d}$ die Bedingung für die lineare Abhängigkeit im $\mathbb{R}^3$ erfüllt.

5.3   Komponentendarstellung von Vektoren

Mit drei linear unabhängigen Vektoren mit dem gleichen Bezugspunkt (Ursprung) O, z.B. $\vec{a}$, $\vec{b}$ und $\vec{c}$ kann im Prinzip jeder andere Vektor $\vec{d}$ dargestellt werden. Aus (5.12) folgt

$$\vec{d} = \vec{a} \cdot \frac{(b, c, d)}{(a, b, c)} + \vec{b} \cdot \frac{(a, d, c)}{(a, b, c)} + \vec{c} \cdot \frac{(d, a, b)}{(a, b, c)}$$

$$= \vec{a} \cdot k_a + \vec{b} \cdot k_b + \vec{c} \cdot k_c$$

$\vec{d}$ ist also eine Linearkombination der Vektoren $\vec{a}$, $\vec{b}$ und $\vec{c}$. Die Zahlenfaktoren k_a, k_b und k_c berechnen sich aus den Quotienten der Spatprodukte und stellen die **Kompo-nenten des Vektors $\vec{d}$** in Richtung der **drei Basisvektoren** $\vec{a}$, $\vec{b}$ und $\vec{c}$ dar.
Eine praktisch nutzbare Komponentendarstellung ergibt sich durch die spezielle Wahl der Basisvektoren als **orthonormales Dreibein** mit den Eigenschaften:

1. Die drei Vektoren stehen senkrecht aufeinander. Mit dem Skalarprodukt ausgedrückt, heißt das:

$$\vec{a} \cdot \vec{b} = 0 \qquad \vec{b} \cdot \vec{c} = 0 \qquad \vec{c} \cdot \vec{a} = 0$$

2. Die drei Basisvektoren sind Einheitsvektoren:

$$|\vec{a}| = 1 \qquad |\vec{b}| = 1 \qquad |\vec{c}| = 1$$

   Für das Spatprodukt der Basisvektoren gilt dann:

$$(a, b, c) = 1$$

3. Die drei Vektoren bilden in einer festen Reihenfolge, z.B. $\vec{a}$, $\vec{b}$, $\vec{c}$ ein Rechtssystem (s. Abschn.5.1.5). Durch die möglichen Vektorprodukte ausgedrückt, heißt das unter Berücksichtigung der Orthogonalität:

$$\vec{a} \times \vec{b} = \vec{c} \qquad \vec{b} \times \vec{a} = -\vec{c}$$

$$\vec{b} \times \vec{c} = \vec{a} \quad und \quad \vec{c} \times \vec{b} = -\vec{a}$$

$$\vec{c} \times \vec{a} = \vec{b} \qquad \vec{a} \times \vec{c} = -\vec{b}$$

Die Komponentendarstellung eines Vektors $\vec{d}$ vereinfacht sich für eine solche Basis zu:

$$\begin{aligned}
\vec{d} &= \vec{a} \cdot (b, c, d) + \vec{b} \cdot (a, d, c) + \vec{c} \cdot (d, a, b) \\
&= \vec{a} \cdot (\vec{a} \cdot \vec{d}) + \vec{b} \cdot (\vec{b} \cdot \vec{d}) + \vec{c} \cdot (\vec{c} \cdot \vec{d}) \\
&= k_a \cdot \vec{a} + k_b \cdot \vec{b} + k_c \cdot \vec{c}
\end{aligned}$$

Die Skalarprodukte

$$(\vec{a} \cdot \vec{d}) = k_a \qquad (\vec{b} \cdot \vec{d}) = k_b \qquad (\vec{c} \cdot \vec{d}) = k_c$$

erklären sich geometrisch als die Projektionen des Vektors $\vec{d}$ auf die Basisvektoren (vgl. Gl.(5.5))

Daß die so zur gewählten Basis berechneten Komponenten **eindeutig** sind, folgt aus der linearen Unabhängigkeit der Basisvektoren. Denn gäbe es zwei verschiedene Darstellungen für denselben Vektor $\vec{d}$:

$$\vec{d} = k_a \cdot \vec{a} + k_b \cdot \vec{b} + k_c \cdot \vec{c}$$

und

$$\vec{d} = k_a^* \cdot \vec{a} + k_b^* \cdot \vec{b} + k_c^* \cdot \vec{c}$$

dann folgt unmittelbar

$$(k_a - k_a^*) \cdot \vec{a} + (k_b - k_b^*) \cdot \vec{b} + (k_c - k_c^*) \cdot \vec{c} = 0$$

Weil die drei Basisvektoren linear unabhängig sind, müssen die Differenzen in den Klammern identisch verschwinden.

5.4 Verknüpfung von Vektoren in kartesischen Koordinaten

5.4.1 Das kartesische Koordinatensystem

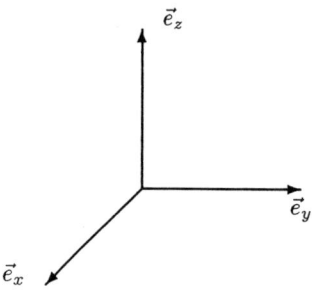

Abb. 5.7: Basis des kartesischen Koordinatensystems

Eine orthonormale Basis mit den geschilderten Eigenschaften ist Grundlage für das kartesische Koordinatensystem. [†] Ersetzt man die Bezeichnungen $\vec{a}$ durch $\vec{e}_x$, $\vec{b}$ durch $\vec{e}_y$ und $\vec{c}$ durch $\vec{e}_z$, so lautet die Komponentendarstellung eines Vektors $\vec{d}$:

$$\vec{d} = d_x \cdot \vec{e}_x + d_y \cdot \vec{e}_y + d_z \cdot \vec{e}_z$$

Die Komponenten d_x, d_y und d_z nennt man auch die kartesischen Koordinaten des Vektors.

In den folgenden Abschnitten werden die Verknüpfungen von Vektoren in kartesischen Koordinaten dargestellt.

5.4.2 Die Addition zweier Vektoren

Für die Vektoren

$$\vec{a} = a_x \cdot \vec{e}_x + a_y \cdot \vec{e}_y + a_z \cdot \vec{e}_z \qquad \text{und} \qquad \vec{b} = b_x \cdot \vec{e}_x + b_y \cdot \vec{e}_y + b_z \cdot \vec{e}_z$$

ist

$$\Rightarrow \qquad \vec{a} + \vec{b} = (a_x + b_x) \cdot \vec{e}_x + (a_y + b_y) \cdot \vec{e}_y + (a_z + b_z) \cdot \vec{e}_z \tag{5.13}$$

5.4.3 Die Multiplikation eines Vektors mit einem Skalar

Für

$$\vec{a} = a_x \cdot \vec{e}_x + a_y \cdot \vec{e}_y + a_z \cdot \vec{e}_z \quad \text{und} \quad k \in \mathbb{R}$$

[†]Weitere Eigenschaften orthogonaler Koordinatensysteme folgen in Kapitel 8.

gilt

$$k \cdot \vec{a} = k \cdot a_x \cdot \vec{e}_x + k \cdot a_y \cdot \vec{e}_y + k \cdot a_z \cdot \vec{e}_z \quad\quad (5.14)$$

5.4.4 Das Skalarprodukt zweier Vektoren

Aus

$$\vec{a} = a_x \cdot \vec{e}_x + a_y \cdot \vec{e}_y + a_z \cdot \vec{e}_z \quad\quad \text{und} \quad\quad \vec{b} = b_x \cdot \vec{e}_x + b_y \cdot \vec{e}_y + b_z \cdot \vec{e}_z$$

folgt unmittelbar durch Multiplikation unter Berücksichtigung der Eigenschaften der Basisvektoren als orthonormales Dreibein

$$\begin{aligned}
\vec{a} \cdot \vec{b} &= (a_x \cdot \vec{e}_x + a_y \cdot \vec{e}_y + a_z \cdot \vec{e}_z) \cdot (b_x \cdot \vec{e}_x + b_y \cdot \vec{e}_y + b_z \cdot \vec{e}_z) \\
&= a_x\,b_x\,(\vec{e}_x \cdot \vec{e}_x) + a_x\,b_y\,(\vec{e}_x \cdot \vec{e}_y) + a_x\,b_z\,(\vec{e}_x \cdot \vec{e}_z) + \\
&\quad\; a_y\,b_x\,(\vec{e}_y \cdot \vec{e}_x) + a_y\,b_y\,(\vec{e}_y \cdot \vec{e}_y) + a_y\,b_z\,(\vec{e}_y \cdot \vec{e}_z) + \\
&\quad\; a_z\,b_x\,(\vec{e}_z \cdot \vec{e}_x) + a_z\,b_y\,(\vec{e}_z \cdot \vec{e}_y) + a_z\,b_z\,(\vec{e}_z \cdot \vec{e}_z) \\
&= a_x\,b_x + a_y\,b_y + a_z\,b_z \quad\quad (5.15)
\end{aligned}$$

Es gilt nämlich (s.o.) für $i,\,k = x,\,y,\,z$

$$(\vec{e}_i \cdot \vec{e}_k) = \delta_{ik} = \begin{cases} 1 & \text{für} \quad i = k \\ 0 & \text{für} \quad i \neq k \end{cases}$$

Für die Berechnung des Betrages eines Vektors folgt damit:

$$|\vec{a}| = \sqrt{(\vec{a} \cdot \vec{a})} == \sqrt{a_x^2 + a_y^2 + a_z^2} \quad\quad (5.16)$$

5.4.5 Das Vektorprodukt zweier Vektoren

Mit

$$\vec{a} = a_x \cdot \vec{e}_x + a_y \cdot \vec{e}_y + a_z \cdot \vec{e}_z \quad\quad \text{und} \quad\quad \vec{b} = b_x \cdot \vec{e}_x + b_y \cdot \vec{e}_y + b_z \cdot \vec{e}_z$$

berechnet man durch Multiplikation unter Beachtung der Eigenschaften der Basisvektoren:

$$\begin{aligned}
\vec{a} \times \vec{b} &= a_x b_x \left[\vec{e}_x \times \vec{e}_x\right] + a_x b_y \left[\vec{e}_x \times \vec{e}_y\right] + a_x b_z \left[\vec{e}_x \times \vec{e}_z\right] + \\
&\quad a_y b_x \left[\vec{e}_y \times \vec{e}_x\right] + a_y b_y \left[\vec{e}_y \times \vec{e}_y\right] + a_y b_z \left[\vec{e}_y \times \vec{e}_z\right] + \\
&\quad a_z b_x \left[\vec{e}_z \times \vec{e}_x\right] + a_z b_y \left[\vec{e}_z \times \vec{e}_y\right] + a_z b_z \left[\vec{e}_z \times \vec{e}_z\right] \\
&= (a_y b_z - a_z b_y) \cdot \vec{e}_x + (a_z b_x - a_x b_z) \cdot \vec{e}_y + (a_x b_y - a_y b_x) \cdot \vec{e}_z \\
&= \begin{vmatrix} a_y & b_y \\ a_z & b_z \end{vmatrix} \cdot \vec{e}_x + \begin{vmatrix} a_z & b_z \\ a_x & b_x \end{vmatrix} \cdot \vec{e}_y + \begin{vmatrix} a_x & b_x \\ a_y & b_y \end{vmatrix} \cdot \vec{e}_z \\
&= \begin{vmatrix} \vec{e}_x & \vec{e}_y & \vec{e}_z \\ a_x & a_y & a_z \\ b_x & b_y & b_z \end{vmatrix}
\end{aligned} \tag{5.17}$$

Eine deutliche Vereinfachung der Darstellung wird hier durch die Verwendung von Determinanten erreicht, über deren Definition, Eigenschaften und Berechnung das folgende Kapitel Auskunft gibt.

5.4.6 Das Spatprodukt dreier Vektoren

Die Verknüpfung der drei Vektoren

$$\vec{a} = a_x \cdot \vec{e}_x + a_y \cdot \vec{e}_y + a_z \cdot \vec{e}_z \quad \vec{b} = b_x \cdot \vec{e}_x + b_y \cdot \vec{e}_y + b_z \cdot \vec{e}_z \quad \text{und} \quad \vec{c} = c_x \cdot \vec{e}_x + c_y \cdot \vec{e}_y + c_z \cdot \vec{e}_z$$

im Sinne des Spatprodukts ergibt unter Verwendung der Ergebnisse für das Skalarprodukt und das Vektorprodukt:

$$\begin{aligned}
(\vec{a}, \vec{b}, \vec{c}) &= \{\vec{a} \times \vec{b}\} \cdot \vec{c} \\
&= \left[\begin{vmatrix} a_y & b_y \\ a_z & b_z \end{vmatrix} \cdot \vec{e}_x + \begin{vmatrix} a_z & b_z \\ a_x & b_x \end{vmatrix} \cdot \vec{e}_y + \begin{vmatrix} a_x & b_x \\ a_y & b_y \end{vmatrix} \cdot \vec{e}_z \right] \cdot (c_x \vec{e}_x + c_y \vec{e}_y + c_z \vec{e}_z) \\
\Rightarrow \quad (\vec{a}, \vec{b}, \vec{c}) &= \begin{vmatrix} a_x & a_y & a_z \\ b_x & b_y & b_z \\ c_x & c_y & c_z \end{vmatrix}
\end{aligned} \tag{5.18}$$

5.4.7 Das Doppelkreuzprodukt

Der Graßmannsche Entwicklungssatz

$$[\vec{a} \times \vec{b}] \times \vec{c} = (\vec{a} \cdot \vec{c}) \cdot \vec{b} - (\vec{b} \cdot \vec{c}) \cdot \vec{a}$$

ist in der Komponentendarstellung leicht zu verifizieren:

$$\begin{vmatrix} \vec{e}_x & \vec{e}_y & \vec{e}_z \\ (a_y b_z - a_z b_y) & (a_z b_x - a_x b_z) & (a_x b_y - a_y b_x) \\ c_x & c_y & c_z \end{vmatrix} =$$

$$
\begin{aligned}
= \ & \{(a_z\,c_z\,b_x - b_z\,c_z\,a_x) - (b_y\,c_y\,a_x - a_y\,c_y\,b_x)\} \cdot \vec{e}_x \quad + \\
& \{(a_x\,c_x\,b_y - b_x\,c_x\,a_y) - (b_z\,c_z\,a_y - a_z\,c_z\,b_y)\} \cdot \vec{e}_y \quad + \\
& \{(a_y\,c_y\,b_z - b_y\,c_y\,a_z) - (b_x\,c_x\,a_z - a_x\,c_x\,b_z)\} \cdot \vec{e}_z
\end{aligned}
$$

$$
\begin{aligned}
= \ & (a_z\,c_z + a_y\,c_y) \cdot b_x\,\vec{e}_x - (b_z\,c_z + b_y\,c_y) \cdot a_x\,\vec{e}_x \quad + \\
& (a_x\,c_x + a_z\,c_z) \cdot b_y\,\vec{e}_y - (b_x\,c_x + b_z\,c_z) \cdot a_y\,\vec{e}_y \quad + \\
& (a_y\,c_y + a_x\,c_x) \cdot b_z\,\vec{e}_z - (b_y\,c_y + b_x\,c_x) \cdot a_z\,\vec{e}_z
\end{aligned}
$$

$$
\begin{aligned}
= \ & (a_x\,c_x + a_y\,c_y + a_z\,c_z) \cdot b_x\,\vec{e}_x - (b_x\,c_x + b_y\,c_y + b_z\,c_z) \cdot a_x\,\vec{e}_x \quad + \\
& (a_x\,c_x + a_y\,c_y + a_z\,c_z) \cdot b_y\,\vec{e}_y - (b_x\,c_x + b_y\,c_y + b_z\,c_z) \cdot a_y\,\vec{e}_y \quad + \\
& (a_x\,c_x + a_y\,c_y + a_z\,c_z) \cdot b_z\,\vec{e}_z - (b_x\,c_x + b_y\,c_y + b_z\,c_z) \cdot a_z\,\vec{e}_z
\end{aligned}
$$

$$
= \ (\vec{a} \cdot \vec{c}) \cdot \vec{b} - (\vec{b} \cdot \vec{c}) \cdot \vec{a}
$$

Kapitel 6

Über Matrizen und Determinanten

6.1 Matrizen

Unter einer *Matrix* $\mathbf{A}$ versteht man eine rechteckige oder quadratische Anordnung von Zahlen, den *Elementen* $a_{ij} \in \mathbb{K}$ der Matrix, in m Zeilen und n Spalten:

$$\mathbf{A} = \begin{pmatrix} a_{11} & a_{12} & \cdots & a_{1n} \\ a_{21} & a_{22} & \cdots & a_{2n} \\ \vdots & \vdots & \ddots & \vdots \\ a_{m1} & a_{m2} & \cdots & a_{mn} \end{pmatrix} \qquad \mathbf{A} \in \mathbb{K}^{m \times n}$$

Die Elemente jeder Zeile stellen einen n-dimensionalen *Zeilenvektor*, die Elemente jeder Spalte einen m-dimensionalen *Spaltenvektor* dar.

Der *Zeilenrang* der Matrix ist definiert als die Maximalzahl linear unabhängiger Zeilenvektoren, der *Spaltenrang* als die Maximalzahl linear unabhängiger Spaltenvektoren.

6.1.1 Addition und Multiplikation

Zwei Matrizen können **addiert** werden, wenn sie gleiche Dimension besitzen, d.h. wenn sie die gleiche Anzahl von Zeilen m und Spalten n haben. Es ist

$$\mathbf{C} = \mathbf{A} + \mathbf{B}$$

mit den Elementen

$$c_{ij} = a_{ij} + b_{ij}$$

Die Addition zweier Matrizen ist kommutativ:

$$\mathbf{A} + \mathbf{B} = \mathbf{B} + \mathbf{A}$$

Eine Matrix $\mathbf{A}$ kann **von links** mit einer Matrix $\mathbf{B}$ **multipliziert** werden, wenn die Anzahl der Spalten von $\mathbf{A}$ gleich der Anzahl der Zeilen von $\mathbf{B}$ ist. Die Produktmatrix hat dann die gleiche Zeilenzahl wie **A** und die gleiche Anzahl von Spalten wie **B**:

$$\begin{pmatrix} a_{11} & a_{12} \\ a_{21} & a_{22} \\ a_{31} & a_{32} \end{pmatrix} \cdot \begin{pmatrix} b_{11} & b_{12} & b_{13} & b_{14} \\ b_{21} & b_{22} & b_{23} & b_{24} \end{pmatrix} = \begin{pmatrix} c_{11} & c_{12} & c_{13} & c_{14} \\ c_{21} & c_{22} & c_{23} & c_{24} \\ c_{31} & c_{32} & c_{33} & c_{34} \end{pmatrix}$$

Die Elemente der Produktmatrix **C** werden gemäß

$$c_{mn} = \sum_k a_{mk} \cdot b_{kn}$$

berechnet.

Beispiel 6.1:
Multiplikation zweier Matrizen

$$\begin{pmatrix} 1 & 0 \\ 0 & 1 \\ 1 & 0 \end{pmatrix} \cdot \begin{pmatrix} 2 & 0 & 2 & 0 \\ 0 & 2 & 0 & 2 \end{pmatrix} = \begin{pmatrix} 2 & 0 & 2 & 0 \\ 0 & 2 & 0 & 2 \\ 2 & 0 & 2 & 0 \end{pmatrix}$$

Für die Matrixmultiplikation ist das Distributivgesetz gültig:

$$\mathbf{A} \cdot (\mathbf{B} + \mathbf{C}) = \mathbf{A} \cdot \mathbf{B} + \mathbf{A} \cdot \mathbf{C}$$

Ebenso gilt das Assoziativgesetz:

$$\mathbf{A} \cdot (\mathbf{B} \cdot \mathbf{C}) = (\mathbf{A} \cdot \mathbf{B}) \cdot \mathbf{C}$$

Darin ist auf der linken Seite die Multiplikation der Matrix **A** von links mit dem Produkt $(\mathbf{B} \cdot \mathbf{C})$, auf der rechten Seite die Multiplikation der Produktmatrix $(\mathbf{A} \cdot \mathbf{B})$ von links mit der Matrix **C** gemeint. Das Produkt **D** ist gegeben als

$$\mathbf{D} = \mathbf{A} \cdot \mathbf{B} \cdot \mathbf{C} \qquad \text{mit} \quad d_{mn} = \sum_{k,l} a_{nk} \cdot b_{kl} \cdot c_{ln}$$

Das Kommutativgesetz der Multiplikation ist für die Matrixmultiplikation in der Regel nicht erfüllt:

$$\mathbf{A} \cdot \mathbf{B} \neq \mathbf{B} \cdot \mathbf{A}$$

6.1.2 Spezielle Matrizen und Eigenschaften von Matrizen

- Die *Nullmatrix* **0** ist definiert durch

$$\mathbf{A} + \mathbf{0} = \mathbf{A}$$

d.h. für alle ihre Elemente gilt $0_{mn} = 0$.

- Die *Einheitsmatrix* **1** ist eine quadratische Matrix mit den Elementen

$$\mathbf{1}_{mn} = \delta_{mn}$$

oder:

$$\mathbf{1} = \begin{pmatrix} 1 & 0 & \cdots & 0 \\ 0 & 1 & & \\ & & \ddots & \\ 0 & & & 1 \end{pmatrix}$$

Es gilt

$$\mathbf{1} \cdot \mathbf{A} = \mathbf{A} \qquad \text{und} \qquad \mathbf{A} \cdot \mathbf{1} = \mathbf{A}$$

- Die *Spur* einer quadratischen Matrix ist die Summe ihrer Diagonalelemente:

$$Sp(\mathbf{A}) = \sum_{n} \mathbf{A_{nn}}$$

- Die zu einer quadratischen Matrix **A** *inverse Matrix* $\mathbf{A}^{-1}$ ist durch die folgenden Relationen definiert:

$$\mathbf{A} \cdot \mathbf{A}^{-1} = \mathbf{1}$$

$$\mathbf{A}^{-1} \cdot \mathbf{A} = \mathbf{1}$$

(Beispiel zur Berechnung einer inversen Matrix s. Abschn.6.3.1)

- Die *hermitesch*[†] *adjungierte Matrix* $\bar{\mathbf{A}}$ zu einer Matrix **A** erhält man durch Vertauschen von Zeilen und Spalten sowie Ersetzen aller Matrixelemente durch ihre konjugiert komplexen Werte:

$$\bar{a}_{mn} = (a_{nm})^{*}$$

Eine quadratische Matrix A nennt man kurz *hermitesch* oder *selbstadjungiert*, wenn

$$\mathbf{A} = \bar{\mathbf{A}}$$

ist, d.h. **A** gleich ihrer hermitesch adjungierten Matrix ist.

- Eine (quadratische) Matrix heißt *unitär*, wenn ihre hermitesch adjungierte Matrix ihrer inversen gleich ist, wenn also gilt:

$$\bar{\mathbf{A}} = \mathbf{A}^{-1}$$

oder

$$\mathbf{A} \cdot \bar{\mathbf{A}} = \mathbf{1} \qquad \text{und} \qquad \bar{\mathbf{A}} \cdot \mathbf{A} = \mathbf{1}$$

[†]Charles Hermite (1822 - 1901)

- Eine quadratische Matrix, die nur auf ihrer Hauptdiagonalen nichtverschwindende Elemente besitzt,

$$a_{mn} = a_{mn} \cdot \delta_{mn} = a_{mn} \cdot \begin{cases} 0 & \text{für} \quad m \neq n \\ 1 & \text{für} \quad m = n \end{cases}$$

heißt *Diagonalmatrix*. Diese Diagonalelemente nennt man *Eigenwerte* der Matrix. Die Transformation einer Matrix vom Rang n in eine Diagonalmatrix, das *Diagonalisieren der Matrix*, ist gleichbedeutend mit dem Lösen eines Systems von n homogenen algebraischen Gleichungen (s.u.).

6.2   Determinanten

6.2.1   Definition

Unter der Determinanten der Elemente einer quadratischen $n \times n$-Matrix **A** versteht man die durch die folgende Abbildung gebildete Zahl D[10]:

$$\det : \mathbb{K}^{n \times n} \to \mathbb{K} : \quad A \mapsto \det(\mathbf{A}) = D$$

ausführlich:

$$D = \det \mathbf{A} = \begin{vmatrix} a_{11} & a_{12} & \cdots & a_{1n} \\ a_{21} & \ddots & & \\ \vdots & & \ddots & \\ a_{n1} & \cdots & & a_{nn} \end{vmatrix} = \sum_{\text{Permut.}} \pm a_{1i} \cdot a_{2j} \cdots a_{nz}$$

Gemäß ihrer Leibnizschen Darstellung wird D gebildet aus der Summe über alle $n!$ Produkte von je n Elementen der Matrix:

- In jedem dieser Produkte muß ein Element aus jeder Zeile (Spalte) enthalten sein. Es gibt dann genau $n!$ Permutationen (s. Kap. 19) der Spalten- (Zeilen-) Indizes der Elemente jedes dieser Produkte, die jede nur einmal in der Summe vertreten sein darf.

- Geht eine dieser Permutationen durch eine gerade Anzahl von Vertauschungen aus der ursprünglichen Anordnung zweier Indizes hervor, gilt das Pluszeichen, andernfalls wird das Produkt mit negativem Vorzeichen versehen.

Beispiel 6.2: ━━━━━━━━━━
Berechnung spezieller Determinanten

1. Die *Determinante* einer quadratischen, zweireihigen Matrix

$$\mathbf{A}_2 = \left(\begin{array}{cc} a_{11} & a_{12} \\ a_{21} & a_{22} \end{array} \right)$$

ist der Definition entsprechend die Zahl

$$\det \mathbf{A}_2 = \left| \begin{array}{cc} a_{11} & a_{12} \\ a_{21} & a_{22} \end{array} \right| = a_{11} \cdot a_{22} - a_{12} \cdot a_{21} \qquad (6.1)$$

2. Die Determinante einer quadratischen, dreireihigen Matrix $\mathbf{A}_3$ ist die Zahl

$$\det \mathbf{A}_3 = \left| \begin{array}{ccc} a_{11} & a_{12} & a_{13} \\ a_{21} & a_{22} & a_{23} \\ a_{31} & a_{32} & a_{33} \end{array} \right| = \sum_{k=1}^{3} (-1)^{i+k} \cdot a_{ki} \cdot A_{ki} \qquad (6.2)$$

(i ist eine der drei Zahlen 1,2,3). A_{ki} ist die zweireihige Unterdeterminante des Elements a_{ki}, die (formal) aus der gegebenen dreireihigen Determinante dadurch hervorgeht, daß man in ihr die k-te Zeile und die i-te Spalte eliminiert: **Laplacesche Entwicklung einer Determinanten nach der i-ten Zeile.** Für $i = 1$ ist also

$$\det \mathbf{A}_3 = a_{11} \cdot \left| \begin{array}{cc} a_{22} & a_{23} \\ a_{32} & a_{33} \end{array} \right| - a_{12} \cdot \left| \begin{array}{cc} a_{21} & a_{23} \\ a_{31} & a_{33} \end{array} \right| + a_{13} \cdot \left| \begin{array}{cc} a_{21} & a_{22} \\ a_{31} & a_{32} \end{array} \right|$$
$$= a_{11} \cdot (a_{22}a_{33} - a_{32}a_{23}) - a_{12} \cdot (a_{21}a_{33} - a_{31}a_{23}) + a_{13} \cdot (a_{21}a_{32} - a_{31}a_{22})$$

6.2.2 Rechenregeln

1. **Definition**: Zu einer $n \times n$ Matrix $\mathbf{A} = (a_{ik})$ ist die $n \times n$ Matrix $\mathbf{B} = (b_{ik})$ die *transponierte Matrix*, wenn für alle $i = 1, \dots , n$ und alle $k = 1, \dots , n$ gilt

$$b_{ik} = a_{ki}$$

Ist $\mathbf{B}$ die transponierte Matrix von $\mathbf{A}$, so gilt

$$\det \mathbf{B} = \det \mathbf{A}$$

2. Sind alle Elemente einer Zeile oder einer Spalte einer Matrix $\mathbf{A}$ gleich Null, so ist

$$\det \mathbf{A} = 0$$

3. Besitzen alle Elemente einer Zeile der Matrix $\mathbf{A}$ den gemeinsamen Faktor $\lambda \in \mathbb{R}$, so gilt für die Determinante von $\mathbf{A}$

$$
\begin{vmatrix}
a_{11} & a_{12} & \cdots & a_{1n} \\
\vdots & \vdots & & \vdots \\
\lambda a_{i1} & \lambda a_{i2} & \cdots & \lambda a_{in} \\
\vdots & \vdots & & \vdots \\
a_{n1} & a_{n2} & \cdots & a_{nn}
\end{vmatrix}
= \lambda \cdot
\begin{vmatrix}
a_{11} & a_{12} & \cdots & a_{1n} \\
\vdots & \vdots & & \vdots \\
a_{i1} & a_{i2} & \cdots & a_{in} \\
\vdots & \vdots & & \vdots \\
a_{n1} & a_{n2} & \cdots & a_{nn}
\end{vmatrix}
\qquad (6.3)
$$

4. Entsprechend gilt:

$$
\begin{vmatrix}
a_{11} & a_{12} & \cdots & a_{1n} \\
\vdots & \vdots & & \vdots \\
a_{i1}+b_{i1} & a_{i2}+b_{i2} & \cdots & a_{in}+b_{in} \\
\vdots & \vdots & & \vdots \\
a_{n1} & a_{n2} & \cdots & a_{nn}
\end{vmatrix}
=
$$

$$
\begin{vmatrix}
a_{11} & a_{12} & \cdots & a_{1n} \\
\vdots & \vdots & & \vdots \\
a_{i1} & a_{i2} & \cdots & a_{in} \\
\vdots & \vdots & & \vdots \\
a_{n1} & a_{n2} & \cdots & a_{nn}
\end{vmatrix}
+
\begin{vmatrix}
a_{11} & a_{12} & \cdots & a_{1n} \\
\vdots & \vdots & & \vdots \\
b_{i1} & b_{i2} & \cdots & b_{in} \\
\vdots & \vdots & & \vdots \\
a_{n1} & a_{n2} & \cdots & a_{nn}
\end{vmatrix}
\qquad (6.4)
$$

5. Ist die Matrix $\mathbf{A}$ aus der Matrix $\mathbf{B}$ durch Vertauschen zweier Zeilen oder zweier Spalten hervorgegangen, so gilt:

$$\det \mathbf{B} = -\det \mathbf{A}$$

Sind in der Matrix $\mathbf{A}$ zwei Zeilen oder zwei Spalten gleich, so gilt:

$$\det \mathbf{A} = 0$$

6. Sind in der Matrix $\mathbf{A}$ zwei Zeilen oder zwei Spalten zueinander proportional, d.h. gilt z.B. für die p-te Zeile und die q-te Zeile

$$a_{pk} = c \cdot a_{qk} \qquad \text{für} \quad \text{alle} \quad k = 1, \dots, n$$

mit $c \in \mathbb{R}$, so gilt

$$\det \mathbf{A} = 0$$

7. Der Wert einer Determinante ändert sich nicht, wenn man zu irgendeiner Zeile (Spalte) ein Vielfaches einer anderen Zeile (Spalte) addiert und alle übrigen Zeilen (Spalten) unverändert läßt.

6.3 Lösung linearer Gleichungssysteme

Ein wichtiges Anwendungsgebiet der Matrizen- und Determinantenrechnung sind Systeme linearer Gleichungen und ihre Lösungen. Für $n = 3$ ist lautet ein solches Gleichungssystem

$$
\begin{aligned}
a_{11} \cdot x_1 &+ a_{12} \cdot x_2 &+ a_{13} \cdot x_3 &= b_1 \\
a_{21} \cdot x_1 &+ a_{22} \cdot x_2 &+ a_{23} \cdot x_3 &= b_2 \\
a_{31} \cdot x_1 &+ a_{32} \cdot x_2 &+ a_{33} \cdot x_3 &= b_3
\end{aligned}
$$

In Matrixschreibweise:

$$
\begin{pmatrix} a_{11} & a_{12} & a_{13} \\ a_{21} & a_{22} & a_{23} \\ a_{31} & a_{32} & a_{33} \end{pmatrix} \cdot \begin{pmatrix} x_1 \\ x_2 \\ x_3 \end{pmatrix} = \begin{pmatrix} b_1 \\ b_2 \\ b_3 \end{pmatrix}
$$

kurz:

$$
\mathbf{A} \cdot \mathbf{X} = \mathbf{B}
$$

und gesucht sind als Lösungen die Elemente der 3×1-Matrix $\mathbf{X}$ (des Vektors $\mathbf{X}$).

6.3.1 Inhomogenes Gleichungssystem

Es seien nicht alle Elemente des Vektors $\mathbf{B}$ gleich Null und es sei: $D = \det \mathbf{A} \neq 0$:
Dann existiert eine eindeutige Lösung. Sie kann im Prinzip gewonnen werden durch Anwendung der **Cramerschen Regel:**
D_j (j = 1,2,3) sind erklärt als die Determinanten derjenigen 3×3 Matrizen, die aus der Matrix $\mathbf{A}$ dadurch hervorgehen, daß man die j-te Spalte durch den Vektor $\mathbf{B}$, d.h. die 3×1 Matrix $\mathbf{B}$ ersetzt. Dann lautet:

$$
\mathbf{X} = \begin{pmatrix} x_1 \\ x_2 \\ x_3 \end{pmatrix} = \begin{pmatrix} (D_1)/(D) \\ (D_2)/(D) \\ (D_3)/(D) \end{pmatrix} \tag{6.5}
$$

Beispiel 6.3:
Lösung eines linearen Gleichungssystems

$$
\begin{aligned}
x_1 &+ x_2 & &= 1 \\
& x_2 &+ x_3 &= 1 \\
3\,x_1 &+ 2\,x_2 &+ x_3 &= 0
\end{aligned}
$$

In Matrixschreibweise:
$$
\mathbf{A} \cdot \mathbf{X} = \mathbf{B}
$$
$$
\begin{pmatrix} 1 & 1 & 0 \\ 0 & 1 & 1 \\ 3 & 2 & 1 \end{pmatrix} \cdot \begin{pmatrix} x_1 \\ x_2 \\ x_3 \end{pmatrix} = \begin{pmatrix} 1 \\ 1 \\ 0 \end{pmatrix}
$$

Berechnung der Determinante D:

$$D = \det \mathbf{A} = \begin{vmatrix} 1 & 1 & 0 \\ 0 & 1 & 1 \\ 3 & 2 & 1 \end{vmatrix} = 2$$

D.h. die Bedingung für die Existenz einer eindeutigen Lösung: $\det \mathbf{A} \neq 0$ ist erfüllt.
Berechnung der Elemente des Vektors $\mathbf{X}$:

$$D_1 = \begin{vmatrix} \mathbf{1} & 1 & 0 \\ \mathbf{1} & 1 & 1 \\ \mathbf{0} & 2 & 1 \end{vmatrix} = -2 \qquad \Longrightarrow \qquad x_1 = \frac{D_1}{D} = -1$$

$$D_2 = \begin{vmatrix} 1 & \mathbf{1} & 0 \\ 0 & \mathbf{1} & 1 \\ 3 & \mathbf{0} & 1 \end{vmatrix} = 4 \qquad \Longrightarrow \qquad x_2 = \frac{D_2}{D} = 2$$

$$D_3 = \begin{vmatrix} 1 & 1 & \mathbf{1} \\ 0 & 1 & \mathbf{1} \\ 3 & 2 & \mathbf{0} \end{vmatrix} = -2 \qquad \Longrightarrow \qquad x_3 = \frac{D_3}{D} = -1$$

Der Lösungsvektor $\mathbf{X}$ lautet also:

$$\mathbf{X} = \begin{pmatrix} -1 \\ 2 \\ -1 \end{pmatrix}$$

Berechnung der Inversen Matrix $\mathbf{A}^{-1}$

Es ist

$$b_i = \sum_{j=1}^{n} a_{ij} \cdot x_j \qquad \text{mit} \qquad i = 1, 2, \cdots, n$$

Nach der Cramerschen Regel ergab sich durch Entwickeln der Determinante D_j nach der j-ten Spalte (Gl.6.2):

$$x_j = \frac{1}{D} \cdot \sum_{i=1}^{n} b_i \cdot (-1)^{i+j} \cdot A_{ij} = \frac{1}{D} \cdot \sum_{i=1}^{n} b_i \cdot M_{ij}$$

Darin ist gemäß Gl.(6.2) $M_{ij} = (-1)^{i+j} \cdot A_{ij}$. Der Lösungsvektor $\mathbf{X}$ schreibt sich also als:

$$\mathbf{X}: \qquad x_j = \sum_{i=1}^{n} \frac{M_{ij}}{D} \cdot b_i \qquad \text{mit} \qquad j = 1, 2, \cdots, n$$

Das ist gleichbedeutend mit dem Matrixprodukt

$$\mathbf{X} = \mathbf{U} \cdot \mathbf{B}$$

worin die Matrix **U** die Elemente

$$u_{ij} = \frac{M_{ji}}{D}$$

besitzt. (Achtung: Die Reihenfolge der Indizes von u und M ist zu beachten!)
U ist die inverse Matrix zu A: $\mathbf{U} = \mathbf{A}^{-1}$.

Für das Beispiel 6.1 folgt damit:

$$\mathbf{A} = \begin{pmatrix} 1 & 1 & 0 \\ 0 & 1 & 1 \\ 3 & 2 & 1 \end{pmatrix} \implies \mathbf{A}^{-1} = \frac{1}{2} \cdot \begin{pmatrix} -1 & -1 & 1 \\ 3 & 1 & -1 \\ -3 & 1 & 1 \end{pmatrix}$$

Im praktischen Gebrauch erweist sich die Cramersche Regel als Lösungsverfahren für inhomogene lineare Gleichungssysteme insbesondere für größere Werte von n als umständlich. Mit wesentlich weniger Rechenaufwand kommt man mit dem **Gauß-schen Eliminationsverfahren** zum Ziel: Ihm liegt das folgende Schema zugrunde: Aus dem Gleichungssystem

$$a_{11}\,x_1 \; + \; a_{12}\,x_2 \; + \; \cdots \; a_{1n}\,x_n \; = \; b_1$$

$$a_{21}\,x_1 \; + \; a_{22}\,x_2 \; + \; \cdots \; a_{2n}\,x_n \; = \; b_2$$

$$\vdots \qquad\qquad \vdots \qquad\qquad\qquad \vdots \; = \; \vdots$$

$$a_{n1}\,x_1 \; + \; a_{n2}\,x_2 \; + \; \cdots \; a_{nn}\,x_n \; = \; b_n$$

in Matrixschreibweise:

$$\mathbf{A} \cdot \mathbf{X} = \mathbf{B} \qquad \text{mit} \qquad \det \mathbf{A} \neq 0$$

folgt durch Elimination von

$$
\begin{array}{lll}
x_1 & \text{aus der} & 2. \text{ bis } n-\text{ten Gleichung} \\
x_2 & \text{aus der} & 3. \text{ bis } n-\text{ten Gleichung} \\
\vdots & \vdots & \\
x_{n-1} & \text{aus der} & n-\text{ten Gleichung}
\end{array}
$$

ein reduziertes Gleichungssystem:

$$c_{11}\,x_1 \; + \; c_{12}\,x_2 \; + \; \cdots \; c_{1n}\,x_n \; = \; d_1$$

$$c_{22}\,x_2 \; + \; \cdots \; c_{2n}\,x_n \; = \; d_2$$

$$\vdots \; = \; \vdots$$

$$c_{nn}\,x_n \; = \; d_n$$

das dann leicht rekursiv zu lösen ist. ($c_{ii} \neq 0$) Dieses Verfahren bildet die Grundlage der gebräuchlichsten numerischen Verfahren zur Lösung linearer Gleichungssysteme [9] [21].

Eine besondere Situation liegt vor, wenn im Gleichungssystem $\det \mathbf{A} = 0$ ist. In diesem Fall ergeben sich endliche, jedoch nicht eindeutige Werte für die x_i nur, wenn auch $\det \mathbf{A}_i = 0$ ist.

6.3.2 Homogenes Gleichungssystem

Wenn alle Elemente des Vektors $\mathbf{B}$ verschwinden, ist

$$x_i \cdot \det \mathbf{A} = 0 \qquad \text{für alle } i$$

Wenn nun $\det \mathbf{A} \neq 0$ ist, ergibt sich daraus, daß alle $x_i = 0$ sind (*triviale Lösung*).

Ist andererseits $\det \mathbf{A} = 0$, so können endliche Werte von x_i auftreten. $\det \mathbf{A} = 0$ ist eine zusätzliche Bedingung für die Koeffizienten des Gleichungssystems: Es ergeben sich nur $n - 1$ unabhängige Lösungen:

$$\frac{x_1}{x_n}, \ \frac{x_2}{x_n}, \ \cdots \ \frac{x_{n-1}}{x_n} \qquad \text{für } x_n \neq 0$$

Kapitel 7

Differentialgeometrie der Raumkurven

7.1 Parameterdarstellung von Raumkurven

Die Bahnkurve eines Massenpunktes im dreidimensionalen Raum kann durch die Angabe des Ortsvektors $\vec{r}$ jedes Punktes der Bahn in Abhängigkeit von der Zeit t, zu
der der Punkt erreicht wird, beschrieben werden. Bewegt der Massenpunkt sich beispielsweise mit der konstanten Geschwindigkeit vom Betrag v_0 auf einer Geraden in
der durch den Einheitsvektor $\vec{e}$ gegebenen Richtung, so lautet seine Bahnkurve analog
zum Beispiel 5.1:

$$\vec{r}(t) = \vec{r_0}(t_0) + v_0(t - t_0) \cdot \vec{e}$$

$\vec{r_0}(t_0)$ stellt einen Startpunkt zur Startzeit t_0 dar. Die reelle Variable t nennt man den
Parameter, der die Darstellung der Bahn bestimmt.

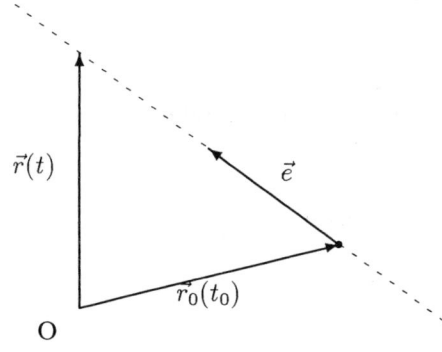

Abb. 7.1: Geradlinige Bewegung eines
Massenpunktes

$\vec{r}(t)$ ist eine Vorschrift, die jedem Wert des Parameters $t \in I$ (z.B. $I = [t_0, \infty]$) in
eindeutiger Weise drei Funktionen zuordnet: $x(t)$, $y(t)$ und $z(t)$.
Faßt man die zu jedem Parameterwert t gehörenden Zahlentripel $(x(t), y(t), z(t))$ als

Punkte im dreidimensionalen Raum $\mathbb{R}^3$ auf mit den Ortsvektoren

$$\vec{r}(t) = \begin{pmatrix} x(t) \\ y(t) \\ z(t) \end{pmatrix} = x(t) \cdot \vec{e}_x + y(t) \cdot \vec{e}_y + z(t) \cdot \vec{e}_z \qquad (7.1)$$

so stellt die Gesamtheit dieser Punkte eine Kurve im dreidimensionalen Raum dar.

Definition einer vektorwertigen Funktion: Eine vektorwertige Funktion (Vektorfunktion) $\vec{A}(t)$ ist eine Vorschrift, die jedem Wert eines Parameters t ($t \in I \subset \mathbb{R}$) genau einen Vektor $\vec{A}(t) \in \mathbb{R}^3$ zuordnet:

$$\vec{A}(t) = A_x(t) \cdot \vec{e}_x + A_y(t) \cdot \vec{e}_y + A_z(t) \cdot \vec{e}_z \qquad (7.2)$$

Die drei Komponenten $A_x(t)$, $A_y(t)$ und $A_z(t)$ sind skalare Funktionen der reellen Veränderlichen t.

Beispiel 7.1: ▬▬▬▬▬▬▬▬▬▬▬▬▬▬▬▬▬▬▬▬▬▬▬▬
Die Bewegung eines Massenpunktes auf einer Kreisbahn mit dem Radius R
In der x-y-Ebene kann sie durch verschiedene Parameter dargestellt werden:

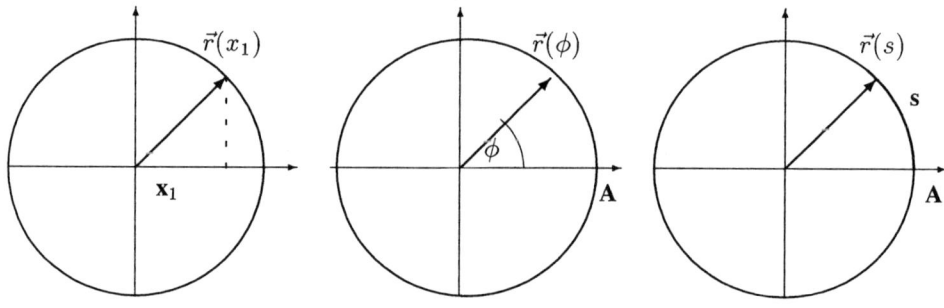

Abb. 7.2: Kreisförmige Bahn eines Massenpunktes

1. Der Parameter ist die x-Komponente des Ortsvektors $\vec{r}$:

$$x \in I = [-R, +R]$$

$$\vec{r}(x) = x \cdot \vec{e}_x \pm \sqrt{R^2 - x^2} \cdot \vec{e}_y$$

$$\vec{r}(x) = \begin{pmatrix} x \\ \pm\sqrt{R^2 - x^2} \\ 0 \end{pmatrix}$$

2. Der Parameter sei der Winkel ϕ zwischen den Vektoren $\vec{r}$ und $\vec{e_x}$:

$$\phi \in I = [0, 2\pi]$$

$$\vec{r}(\phi) = R\cos\phi\,\vec{e_x} + R\sin\phi\,\vec{e_y}$$

$$\vec{r}(\phi) = \begin{pmatrix} R\cos\phi \\ R\sin\phi \\ 0 \end{pmatrix}$$

3. Der Parameter sei die Bogenlänge s, gemessen von Punkt A auf der $\vec{e_x}$-Achse aus:

$$s \in I = [0, 2\pi R]$$

$$\vec{r}(s) = R\cos\frac{s}{R}\,\vec{e_x} + R\sin\frac{s}{R}\,\vec{e_y}$$

$$\vec{r}(s) = \begin{pmatrix} R\cos\dfrac{s}{R} \\ R\sin\dfrac{s}{R} \\ 0 \end{pmatrix}$$

Der zeitliche Ablauf der Bewegung des Massenpunktes wird dadurch erfaßt, daß in jeder der drei Darstellungen der jeweilige Parameter eine skalare Funktion der Zeit als reeller Veränderlicher ist.

7.2 Stetigkeit einer Vektorfunktion

Eine Vektorfunktion $\vec{A}(u) : I \subset \mathbb{R} \to \mathbb{R}^3$ ist *stetig im Punkt* $u_0 \in I$, wenn für jedes $\epsilon > 0$ ein $\delta = \delta(\epsilon, u_0) > 0$ existiert mit:

$$|\vec{A}(u) - \vec{A}(u_0)| < \epsilon$$

für $|u - u_0| < \delta$, d.h. wenn

$$\lim_{u \to u_0} \vec{A}(u) = \vec{A}(u_0)$$

ist.

7.3 Ableitung einer Vektorfunktion

Die Ableitung einer Vektorfunktion $\vec{A}(u) : I \subset \mathbb{R} \to \mathbb{R}^3$ im Punkt $u_0 \in I$ wird definiert als

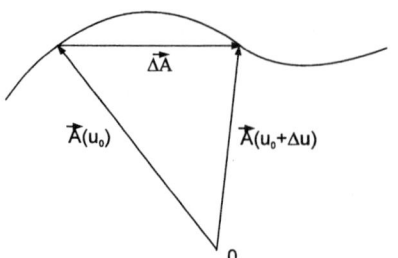

Abb. 7.3: Differentiation einer vektorwertigen Funktion

$$\vec{A}(u_0)' \;=\; \frac{d\vec{A}}{du} = \lim_{\Delta u \to 0} \frac{\Delta \vec{A}}{\Delta u} = \lim_{\Delta u \to 0} \frac{\vec{A}(u_0 + \Delta u) - \vec{A}(u_0)}{\Delta u}$$

Die Vektorfunktion $\vec{A}(u)$ heißt *im Punkt u_0 differenzierbar*, wenn der Grenzwert existiert. Sie heißt *über I differenzierbar*, wenn der Grenzwert für alle $u \in I$ existiert. Man beachte: Auch für $|\vec{A}(u)| = $ const. kann $\vec{A}(u)' \neq 0$ sein, wenn sich nämlich nur die Richtung von $\vec{A}(u)$ mit u ändert.

7.4   Differentiationsregeln

Wenn $\vec{A}(u) : I \subset \mathbb{R} \to \mathbb{R}^3$, $\vec{B}(u) : I \subset \mathbb{R} \to \mathbb{R}^3$ und $\vec{C}(u) : I \subset \mathbb{R} \to \mathbb{R}^3$ differenzierbare Vektorfunktionen sind und wenn $\phi(u) : I \subset \mathbb{R} \to \mathbb{R}^3$ eine differenzierbare, skalare Funktion ist, dann gilt

$$\frac{d\{\vec{A}(u) + \vec{B}(u)\}}{du} = \frac{d\vec{A}(u)}{du} + \frac{d\vec{B}(u)}{du} \qquad \text{(Vektor)} \qquad (7.3)$$

$$\frac{d\{\phi(u) \cdot \vec{A}(u)\}}{du} = \frac{d\phi(u)}{du} \cdot \vec{A}(u) + \phi(u) \cdot \frac{d\vec{A}(u)}{du} \qquad \text{(Vektor)} \qquad (7.4)$$

Speziell folgt aus (7.3) und (7.4) für die Komponentendarstellung einer Vektorfunktion:

$$\vec{A}(u) = \sum_{i=1}^{3} A_i(u) \cdot \vec{e_i} \qquad \Longrightarrow \qquad \frac{d\vec{A}(u)}{du} = \frac{dA_1(u)}{du} \cdot \vec{e_1} + \frac{dA_2(u)}{du} \cdot \vec{e_2} + \frac{dA_3(u)}{du} \cdot \vec{e_3}$$

$$\frac{d\{\vec{A}(u) \cdot \vec{B}(u)\}}{du} = \frac{d\vec{A}(u)}{du} \cdot \vec{B}(u) + \vec{A}(u) \cdot \frac{d\vec{B}(u)}{du} \qquad \text{(Skalar)} \qquad (7.5)$$

$$\frac{d\{\vec{A}(u) \times \vec{B}(u)\}}{du} = \frac{d\vec{A}(u)}{du} \times \vec{B}(u) + \vec{A}(u) \times \frac{d\vec{B}(u)}{du} \qquad \text{(Vektor)}$$
$$(7.6)$$

Achtung: Wegen der Antisymmetrie des Vektorprodukts muß die Reihenfolge der Vektoren beibehalten werden!

$$\frac{d(\vec{A} \cdot \vec{B} \times \vec{C})}{du} = \vec{A} \cdot \vec{B} \times \frac{d\vec{C}}{du} + \vec{A} \cdot \frac{d\vec{B}}{du} \times \vec{C} + \frac{d\vec{A}}{du} \cdot \vec{B} \times \vec{C} \qquad \text{(Skalar)}$$
$$\tag{7.7}$$

$$\frac{d\{\vec{A} \times (\vec{B} \times \vec{C})\}}{du} = \vec{A} \times (\vec{B} \times \frac{d\vec{C}}{du}) + \vec{A} \times (\frac{d\vec{B}}{du} \times \vec{C})$$

$$+ \frac{d\vec{A}}{du} \times (\vec{B} \times \vec{C}) \qquad \text{(Vektor)} \qquad \text{(7.8)}$$

7.5 Die Tangente einer Raumkurve

Gegeben sei der Ortsvektor eines Massenpunktes $\vec{r}(u)$ als Funktion des beliebigen Parameters u. Die Vektorfunktion

$$\vec{r}(u) = x(u) \cdot \vec{e_x} + y(u) \cdot \vec{e_y} + z(u) \cdot \vec{e_z}$$

beschreibt für $u \in I \subset \mathbb{R}$ eine Kurve im dreidimensionalen Raum.

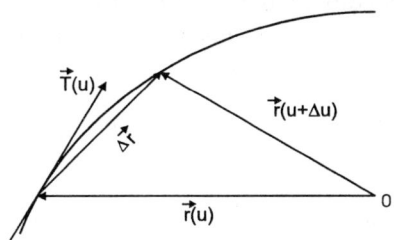

Abb. 7.4: Tangente einer Raumkurve

Ihre Ableitung

$$\frac{d\vec{r}}{du} = \lim_{\Delta u \to 0} \frac{\Delta \vec{r}}{\Delta u} = \frac{dx}{du} \cdot \vec{e_x} + \frac{dy}{du} \cdot \vec{e_y} + \frac{dz}{du} \cdot \vec{e_z}$$

hat die Richtung der Tangente an die Kurve in jedem Punkt. Daraus ergibt sich die Definition des **Tangenteneinheitsvektors** $\vec{T}$ zu:

$$\vec{T} = \frac{1}{\left|\frac{d\vec{r}}{du}\right|} \cdot \frac{d\vec{r}}{du} \qquad \qquad \text{(7.9)}$$

Beispiel 7.2: ━━━━━━━━━━━━━━━
Tangenteneinheitsvektoren bei verschiedenen Kurvenparametern

1. Es sei speziell die von einem festen Punkt auf der Kurve aus gemessene **Bogenlänge** s **als Parameter** gewählt:

$$\vec{r} = \vec{r}(s) = x(s)\,\vec{e}_x + y(s)\,\vec{e}_y + z(s)\,\vec{e}_z$$

Eine Änderung von x um Δx, von y um Δy und von z um Δz entspricht eine Änderung von $\vec{r}$ um $\Delta\vec{r}$:

$$\Delta\vec{r} = \Delta\,x(s)\,\vec{e}_x + \Delta\,y(s)\,\vec{e}_y + \Delta\,z(s)\,\vec{e}_z$$

Entsprechend lautet das Differential (vgl. Kap.1 und Kap.9):

$$d\vec{r} = d\,x(s)\,\vec{e}_x + d\,y(s)\,\vec{e}_y + d\,z(s)\,\vec{e}_z$$

Sein Betrag berechnet sich zu:

$$|d\vec{r}| = \sqrt{d\vec{r}\cdot d\vec{r}} = \sqrt{d\,x^2 + d\,y^2 + d\,z^2}$$

$|d\vec{r}|$ ist aber identisch mit dem Bogenlängendifferential $d\,s$. Damit lautet der Tangenteneinheitsvektor einer mit dem Bogenlängenparameter beschriebenen Kurve:

$$\vec{T}(s) = \frac{d\vec{r}}{d\,s} \tag{7.10}$$

2. Es sei speziell die **Zeit** t **als Parameter** gewählt. Dann gilt:

$$\frac{d\vec{r}}{dt} = \vec{v}(t)$$

worin $\vec{v}(t)$ die Geschwindigkeit des Massenpunktes auf der Kurve $\vec{r}(t)$ ist. Die Bogenlänge $s = s(t)$ ist eine Funktion der Zeit. Implizit kann also die Vektorfunktion $\vec{r}(s)$ als $\vec{r}(s(t))$ geschrieben werden. Für $\vec{v}(t)$ folgt dann mit der Kettenregel:

$$\vec{v}(t) = \frac{d\vec{r}}{ds}\cdot\frac{ds}{dt} = \vec{T}\cdot\frac{ds}{dt} = \vec{T}\cdot v(t)$$

Darin ist $\dfrac{ds}{dt} = v(t)$ der Betrag der Geschwindigkeit.

3. Berechnung des Tangenteneinheitsvektors für die Bewegung eines Massenpunktes auf einer Kreisbahn (s. Beispiel 7.1)

(a)

$$\vec{r}(x) = \begin{pmatrix} x \\ \pm\sqrt{R^2 - x^2} \\ 0 \end{pmatrix} \qquad x \in I = [-R, +R]$$

$$\frac{d\vec{r}}{dx} = \begin{pmatrix} 1 \\ -\dfrac{x}{\sqrt{R^2 - x^2}} \\ 0 \end{pmatrix} \qquad \left|\frac{d\vec{r}}{dx}\right| = \frac{R}{\sqrt{R^2 - x^2}}$$

$$\vec{T} = \frac{1}{\left|\dfrac{d\vec{r}}{dx}\right|} \cdot \frac{d\vec{r}}{dx} = \begin{pmatrix} \dfrac{\sqrt{R^2 - x^2}}{R} \\ -\dfrac{x}{R} \\ 0 \end{pmatrix} \qquad \text{mit} \qquad |\vec{T}| = \sqrt{\frac{R^2 - x^2}{R^2} + \frac{x^2}{R^2}} = 1$$

(Man beachte besonders die Grenzwerte für $x \to \pm R$)

Mit $x(t) = R\cos\omega t$ kann man zum Parameter t (Zeit) übergehen.

(b)

$$\vec{r}(\phi) = \begin{pmatrix} R\cos\phi \\ R\sin\phi \\ 0 \end{pmatrix} \qquad \phi \in I = [0, 2\pi]$$

$$\frac{d\vec{r}}{d\phi} = \begin{pmatrix} -R \cdot \sin\phi \\ R \cdot \cos\phi \\ 0 \end{pmatrix} \qquad \left|\frac{d\vec{r}}{d\phi}\right| = \sqrt{R^2\sin^2\phi + R^2\cos^2\phi} = R$$

$$\vec{T} = \frac{1}{\left|\dfrac{d\vec{r}}{d\phi}\right|} \cdot \frac{d\vec{r}}{d\phi} = \begin{pmatrix} -\sin\phi \\ \cos\phi \\ 0 \end{pmatrix} \qquad |\vec{T}| = \sqrt{\sin^2\phi + \cos^2\phi} = 1$$

Mit $\phi(t) = \omega t$ kann man hier zur Zeit t als Parameter übergehen.

(c)

$$\vec{r}(s) = \begin{pmatrix} R\cos\dfrac{s}{R} \\ R\sin\dfrac{s}{R} \\ 0 \end{pmatrix} \qquad s \in I = [0, 2\pi R]$$

$$\frac{d\vec{r}}{ds} = \begin{pmatrix} -\sin\left(\dfrac{s}{R}\right) \\ \cos\left(\dfrac{s}{R}\right) \\ 0 \end{pmatrix} \qquad \left|\frac{d\vec{r}}{ds}\right| = \sqrt{\sin^2\frac{s}{R} + \cos^2\frac{s}{R}} = 1$$

$$\vec{T} = \frac{d\vec{r}}{ds}$$

Übergang zur Zeit t als Parameter mit $s(t) = R\omega t$.

7.6 Der Normalenvektor

Während die *Richtung* einer Kurve $\vec{r}(s)$ durch den *Tangentenvektor* $\vec{T}(s)$ gegeben ist, gibt der zu $\vec{T}$ senkrecht stehende **Normalenvektor** $\vec{N}(s)$ über die *Änderung der Richtung*, d. h. über ihre **Krümmung** Auskunft.

Vorbemerkung: Eine Funktion f einer reellen Veränderlichen, definiert über dem Intervall I, nennt man *glatt in I*, wenn ihre Ableitung f' im Intervall I stetig ist, d.h. wenn f in I stetig differenzierbar ist. Diese Definition kann auf Kurven im Raum übertragen werden: Eine Vektorfunktion

$$\vec{A}(u) = A_x(u) \cdot \vec{e}_x + A_y(u) \cdot \vec{e}_y + A_z(u) \cdot \vec{e}_z,$$

definiert über dem Intervall I des Parameters u ($u \in I \subset \mathbb{R}$), heißt *glatt*, wenn die Komponentenfunktionen $A_x(u)$, $A_y(u)$ und $A_z(u)$, über I stetig differenzierbar sind, d.h. wenn ihre Ableitungen über I stetig sind.

Definition des Hauptnormalenvektors: Gegeben sei eine glatte Kurve $\vec{r} = \vec{r}(s)$ (s ist die Bogenlänge) mit ihrem Tangenteneinheitsvektor

$$\vec{T}(s) = \frac{d\vec{r}}{ds}$$

Da $\vec{T}$ ein Einheitvektor ist, gilt:

$$\vec{T}^2 = 1 \qquad \Rightarrow \qquad \frac{d(\vec{T}^2)}{ds} = 2 \cdot \vec{T} \cdot \frac{d\vec{T}}{ds} = 0$$

Wenn nicht ausnahmsweise $\vec{T} = $ const. und damit $\dfrac{d\vec{T}}{ds} = 0$ ist, folgt aus dem Skalar-

produkt, daß $\vec{T}$ senkrecht auf $\dfrac{d\vec{T}}{ds}$ steht.

Der zu $\dfrac{d\vec{T}(s)}{ds}$ parallele Einheitsvektor $\vec{N}(s)$ heißt **Hauptnormale** der Raumkurve
$\vec{r}(s)$ mit

$$\frac{d\vec{T}}{ds} = \kappa \cdot \vec{N} \qquad \kappa \geq 0 \qquad\qquad (7.11)$$

Der Absolutbetrag

$$\left| \frac{d\vec{T}}{ds} \right| = \kappa$$

ist **die Krümmung der Kurve**. Anschauliche Begründung: Da $\vec{T}$ ein Einheitsvektor
ist, bleibt sein Betrag längs der Kurve konstant, für alle Werte des Parameters s. $\dfrac{d\vec{T}}{ds}$
mißt also die Änderungsgeschwindigkeit der Richtung von $\vec{T}$.

Der Kehrwert der Krümmung $\rho = \dfrac{1}{\kappa}$ wird **Krümmungsradius** genannt:

$$\rho = \frac{1}{\kappa} = \frac{1}{\left| \dfrac{d\vec{T}}{ds} \right|} = \left(\frac{d\vec{T}}{ds} \cdot \frac{d\vec{T}}{ds} \right)^{-\frac{1}{2}} \qquad\qquad (7.12)$$

Beispiel 7.3: ━━━━━━━━━━━━━━━━━━━━━━━━
**Berechnung des Hauptnormalenvektors und der Krümmung für die Kreisbahn
aus den Beispielen 7.1 und 7.2**
Unter Verwendung des Parameters ϕ gilt für die Bahnkurve selbst:

$$\vec{r}(\phi) = \begin{pmatrix} R\cos\phi \\ R\sin\phi \\ 0 \end{pmatrix} \qquad \phi \in I = [0, 2\pi]$$

Der Tangenteneinheitsvektor $\vec{T}(\phi)$ lautet:

$$\vec{T} = \frac{1}{\left| \dfrac{d\vec{r}}{d\phi} \right|} \cdot \frac{d\vec{r}}{d\phi} = \begin{pmatrix} -\sin\phi \\ \cos\phi \\ 0 \end{pmatrix}$$

Darin wird – ohne Beweis – verwendet daß

$$\left| \frac{d\vec{r}}{d\phi} \right| = \frac{ds}{d\phi}$$

ist und daß $\phi(s)$ umkehrbar eindeutig ist.

Der Hauptnormalenvektor $\vec{N}$ berechnet sich aus

$$\frac{d\vec{T}}{ds} = \frac{d\vec{T}}{d\phi} \cdot \frac{d\phi}{ds} = \frac{1}{\left|\dfrac{d\vec{r}}{d\phi}\right|} \cdot \begin{pmatrix} -\cos\phi \\ -\sin\phi \\ 0 \end{pmatrix} = \frac{1}{R} \cdot \begin{pmatrix} -\cos\phi \\ -\sin\phi \\ 0 \end{pmatrix}$$

Für die **Krümmung der Bahnkurve** ergibt sich damit:

$$\kappa = \left|\frac{d\vec{T}}{ds}\right| = \frac{1}{R} \cdot \sqrt{\cos^2\phi + \sin^2\phi} = \frac{1}{R}$$

Der Krümmungsradius $\rho = \dfrac{1}{\kappa} = R$ ist unabhängig vom Parameter ϕ und stimmt erwartungsgemäß mit dem Bahnradius überein.

7.7 Das begleitende Dreibein (Frenetsche Formeln)

Gegeben sei eine glatte Kurve $\vec{r}(s)$ im dreidimensionalen Raum. In jedem Punkt ist ein Tangenteneinheitsvektor $\vec{T}(s)$ und ein Hauptnormaleneinheitsvektor $\vec{N}(s)$ definiert.

$$\vec{T}(s) \perp \vec{N}(s)$$

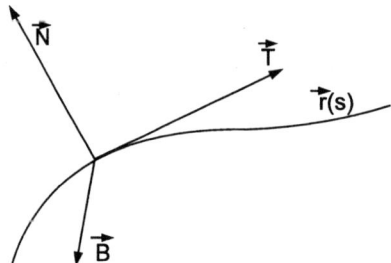

Abb. 7.5: Die drei Vektoren $\vec{T}$, $\vec{N}$ und $\vec{B}$

Definition des Binormalenvektors:

$$\vec{B} := \vec{T} \times \vec{N}$$

Die drei Vektoren $\vec{T}$, $\vec{N}$ und $\vec{B}$ bilden ein rechtshändiges, orthonormales Dreibein (s. Abschnitt 5.4.1). Weil es für jeden Punkt der Raumkurve individuell definiert ist, die Kurve also unter stetiger Variation der Richtung der drei Vektoren begleitet, nennt man es das **begleitende Dreibein**.

7.7.1 Eigenschaften von $\vec{B}$ und der Zusammenhang zwischen $\vec{T}$, $\vec{N}$ und $\vec{B}$

$\vec{N}$ ist ein Einheitsvektor, und es gilt (vgl. Abschnitt 7.6):

$$\vec{N} \cdot \frac{d\vec{N}}{ds} = 0, \quad \text{folglich} \quad \frac{d\vec{N}}{ds} \perp \vec{N} \quad \text{oder} \quad \frac{d\vec{N}}{ds} = \vec{0}$$

Ein nichtverschwindender Vektor $\frac{d\vec{N}}{ds}$ liegt also in der von den Vektoren $\vec{T}$ und $\vec{B}$ aufgespannten Ebene:

$$\frac{d\vec{N}}{ds} = \sigma \cdot \vec{T} + \tau \cdot \vec{B} \qquad \sigma, \tau \in \mathbb{R}$$

Für σ gilt: Aus $\vec{T} \cdot \vec{N} = 0$ folgt

$$\frac{d(\vec{T} \cdot \vec{N})}{ds} = \frac{d\vec{T}}{ds} \cdot \vec{N} + \vec{T} \cdot \frac{d\vec{N}}{ds} = 0$$

$$\text{Mit} \quad \frac{d\vec{T}}{ds} = \kappa \cdot \vec{N} \quad \text{und} \quad \frac{d\vec{N}}{ds} = \sigma \cdot \vec{T} + \tau \cdot \vec{B}$$

$$\Rightarrow \quad \kappa \cdot \underbrace{\vec{N} \cdot \vec{N}}_{1} + \sigma \cdot \underbrace{\vec{T} \cdot \vec{T}}_{1} + \tau \cdot \underbrace{\vec{T} \cdot \vec{B}}_{0} = 0$$

$$\Rightarrow \quad \sigma = -\kappa$$

$$\Rightarrow \quad \frac{d\vec{N}}{ds} = -\kappa \cdot \vec{T} + \tau \cdot \vec{B}$$

Für die Größe τ ergibt sich aus:

$$\vec{B} = \vec{T} \times \vec{N}$$

$$\frac{d\vec{B}}{ds} = \frac{d(\vec{T} \times \vec{N})}{ds} = \frac{d\vec{T}}{ds} \times \vec{N} + \vec{T} \times \frac{d\vec{N}}{ds}$$

$$\text{Mit} \quad \frac{d\vec{T}}{ds} = \kappa \cdot \vec{N} \quad \text{und} \quad \frac{d\vec{N}}{ds} = \tau \cdot \vec{B} - \kappa \cdot \vec{T}$$

$$\Rightarrow \quad \frac{d\vec{B}}{ds} = \kappa \cdot \underbrace{\vec{N} \times \vec{N}}_{\vec{0}} + \tau \cdot (\vec{T} \times \vec{B}) + \kappa \cdot \underbrace{\vec{T} \times \vec{T}}_{\vec{0}}$$

Mit

$$\vec{T} \times \vec{B} = \vec{T} \times (\vec{T} \times \vec{N}) = \vec{T} \cdot \underbrace{(\vec{T} \cdot \vec{N})}_{0} - \vec{N} \cdot \underbrace{(\vec{T} \cdot \vec{T})}_{1} = -\vec{N}$$

folgt:

$$\frac{d\vec{B}}{ds} = -\tau \cdot \vec{N} \tag{7.13}$$

Die Größe τ nennt man die **Torsion der Kurve**, $1/\tau$ den **Windungsradius**. τ ist ein Maß dafür, wie stark die Kurve von einer ebenen Kurve abweicht. Die Beziehungen zwischen den drei Einheitsvektoren des begleitenden Dreibeins einer Raumkurve $\vec{r}(s)$ sind die **Frenetschen Formeln**:

$$\frac{d\vec{T}}{ds} = \kappa \cdot \vec{N} \qquad \frac{d\vec{N}}{ds} = \tau \cdot \vec{B} - \kappa \cdot \vec{T} \qquad \frac{d\vec{B}}{ds} = -\tau \cdot \vec{N}$$

$$(7.14)$$

7.7.2 Beispiele zu Krümmung und Torsion

Eine Bahnkurve, die ganz in der x-y-Ebene verläuft, kann durch die beiden äquivalenten Darstellungen beschrieben werden:

$$y = f(x) \qquad \Longleftrightarrow \qquad \vec{r}(x) = \begin{pmatrix} x \\ f(x) \\ 0 \end{pmatrix}$$

Beispiel 7.4: Berechnung der Krümmung einer ebenen Kurve

Für den Tangenteneinheitsvektor gilt:

$$\vec{T}(x) = \frac{1}{\left|\dfrac{d\vec{r}}{dx}\right|} \cdot \frac{d\vec{r}}{dx} = \frac{1}{\left(\sqrt{1 + f'(x)^2}\right)} \cdot \begin{pmatrix} 1 \\ f'(x) \\ 0 \end{pmatrix}$$

Der Hauptnormalenvektor berechnet sich aus:

$$\kappa \cdot \vec{N} = \frac{d\vec{T}(x)}{ds}$$

$$= \frac{d\vec{T}(x)}{dx} \cdot \frac{dx}{ds}$$

$$= \frac{d\vec{T}(x)}{dx} \cdot \frac{1}{\left|\dfrac{d\vec{r}(x)}{dx}\right|}$$

Die folgende Zwischenrechnung ergibt die Krümmung:

$$\frac{d\vec{T}(x)}{dx} = \frac{1}{\sqrt{1+f'(x)^2}} \cdot \begin{pmatrix} 0 \\ f''(x) \\ 0 \end{pmatrix} + \frac{-f'(x) \cdot f''(x)}{\left(\sqrt{1+f'(x)^2}\right)^3} \cdot \begin{pmatrix} 1 \\ f'(x) \\ 0 \end{pmatrix}$$

$$= \frac{1}{\left(\sqrt{1+f'(x)^2}\right)^3} \cdot \begin{pmatrix} -f'(x) \cdot f''(x) \\ f''(x) \\ 0 \end{pmatrix}$$

$$\frac{d\vec{T}}{ds} = \frac{d\vec{T}(x)}{dx} \cdot \frac{1}{\left|\dfrac{d\vec{r}(x)}{dx}\right|} = \frac{f''(x)}{(1+f'(x)^2)^2} \cdot \begin{pmatrix} -f'(x) \\ 1 \\ 0 \end{pmatrix}$$

$$= \kappa \cdot \vec{N}$$

$$\text{Es folgt}: \quad \kappa = \left|\frac{d\vec{T}}{ds}\right| = \frac{f''(x)}{\left(\sqrt{1+f'(x)^2}\right)^3} \tag{7.15}$$

Beispiel 7.5: Die Torsion einer ebenen Kurve ist Null
Der Binormaleneinheitsvektor lautet:

$$\vec{B}(x) = \vec{T}(x) \times \vec{N}(x)$$

$$\vec{T}(x) = \frac{1}{\sqrt{1+f'(x)^2}} \cdot \begin{pmatrix} 1 \\ f'(x) \\ 0 \end{pmatrix}$$

$$\vec{N}(x) = \frac{1}{\kappa} \cdot \frac{d\vec{T}}{ds} = \frac{1}{\sqrt{1+f'(x)^2}} \cdot \begin{pmatrix} -f'(x) \\ 1 \\ 0 \end{pmatrix} \qquad \text{(s. Beispiel 7.4)}$$

$$\vec{B}(x) = \frac{1}{(1+f'(x)^2)} \cdot \begin{vmatrix} \vec{e_x} & \vec{e_y} & \vec{e_z} \\ 1 & f'(x) & 0 \\ -f'(x) & 1 & 0 \end{vmatrix} = \begin{pmatrix} 0 \\ 0 \\ 1 \end{pmatrix}$$

$$\Rightarrow \quad \tau = -\vec{N} \cdot \frac{d\vec{B}}{ds} = 0$$

Kapitel 8

Krummlinige orthogonale Koordinatensysteme I

8.1 Grundbegriffe

Koordinatensysteme dienen zur reproduzierbaren Lokalisierung der Punkte im dreidimensionalen Raum durch die umkehrbar eindeutige Zuordnung von Punkten und Zahlentripeln. So werden in einem Koordinatensystem speziell die Punkte des dreidimensionalen Raumes durch die Komponenten ihres Ortsvektors bezüglich eines willkürlich gewählten Koordinatenursprungs und einer (lokalen) Basis $\{\vec{e_u}, \vec{e_v}, \vec{e_w}\}$ aus drei linear unabhängigen Einheitsvektoren dargestellt.

$$\vec{r}(u, v, w) = u \cdot \vec{e_u}(u, v, w) + v \cdot \vec{e_v}(u, v, w) + w \cdot \vec{e_w}(u, v, w)$$

- Die durch $u = $ const. bzw. $v = $ const. oder $w = $ const. gegebenen Flächen heißen **Koordinatenflächen**. Je zwei dieser drei Koordinatenflächen schneiden sich in den **Koordinatenlinien**, die ihrerseits durch die Raumkurven

$$\begin{aligned}
\vec{r_u} &= \vec{r}\,(u, v = \text{const.}, w = \text{const.}) \\
\vec{r_v} &= \vec{r}\,(u = \text{const.}, v, w = \text{const.}) \\
\vec{r_w} &= \vec{r}\,(u = \text{const.}, v = \text{const.}, w)
\end{aligned}$$

  definiert sind.

- Die **Basisvektoren** sind die **Tangenteneinheitsvektoren** der drei sich im betrachteten Punkt schneidenden *Koordinatenlinien* und sind i.a. Funktionen der Koordinaten u, v, w (Lokale Basis).

- Stehen die Basisvektoren senkrecht aufeinander, so spricht man von einem **orthogonalen Koordinatensystem**.

- Ist die Krümmung wenigstens einer der drei Koordinatenlinien nicht Null, handelt es sich um ein **krummliniges Koordinatensystem**.

8.2 Kartesische Koordinaten

Die Koordinaten eines Punktes (x, y, z) sind die Komponenten des Ortsvektors dieses Punktes bezüglich der orthogonalen Basis $\{\vec{e_x}, \vec{e_y}, \vec{e_z}\}$:

$$\vec{r}(x, y, z) = x \cdot \vec{e_x} + y \cdot \vec{e_y} + z \cdot \vec{e_z}$$

Die Koordinatenlinien sind die zu den (konstanten) Basisvektoren parallelen Geraden:

$$\vec{r_x} = \vec{r}(x, y_0 = \text{const.}, z_0 = \text{const.}) = x \cdot \vec{e_x} + y_0 \cdot \vec{e_y} + z_0 \cdot \vec{e_z} = \begin{pmatrix} x \\ y_0 \\ z_0 \end{pmatrix}$$

$$\vec{r_y} = \vec{r}(x_0 = \text{const.}, y, z_0 = \text{const.}) = x_0 \cdot \vec{e_x} + y \cdot \vec{e_y} + z_0 \cdot \vec{e_z} = \begin{pmatrix} x_0 \\ y \\ z_0 \end{pmatrix}$$

$$\vec{r_z} = \vec{r}(x_0 = \text{const.}, y_0 = \text{const.}, z) = x_0 \cdot \vec{e_x} + y_0 \cdot \vec{e_y} + z \cdot \vec{e_z} = \begin{pmatrix} x_0 \\ y_0 \\ z \end{pmatrix}$$

Die Koordinatenflächen sind die durch

$$x = \text{const.} \qquad \text{(parallel zur } y\text{-}z \text{ Ebene)}$$
$$y = \text{const.} \qquad \text{(parallel zur } x\text{-}z \text{ Ebene)}$$
$$z = \text{const.} \qquad \text{(parallel zur } x\text{-}y \text{ Ebene)}$$

definierten Ebenen. Die Basisvektoren berechnen sich als die Tangenteneinheitsvektoren der Koordinatenlinien:

$$\vec{T_x} = \frac{1}{\left|\dfrac{d\vec{r_x}}{dx}\right|} \cdot \frac{d\vec{r_x}}{dx} = \begin{pmatrix} 1 \\ 0 \\ 0 \end{pmatrix} = \vec{e_x}$$

$$\vec{T_y} = \frac{1}{\left|\dfrac{d\vec{r_y}}{dy}\right|} \cdot \frac{d\vec{r_y}}{dy} = \begin{pmatrix} 0 \\ 1 \\ 0 \end{pmatrix} = \vec{e_y}$$

$$\vec{T_z} = \frac{1}{\left|\dfrac{d\vec{r_z}}{dz}\right|} \cdot \frac{d\vec{r_z}}{dz} = \begin{pmatrix} 0 \\ 0 \\ 1 \end{pmatrix} = \vec{e_z}$$

Da im kartesischen Koordinatensystem die Tangenteneinheitsvektoren der Koordinatenlinien konstant sind, verschwinden ihre Ableitungen nach den Koordinaten: Die Krümmung aller Koordinatenlinien ist Null!

8.3 Koordinatentransformationen.

Durch die Koordinaten u, v, w sei ein beliebiges **krummliniges, orthogonales Koordinatensystem** gegeben und mit dem kartesischen Koordinatensystem (Koordinaten x, y, z) durch die Transformationsgleichungen

$$x = x(u, v, w) \qquad y = y(u, v, w) \qquad z = z(u, v, w)$$

verknüpft. Die Zuordnung der kartesischen Koordinaten x, y, z zu den krummlinigen Koordinaten u, v, w soll für jeden Punkt des betrachteten Gebiets im $\mathbb{R}^3$ umkehrbar eindeutig sein, d.h. es existieren auch die Umkehrfunktionen

$$u = u(x, y, z) \qquad v = v(x, y, z) \qquad w = w(x, y, z)$$

Jeder Punkt im betrachteten Gebiet wird dann durch den **Ortsvektor**

$$\vec{r}(x, y, z) = \vec{r}(u, v, w)$$

eindeutig beschrieben.

Die Koordinatenlinien des u, v, w-Systems, die sich nach Voraussetzung in jedem Punkt orthogonal schneiden müssen, erhält man als die Raumkurvenscharen

$$
\begin{aligned}
\vec{r_u} &= \vec{r}(u, v_0 = \text{const.}, w_0 = \text{const.}) \\
&= u \cdot \vec{e}_u(u, v_0, w_0) + v_0 \cdot \vec{e}_v(u, v_0, w_0) + w_0 \cdot \vec{e}_w(u, v_0, w_0)
\end{aligned}
$$

$$
\begin{aligned}
\vec{r_v} &= \vec{r}(u_0 = \text{const.}, v, w_0 = \text{const.}) \\
&= u_0 \cdot \vec{e}_u(u_0, v, w_0) + v \cdot \vec{e}_v(u_0, v, w_0) + w_0 \cdot \vec{e}_w(u_0, v, w_0)
\end{aligned}
$$

$$
\begin{aligned}
\vec{r_w} &= \vec{r}(u_0 = \text{const.}, v_0 = \text{const.}, w) \\
&= u_0 \cdot \vec{e}_u(u_0, v_0, w) + v_0 \cdot \vec{e}_v(u_0, v_0, w) + w \cdot \vec{e}_w(u_0, v_0, w)
\end{aligned}
$$

Es seien $x(u, v, w), y(u, v, w)$ und $z(u, v, w)$ stetig differenzierbare Funktionen bezüglich der drei Variablen u, v, w und die Funktionaldeterminate J, gebildet aus den partiellen Ableitungen (s. Kap.9)

$$
J = \begin{vmatrix}
\dfrac{\partial x}{\partial u} & \dfrac{\partial y}{\partial u} & \dfrac{\partial z}{\partial u} \\[2mm]
\dfrac{\partial x}{\partial v} & \dfrac{\partial y}{\partial v} & \dfrac{\partial z}{\partial v} \\[2mm]
\dfrac{\partial x}{\partial w} & \dfrac{\partial y}{\partial w} & \dfrac{\partial z}{\partial w}
\end{vmatrix}
$$

verschwinde in keinem Punkt.

Die **Basisvektoren** $\vec{e}_u, \vec{e}_v$ und $\vec{e}_w$ des u, v, w-Koordinatensystems, berechnet als Tangenteneinheitsvektoren an die Koordinatenlinien

$$\vec{e}_u = \vec{T}_u = \frac{1}{\left|\frac{d\vec{r}_u}{du}\right|} \cdot \frac{d\vec{r}_u}{du} = \frac{1}{h_u} \cdot \frac{\partial \vec{r}}{\partial u} \qquad \text{mit} \qquad h_u = \left|\frac{\partial \vec{r}}{\partial u}\right|$$

$$\vec{e}_v = \vec{T}_v = \frac{1}{\left|\frac{d\vec{r}_v}{dv}\right|} \cdot \frac{d\vec{r}_v}{dv} = \frac{1}{h_v} \cdot \frac{\partial \vec{r}}{\partial v} \qquad \text{mit} \qquad h_v = \left|\frac{\partial \vec{r}}{\partial v}\right|$$

$$\vec{e}_w = \vec{T}_w = \frac{1}{\left|\frac{d\vec{r}_w}{dw}\right|} \cdot \frac{d\vec{r}_w}{dw} = \frac{1}{h_w} \cdot \frac{\partial \vec{r}}{\partial w} \qquad \text{mit} \qquad h_w = \left|\frac{\partial \vec{r}}{\partial w}\right|$$

bilden dann ein Tripel linear unabhängiger Einheitsvektoren:

$$J = \vec{e}_u \cdot [\vec{e}_v \times \vec{e}_w] \cdot h_u \cdot h_v \cdot h_w \neq 0$$

Zusätzlich verlangt man gemäß einer Konvention, daß $\vec{e}_u$, $\vec{e}_v$, $\vec{e}_w$ in dieser Reihenfolge ein Rechtssystem bilden.

Im Unterschied zur Basis des kartesischen Koordinatensystems $\vec{e}_x$, $\vec{e}_y$, $\vec{e}_z$ ändern sich die Richtungen der Basisvektoren $\vec{e}_u$, $\vec{e}_v$, $\vec{e}_w$ i.a. von Punkt zu Punkt: Die Koordinatenlinien sind *gekrümmte Kurven*.

8.4   Zylinderkoordinaten

Um einen Punkt auf der Mantelfläche eines Kreiszylinders zu lokalisieren, bedarf es dreier Angaben: des Abstandes des Mantels von der Zylinderachse, der durch einen Winkel zu fixierenden Lage auf einem Kreis senkrecht zur Zylinderachse und schließlich einer Höhenangabe in Richtung der Zylinderachse. Exakt diese Informationen über den Ort eines Punktes im dreidimensionalen Raum vermittelt das **Zylinderkoordinatensystem**. Als Koordinaten eines Punktes P (s. Abb. 8.1) werden verwendet: Der radiale Abstand ρ von der Zylinderachse, der Azimutwinkel ϕ und die zur Zylinderachse parallele Koordinate z mit den Wertebereichen:

$$
\begin{aligned}
0 &\leq \rho < +\infty \\
0 &\leq \phi < 2\pi \\
-\infty &< z < +\infty
\end{aligned}
$$

Es gelten die **Transformationsfunktionen** (vgl. auch Tabelle 10.1):

$$
\left.
\begin{aligned}
x &= \rho \cdot \cos\phi \\
y &= \rho \cdot \sin\phi \\
z &= z
\end{aligned}
\right\}
\qquad \Longleftrightarrow \qquad
\left\{
\begin{aligned}
\rho &= +\sqrt{x^2 + y^2} \\
\phi &= \arctan(y/x) \\
z &= z
\end{aligned}
\right.
$$

Die **Koordinatenlinien** in Zylinderkoordinaten sind:

$$\vec{r}_\rho = \vec{r}(\rho, \phi = \text{const.}, z = \text{const.})$$ (Halbgeraden senkrecht zur z-Achse)
$$\vec{r}_\phi = \vec{r}(\rho = \text{const.}, \phi, z = \text{const.})$$ (Kreise in Ebenen senkrecht zur z-Achse
mit dem Mittelpunkt auf der z-Achse)
$$\vec{r}_z = \vec{r}(\rho = \text{const.}, \phi = \text{const.}, z)$$ (Geraden parallel zur z-Achse)

Der Ortsvektor $\vec{r}$ eines Punktes lautet (in kartesischen Koordinaten):

$$\vec{r} = \begin{pmatrix} \rho \cdot \cos\phi \\ \rho \cdot \sin\phi \\ z \end{pmatrix} = (\rho \cdot \cos\phi) \cdot \vec{e}_x + (\rho \cdot \sin\phi) \cdot \vec{e}_y + z \cdot \vec{e}_z$$

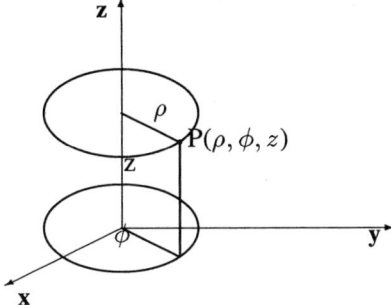

Abb. 8.1: Illustrationen zum Zylinder-koordinatensystem

Die Tangenteneinheitsvektoren an die Koordinatenlinien ergeben die **Basisvektoren**:

$$\vec{e}_\rho = \frac{1}{h_\rho} \cdot \frac{\partial \vec{r}}{\partial \rho} = \begin{pmatrix} \cos\phi \\ \sin\phi \\ 0 \end{pmatrix} = \cos\phi \cdot \vec{e}_x + \sin\phi \cdot \vec{e}_y$$

$$\vec{e}_\phi = \frac{1}{h_\phi} \cdot \frac{\partial \vec{r}}{\partial \phi} = \begin{pmatrix} -\sin\phi \\ \cos\phi \\ 0 \end{pmatrix} = -\sin\phi \cdot \vec{e}_x + \cos\phi \cdot \vec{e}_y$$

$$\vec{e}_z = \frac{1}{h_z} \cdot \frac{\partial \vec{r}}{\partial z} = \begin{pmatrix} 0 \\ 0 \\ 1 \end{pmatrix} = 1 \cdot \vec{e}_z$$

Darin ist:

$$h_\rho = \left| \frac{\partial \vec{r}}{\partial \rho} \right| = 1 \qquad h_\phi = \left| \frac{\partial \vec{r}}{\partial \phi} \right| = \rho \qquad h_z = \left| \frac{\partial \vec{r}}{\partial z} \right| = 1$$

(Die Basisvektoren sind hier durch ihre kartesischen Komponenten dargestellt.)

Darstellung des Ortsvektors im Zylinderkoordinatensystem
(Die Rechnung erfolgt in kartesischen Koordinaten.)

$$\vec{r} = \begin{pmatrix} x \\ y \\ z \end{pmatrix} = \begin{pmatrix} \rho \cos \phi \\ \rho \sin \phi \\ z \end{pmatrix}$$

ρ- Komponente:

$$\vec{r} \cdot \vec{e}_\rho = \begin{pmatrix} \rho \cos \phi \\ \rho \sin \phi \\ z \end{pmatrix} \cdot \begin{pmatrix} \cos \phi \\ \sin \phi \\ 0 \end{pmatrix} = \rho$$

ϕ- Komponente:

$$\vec{r} \cdot \vec{e}_\phi = \begin{pmatrix} \rho \cos \phi \\ \rho \sin \phi \\ z \end{pmatrix} \cdot \begin{pmatrix} -\sin \phi \\ \cos \phi \\ 0 \end{pmatrix} = 0$$

z- Komponente:

$$\vec{r} \cdot \vec{e}_z = \begin{pmatrix} \rho \cos \phi \\ \rho \sin \phi \\ z \end{pmatrix} \cdot \begin{pmatrix} 0 \\ 0 \\ 1 \end{pmatrix} = z$$

Ortsvektor in Zylinderkoordinaten : $\vec{r} = \rho \cdot \vec{e}_\rho + z \cdot \vec{e}_z$

Physikalische Anwendungen

Aus der Fülle physikalischer Probleme, die sich durch eine zylindrische Geometrie auszeichnen, wie beispielsweise die Beschreibung von Bewegungen in einem rotierenden Bezugssystem, die Berechnung von Magnetfeldern innerhalb und außerhalb kreiszylindrischer Stromleiter oder die Untersuchung von Schwingungen kreisförmiger Membrane (vgl. Abschnitt 15.3), werden hier zwei Beispiele aus der Kinematik der Massenpunkte herausgegriffen.

Beispiel 8.1: Darstellung der Bahnbewegung eines Massenpunktes in Zylinderkoordinaten

Die Bahn des Massenpunktes sei gegeben durch seinen Ortsvektor

$$\vec{r}(t) = \rho(t) \cdot \vec{e}_\rho + z(t) \cdot \vec{e}_z$$

In Zylinderkoordinaten sollen seine Geschwindigkeit und seine Beschleunigung berechnet werden.

Zwischenrechnung: Für die Ableitung der Basisvektoren gilt:

$$\vec{e}_\rho = \begin{pmatrix} \cos \phi \\ \sin \phi \\ 0 \end{pmatrix} \quad \Rightarrow \quad \frac{d\vec{e}_\rho}{dt} = \begin{pmatrix} -\sin \phi \\ \cos \phi \\ 0 \end{pmatrix} \cdot \frac{d\phi}{dt} = \vec{e}_\phi \cdot \frac{d\phi}{dt}$$

$$\vec{e}_\phi = \begin{pmatrix} -\sin \phi \\ \cos \phi \\ 0 \end{pmatrix} \quad \Rightarrow \quad \frac{d\vec{e}_\phi}{dt} = \begin{pmatrix} -\cos \phi \\ -\sin \phi \\ 0 \end{pmatrix} \cdot \frac{d\phi}{dt} = -\vec{e}_\rho \cdot \frac{d\phi}{dt}$$

$$\vec{e}_z = \begin{pmatrix} 0 \\ 0 \\ 1 \end{pmatrix} \qquad \Rightarrow \qquad \frac{d\vec{e}_z}{dt} = 0$$

Geschwindigkeit:

$$\begin{aligned} \vec{v}(t) &= \frac{d\vec{r}}{dt} \\[2mm] &= \frac{d\rho}{dt} \cdot \vec{e}_\rho + \rho \cdot \frac{d\vec{e}_\rho}{dt} + \frac{dz}{dt} \cdot \vec{e}_z \\[2mm] &= \frac{d\rho}{dt} \cdot \vec{e}_\rho + \rho \cdot \frac{d\phi}{dt} \cdot \vec{e}_\phi + \frac{dz}{dt} \cdot \vec{e}_z \end{aligned}$$

Beschleunigung:

$$\begin{aligned} \vec{a}(t) &= \frac{d\vec{v}}{dt} \\[2mm] &= \frac{d^2\rho}{dt^2} \cdot \vec{e}_\rho + \frac{d\rho}{dt} \cdot \frac{d\vec{e}_\rho}{dt} + \frac{d\rho}{dt} \cdot \frac{d\phi}{dt} \cdot \vec{e}_\phi + \rho \cdot \frac{d^2\phi}{dt^2} \cdot \vec{e}_\phi + \rho \cdot \frac{d\phi}{dt} \cdot \frac{d\vec{e}_\phi}{dt} + \frac{d^2z}{dt^2} \cdot \vec{e}_z \\[2mm] &= \left\{ \frac{d^2\rho}{dt^2} - \rho \cdot \left(\frac{d\phi}{dt} \right)^2 \right\} \cdot \vec{e}_\rho + \left\{ \rho \cdot \frac{d^2\phi}{dt^2} + 2 \cdot \frac{d\rho}{dt} \cdot \frac{d\phi}{dt} \right\} \cdot \vec{e}_\phi + \frac{d^2z}{dt^2} \cdot \vec{e}_z \end{aligned}$$

Speziell folgt daraus für eine Kreisbahn in der $\rho - \phi$-Ebene mit $\rho = $ const. und $z = 0$:

$$\vec{a}(t) = -\rho \cdot \left(\frac{d\phi}{dt} \right)^2 \cdot \vec{e}_\rho + \rho \cdot \frac{d^2\phi}{dt^2} \cdot \vec{e}_\phi$$

Beispiel 8.2: Berechnung des Drehimpulses für einen Massenpunkt, der sich auf einer krummlinigen Bahn in der $\rho - \phi$-Ebene bewegt.

Aus dem Ortsvektor:

$$\vec{r}(t) = \rho(t) \cdot \vec{e}_\rho$$

berechnet man den Linearimpuls:

$$\vec{p} = m \cdot \frac{d\vec{r}(t)}{dt} = m \cdot \vec{v}(t) = m \cdot \left(\frac{d\rho}{dt} \cdot \vec{e}_\rho + \rho \cdot \frac{d\phi}{dt} \cdot \vec{e}_\phi \right)$$

und den Drehimpuls:

$$\begin{aligned} \vec{L} &= \vec{r} \times \vec{p} \\[2mm] &= (\rho \cdot \vec{e}_\rho) \times \left\{ m \cdot \left(\frac{d\rho}{dt} \cdot \vec{e}_\rho + \rho \cdot \frac{d\phi}{dt} \cdot \vec{e}_\phi \right) \right\} \\[2mm] &= m \cdot \rho \cdot \frac{d\rho}{dt} \cdot \underbrace{[\vec{e}_\rho \times \vec{e}_\rho]}_{\vec{0}} + m \cdot \rho^2 \cdot \frac{d\phi}{dt} \underbrace{[\vec{e}_\rho \times \vec{e}_\phi]}_{\vec{e}_z} \\[2mm] \vec{L} &= m \cdot \rho^2 \cdot \frac{d\phi}{dt} \cdot \vec{e}_z \end{aligned}$$

Für eine Kreisbahn um die z- Achse, die mit der Winkelgeschwindigkeit

$$\vec{\omega} = \frac{d\phi}{dt} \cdot \vec{e}_z$$

durchlaufen wird, folgt speziell:

$$\vec{L} = m \cdot \rho^2 \cdot \vec{\omega} \qquad \text{mit} \quad \rho = const.$$

8.5 Sphärische Polarkoordinaten (Kugelkoordinaten)

Um einen Punkt P auf der Oberfläche einer Kugel zu lokalisieren, verwendet man die folgenden Koordinaten: Den radialen Abstand r vom Ursprung O, den Polarwinkel θ und den Azimutwinkel ϕ mit den Wertebereichen:

$$P(r, \theta, \phi) \qquad \text{mit} \qquad \begin{cases} 0 \leq r < +\infty \\ 0 \leq \theta < \pi \\ 0 \leq \phi < 2\pi \end{cases}$$

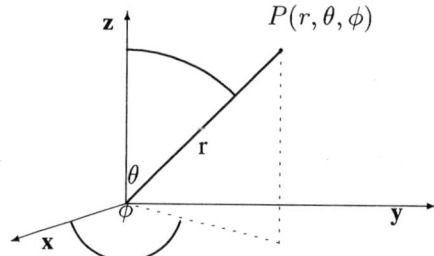

Abb. 8.2: Illustration zum Kugelkoordinatensystem

Es gelten die **Transformationsfunktionen**:

$$\left.\begin{array}{l} x = r \cdot \sin\theta \cdot \cos\phi \\ y = r \cdot \sin\theta \cdot \sin\phi \\ z = r \cdot \cos\theta \end{array}\right\} \quad\Longleftrightarrow\quad \begin{cases} r = +\sqrt{x^2 + y^2 + z^2} \\ \theta = \arccos\dfrac{z}{\sqrt{x^2 + y^2 + z^2}} \\ \phi = \arctan(y/x) \end{cases}$$

Die **Koordinatenlinien** sind:

$\vec{r}_r = \vec{r}(r, \theta = \text{const.}, \phi = \text{const.})$

(radiale Halbgeraden, vom Ursprung ausgehend)

$\vec{r}_\theta = \vec{r}(r = \text{const.}, \theta, \phi = \text{const.})$

(Halbkreise um den Ursprung mit dem Durchmesser auf der z-Achse)

$$\vec{r}_\phi = \vec{r}(r = \text{const.}, \theta = \text{const.}, \phi)$$

(Kreise parallel zur x-y-Ebene mit dem Mittelpunkt auf der z-Achse)

Der **Ortsvektor** $\vec{r}$ eines Punktes lautet (mit seinen kartesischen Koordinaten):

$$\vec{r} = (r \sin\theta \cos\phi) \cdot \vec{e}_x + (r \sin\theta \sin\phi) \cdot \vec{e}_y + (r \cos\theta) \cdot \vec{e}_z$$

Daraus berechnet man die **Basisvektoren** als Tangenteneinheitsvektoren an die Koordinatenlinien:

$$\frac{\partial \vec{r}}{\partial r} = \begin{pmatrix} \sin\theta \cos\phi \\ \sin\theta \sin\phi \\ \cos\theta \end{pmatrix}$$

$$\frac{\partial \vec{r}}{\partial \theta} = r \cdot \begin{pmatrix} \cos\theta \cos\phi \\ \cos\theta \sin\phi \\ -\sin\theta \end{pmatrix}$$

$$\frac{\partial \vec{r}}{\partial \phi} = r \cdot \begin{pmatrix} -\sin\theta \sin\phi \\ \sin\theta \cos\phi \\ 0 \end{pmatrix}$$

$$h_r = \left| \frac{\partial \vec{r}}{\partial r} \right| = 1 \qquad h_\theta = \left| \frac{\partial \vec{r}}{\partial \theta} \right| = r \qquad h_\phi = \left| \frac{\partial \vec{r}}{\partial \phi} \right| = r \sin\theta$$

Sie lauten also:

$$\vec{e}_r = \begin{pmatrix} \sin\theta \cos\phi \\ \sin\theta \sin\phi \\ \cos\theta \end{pmatrix}$$

$$\vec{e}_\theta = \begin{pmatrix} \cos\theta \cos\phi \\ \cos\theta \sin\phi \\ -\sin\theta \end{pmatrix}$$

$$\vec{e}_\phi = \begin{pmatrix} -\sin\phi \\ \cos\phi \\ 0 \end{pmatrix}$$

Darstellung des *Ortsvektors* $\vec{r}$ in Kugelkoordinaten (Die Rechnung erfolgt in kartesischen Koordinaten.):

$$\vec{r} = \begin{pmatrix} r \sin\theta \cos\phi \\ r \sin\theta \sin\phi \\ r \cos\theta \end{pmatrix}$$

Seine Komponenten in Richtung der Basisvektoren $\vec{e}_r$, $\vec{e}_\theta$, $\vec{e}_\phi$ lauten:

$$r_r = \vec{r} \cdot \vec{e}_r = \begin{pmatrix} r\sin\theta\cos\phi \\ r\sin\theta\sin\phi \\ r\cos\theta \end{pmatrix} \cdot \begin{pmatrix} \sin\theta\cos\phi \\ \sin\theta\sin\phi \\ \cos\theta \end{pmatrix} = r$$

$$r_\theta = \vec{r} \cdot \vec{e}_\theta = \begin{pmatrix} r\sin\theta\cos\phi \\ r\sin\theta\sin\phi \\ r\cos\theta \end{pmatrix} \cdot \begin{pmatrix} \cos\theta\cos\phi \\ \cos\theta\sin\phi \\ -\sin\theta \end{pmatrix} = 0$$

$$r_\phi = \vec{r} \cdot \vec{e}_\phi = \begin{pmatrix} r\sin\theta\cos\phi \\ r\sin\theta\sin\phi \\ r\cos\theta \end{pmatrix} \cdot \begin{pmatrix} -\sin\phi \\ \cos\phi \\ 0 \end{pmatrix} = 0$$

Ortsvektor in Kugelkoordinaten : $\vec{r} = \vec{r}(r, \theta, \phi) = r \cdot \vec{e}_r$

Teil III

Zur Vektoranalysis im $\mathbb{R}^3$

Kapitel 9

Die Differentiation von Funktionen mehrerer Variabler

9.1   Funktionen im dreidimensionalen Raum $\mathbb{R}^3$

Funktionen, die den Zusammenhang physikalischer Meßgrößen analytisch beschreiben, sind in der Regel *Funktionen mehrerer Veränderlicher.*
In Kapitel 1 wird die Funktion $f(x)$ als Abbildung

$$f: \quad \mathbb{D} \subset \mathbb{R} \quad \to \quad \mathbb{B} \subset \mathbb{R}$$

der Werte des Definitionsbereichs $\mathbb{D}$ der unabhängigen Variablen x auf den Bildbereich $\mathbb{B}$ der abhängigen Variablen f definiert. Beispiele derartiger Funktionen sind vereinfachte Darstellungen physikalischer Zusammenhänge wie z.B. des Betrages der Schallgeschwindigkeit als Funktion lediglich der Temperatur. Im Zusammenhang mit der Beschreibung der Bewegung eines Massenpunktes auf einer Raumkurve wird in Kapitel 7 die vektorwertige Funktion einer reellen Variablen definiert

$$f: \quad \mathbb{D} \subset \mathbb{R} \quad \to \quad \mathbb{B} \subset \mathbb{R}^3$$

Im allgemeinen führt – wie gesagt – die mathematische Beschreibung der Verknüpfung physikalischer Meßgrößen zu Funktionen, die von mehreren Veränderlichen abhängen. Zwei der in der klassischen Physik wichtigsten Beispiele illustrieren das im folgenden.

1. **Das skalare Feld:** Der skalare Wert des Potentials ϕ in der ferneren Umgebung eines elektrischen Dipols vom Dipolmoment $\vec{p}$, in der die Ausdehnung des Dipols verschwindend klein gegenüber seinem Abstand zum betrachteten Aufpunkt ist, wird durch

$$\phi(\vec{r}) = \phi(x, y, z) = \frac{1}{4\pi\epsilon_0} \cdot \frac{\vec{p} \cdot \vec{r}}{r^3} = \frac{1}{4\pi\epsilon_0} \cdot \frac{(p_x \cdot x + p_y \cdot y + p_z \cdot z)}{\sqrt{x^2 + y^2 + z^2}^3}$$

   beschrieben. Diese skalare Funktion, abhängig von drei reellen Variablen, wird durch die folgende Definition charakterisiert:

$$f: \quad \mathbb{D} \subset \mathbb{R}^3 \quad \to \quad \mathbb{B} \subset \mathbb{R}$$

Einem dreidimensionalen Definitionsbereich $\mathbb{D}$ entspricht ein eindimensionaler Bildbereich $\mathbb{B}$. Die drei unabhängigen Variablen sind hier die Koordinaten des Aufpunktes mit dem Ortsvektor $\vec{r}$. (Die Flächen $\phi(\vec{r}) = \text{const.}$ nennt man *Niveauflächen* oder *Äquipotentialflächen*.)

2. **Das Vektorfeld:** Der vektorielle Wert der Schwerebeschleunigung $\vec{g}$ einer Kugel der Masse M und vom endlichen Radius R ist für alle Punkte außerhalb der Kugel, d.h. im Definitionsbereich $D :\quad |\vec{r}| \geq R$ gegeben durch:

$$\vec{g}(\vec{r}) = \vec{g}(x, y, z)$$

$$= \frac{-\gamma \cdot M}{\sqrt{x^2 + y^2 + z^2}^3} \cdot \vec{r}$$

$$= \frac{-\gamma \cdot M}{\sqrt{x^2 + y^2 + z^2}^3} \cdot (x \cdot \vec{e_x} + y \cdot \vec{e_y} + z \cdot \vec{e_z})$$

Hier ist dem vektoriellen Wert $\vec{r} = x\,\vec{e_x} + y\,\vec{e_y} + z\,\vec{e_z}$ des Ortsvektors des Aufpunktes, d.h. seinen drei Koordinaten x, y, z, der vektorielle Funktionswert

$$\vec{g}(\vec{r}) = g_x(x, y, z)\,\vec{e_x} + g_y(x, y, z)\,\vec{e_y} + g_z(x, y, z)\,\vec{e_z}$$

zugeordnet. Die allgemeine Definition eines Vektorfeldes lautet also:

$$f :\quad \mathbb{D} \subset \mathbb{R}^3 \quad \rightarrow \quad \mathbb{B} \subset \mathbb{R}^3$$

Die Eigenschaften von skalaren und von Vektorfeldern, d.h. skalarer und vektorieller Funktionen abhängig von den drei Ortskoordinaten im dreidimensionalen Raum, werden im folgenden wegen ihrer Bedeutung für die Elektrodynamik stellvertretend für den Umgang mit Funktionen mehrerer Veränderlicher zusammengestellt.

9.1.1 Definitionsbereich

Im $\mathbb{R}^1$ sind die Definitionsbereiche der Funktionen als Umgebungen von Punkten auf der Zahlengeraden (*Intervalle*) gegeben. Beim Übergang zum dreidimensionalen Raum $\mathbb{R}^3$ ist folgendes zu beachten:

1. Ein Punkt im $\mathbb{R}^3$ ist durch drei reelle Zahlen (Komponenten eines Vektors) eindeutig adressierbar:

$$\vec{r} = \begin{pmatrix} x_1 \\ x_2 \\ x_3 \end{pmatrix} \qquad \text{oder} \qquad \vec{r} = \begin{pmatrix} x \\ y \\ z \end{pmatrix}$$

2. $\mathbb{R}^3$ ist ein *metrischer Raum* dadurch, daß die Entfernung zwischen zwei Punkten $\vec{r_1}$ und $\vec{r_2}$ gemessen wird als

$$\rho(\vec{r_1}, \vec{r_2}) := |\vec{r_1} - \vec{r_2}| =_+ \sqrt{(x_1 - x_2)^2 + (y_1 - y_2)^2 + (z_1 - z_2)^2}$$

Mit der Definition der *Norm*

$$\parallel \vec{r} \parallel = \rho(\vec{r}, 0)$$

ist $\mathbb{R}^3$ auch ein *normierter Vektorraum*.

3. Die Umgebung eines Punktes $\vec{r_0}$ im $\mathbb{R}^3$ ist damit als das Innere einer Kugel mit dem Radius ϵ und dem Mittelpunkt $\vec{r_0}$ gegeben:

$$U_\epsilon(\vec{r_0}) = \{\vec{r} | \vec{r} \in \mathbb{R}^3, |\vec{r} - \vec{r_0}| < \epsilon\}$$

4. Als Definitionsbereiche von Funktionen im $\mathbb{R}^3$ treten an die Stelle der Intervalle des $\mathbb{R}^1$ die *Gebiete* $\mathbb{G}$:

  - Eine nichtleere, offene, zusammenhängende Punktmenge heißt *offenes Gebiet*.

  - *offen*: Die Randpunkte werden nicht zum Gebiet hinzugerechnet.

  - *abgeschlossen*: Die Randpunkte gehören mit zum Gebiet.

  - *zusammenhängend*: Je zwei Punkte des Gebietes lassen sich durch eine Kurve verbinden, die ganz innerhalb des Gebietes liegt.

9.1.2 Zur Stetigkeit

Gegeben sei eine Funktion f, definiert über $\mathbb{G}$:

$$f := \{f(\vec{r}) | \vec{r} \in \mathbb{G} \subset \mathbb{R}^3\}$$

f ist stetig im Punkt $\vec{r_0} \in \mathbb{G}$, wenn

$$\lim_{\vec{r} \to \vec{r_0}} f(\vec{r}) = f(\vec{r_0})$$

gilt, ausführlich: wenn für jede konvergente Folge $\{\vec{r_n}\}$, $\quad n \in \mathbb{N}$ von Punkten aus $\mathbb{G}$ mit dem Grenzwert

$$\lim_{n \to \infty} \vec{r_n} = \vec{r_0}$$

$$\lim_{n \to \infty} f(\vec{r_n}) = f(\vec{r_0})$$

gilt. f heißt stetig auf dem Gebiet $\mathbb{G}$, wenn f in jedem Punkt $\vec{r_0} \in \mathbb{G}$ stetig ist.

9.1.3 Die partielle Ableitung

Die skalare Funktion $f(x, y, z)$ ist im Punkt

$$\vec{r_0} = \begin{pmatrix} x_0 \\ y_0 \\ z_0 \end{pmatrix}$$

partiell nach x differenzierbar, wenn

$$\frac{\partial f}{\partial x} := \lim_{\Delta x \to 0} \frac{f(x_0 + \Delta x, y_0, z_0) - f(x_0, y_0, z_0)}{\Delta x}$$

existiert.

Sie ist *über* $\mathbb{G}$ partiell nach x differenzierbar, wenn diese Bedingung für alle $\vec{r} \in \mathbb{G}$ erfüllt ist.

Beispiel 9.1: ━━━━━━━

Berechnung partieller Ableitungen

Bei der Berechnung der partiellen Ableitung nach einer Variablen werden die übrigen Veränderlichen konstant gehalten. Die Differentiationsregeln, die für Funktionen einer reellen Veränderlichen gelten (s. Kap.1), können sinngemäß bei der Berechnung partieller Ableitungen von Funktionen mehrerer reeller Variabler Verwendung finden. Eine Ausnahme dazu bilden die Kettenregeln (s.u.):

1. Das schon erwähnte Potentialfeld eines elektrischen Dipols mit dem konstanten Dipolmoment $\vec{p}$ ist eine skalare Funktion, abhängig von den drei Raumkoordinaten:

$$\phi(\vec{r}) = \phi(x, y, z) = \frac{1}{4\pi\epsilon_0} \cdot \frac{\vec{p} \cdot \vec{r}}{r^3} = \frac{1}{4\pi\epsilon_0} \cdot \frac{(p_x \cdot x + p_y \cdot y + p_z \cdot z)}{\sqrt{x^2 + y^2 + z^2}^3}$$

Die Änderung des Potentials in Richtung der x-Koordinate wird durch die partielle Ableitung der Funktion $\phi(x, y, z)$ nach x angegeben:

$$\Rightarrow \quad \frac{\partial \phi}{\partial x} = \frac{1}{4\pi\epsilon_0} \cdot \left[\frac{p_x}{\sqrt{x^2 + y^2 + z^2}^3} - \frac{3(\vec{p} \cdot \vec{r}) \cdot x}{\sqrt{x^2 + y^2 + z^2}^5} \right]$$

2. Der elektrische Feldvektor einer harmonischen Welle wird z.B. durch das zeitabhängige Vektorfeld

$$\vec{E}(\vec{r}, t) = \vec{E}_0 \cdot \sin(\vec{k} \cdot \vec{r} - \omega \cdot t)$$

dargestellt. Darin seien der Amplitudenvektor $\vec{E}_0$ und der Wellenvektor $\vec{k}$ konstant. $\vec{E}_0$ ist eine Funktion der vier Variablen x, y, z und t. Mit $(\vec{k} \cdot \vec{r}) = k_x \cdot x + k_y \cdot y + k_z \cdot z$ berechnet man die Änderung des $\vec{E}$-Feldes in Richtung der Ortskoordinate y zu:

$$\frac{\partial \vec{E}}{\partial y} = \vec{E}_0 \cdot k_y \cdot \cos(\vec{k} \cdot \vec{r} - \omega \cdot t)$$

und die zeitliche Änderung des Feldes zu:

$$\frac{\partial \vec{E}}{\partial t} = -\vec{E}_0 \cdot \omega \cdot \cos(\vec{k} \cdot \vec{r} - \omega \cdot t)$$

Höhere partielle Ableitungen

Die skalare Funktion $A(x, y, z)$ sei über $\mathbb{G}$ definiert und sei dort überall nach allen Variablen partiell differenzierbar.
Die partielle Ableitung der Ableitungsfunktion

$$A_x(x, y, z) = \frac{\partial A(x, y, z)}{\partial x}$$

nach der Variablen y ist als der Grenzwert

$$\frac{\partial^2 A}{\partial x \partial y} = \frac{\partial A_x}{\partial y} := \lim_{\Delta y \to 0} \frac{A_x(x, y + \Delta y, z) - A_x(x, y, z)}{\Delta y}$$

definiert und beschreibt die Änderung der Funktion $A_x(x, y, z)$ in y-Richtung:

$$d_y \, A_x = \left(\frac{\partial A_x}{\partial y}\right) \cdot d \, y$$

Eine dreidimensionale Funktion $A(x, y, z)$ hat *drei erste partielle Ableitungen*:

$$\frac{\partial A}{\partial x} \qquad \frac{\partial A}{\partial y} \qquad \frac{\partial A}{\partial z}$$

und *neun zweite partielle Ableitungen*:

$$\frac{\partial^2 A}{\partial x^2} \qquad \frac{\partial^2 A}{\partial x \partial y} \qquad \frac{\partial^2 A}{\partial x \partial z}$$

$$\frac{\partial^2 A}{\partial y \partial x} \qquad \frac{\partial^2 A}{\partial y^2} \qquad \frac{\partial^2 A}{\partial y \partial z}$$

$$\frac{\partial^2 A}{\partial z \partial x} \qquad \frac{\partial^2 A}{\partial z \partial y} \qquad \frac{\partial^2 A}{\partial z^2}$$

Bei der Berechnung der zweiten partiellen Ableitungen kommt es im allgemeinen auf die Reihenfolge der Differentiationen an. So gibt es durchaus Funktionen, für die z.B.

$$\frac{\partial}{\partial y} \left(\frac{\partial f}{\partial x}\right) \neq \frac{\partial}{\partial x} \left(\frac{\partial f}{\partial y}\right)$$

ist. Aber es gilt der folgende
Satz von H. A. Schwarz[*] : Die Funktion $f(x, y, z)$ besitze über ihrem Definitionsbereich $\mathbb{G} \in \mathbb{R}^3$ *stetige zweite partielle Ableitungen*. Dann gilt an jeder Stelle von $\mathbb{G}$: Der Wert der zweiten partiellen Ableitungen ist von der Reihenfolge der durchzuführenden Differentiationen unabhängig:

$$\frac{\partial^2 A}{\partial x \partial y} = \frac{\partial^2 A}{\partial y \partial x} \qquad\qquad \frac{\partial^2 A}{\partial y \partial z} = \frac{\partial^2 A}{\partial z \partial y} \qquad\qquad \frac{\partial^2 A}{\partial z \partial x} = \frac{\partial^2 A}{\partial x \partial z}$$

[*]H. A. Schwarz, 1843 – 1921

Die Kettenregeln

(a) Die Funktion $f(x, y, z)$ sei implizit von einem Parameter t abhängig, d.h.

$$x = x(t) \qquad y = y(t) \qquad z = z(t)$$

Dann gilt für die Ableitung der Funktion f nach dem Parameter t:

$$\frac{d\,f}{d\,t} = \frac{\partial f}{\partial x} \cdot \frac{d\,x}{d\,t} + \frac{\partial f}{\partial y} \cdot \frac{d\,y}{d\,t} + \frac{\partial f}{\partial z} \cdot \frac{d\,z}{d\,t} \tag{9.1}$$

(b) Sind die Variablen x, y, z der Funktion $f(x, y, z)$ ihrerseits jeweils stetig differenzierbare Funktionen der drei Variablen u, v, und w,

$$x = x(u, v, w) \qquad y = y(u, v, w) \qquad z = z(u, v, w)$$

dann gilt für die partiellen Ableitungen der Funktion nach den Variablen u, v ,w:

$$\frac{\partial f}{\partial u} = \frac{\partial f}{\partial x} \cdot \frac{\partial x}{\partial u} + \frac{\partial f}{\partial y} \cdot \frac{\partial y}{\partial u} + \frac{\partial f}{\partial z} \cdot \frac{\partial z}{\partial u}$$

$$\frac{\partial f}{\partial v} = \frac{\partial f}{\partial x} \cdot \frac{\partial x}{\partial v} + \frac{\partial f}{\partial y} \cdot \frac{\partial y}{\partial v} + \frac{\partial f}{\partial z} \cdot \frac{\partial z}{\partial v}$$

$$\frac{\partial f}{\partial w} = \frac{\partial f}{\partial x} \cdot \frac{\partial x}{\partial w} + \frac{\partial f}{\partial y} \cdot \frac{\partial y}{\partial w} + \frac{\partial f}{\partial z} \cdot \frac{\partial z}{\partial w} \tag{9.2}$$

9.1.4 Die Taylor-Formel für Funktionen dreier reeller Variabler

Für beliebig oft stetig differenzierbare Funktionen einer Veränderlichen $f(x)$ gilt (s. Kap.3) näherungsweise in der Umgebung des Entwicklungspunktes x_0 bzw. mit $n \to \infty$ und $\lim\limits_{n \to \infty} R_{n+1}(x) = 0$ exakt die Darstellung der Funktion $f(x)$ durch eine Potenzreihe:

$$f(x) = f_0(x) + \sum_{\nu=1}^{n} \frac{f^{(\nu)}(x_0)}{\nu!} \cdot (x - x_0)^\nu + R_{n+1}(x)$$

Es sei $A(\vec{r}) = A(x, y, z)$ eine stetige, über ihrem Definitionsbereich $\mathbb{G}$ beliebig oft stetig differenzierbare Funktion. Dann gilt in der Umgebung des Entwicklungspunktes

$$\vec{r}_0 = \begin{pmatrix} x_0 \\ y_0 \\ z_0 \end{pmatrix}$$

mit

$$\Delta\vec{r} = \begin{pmatrix} x - x_0 \\ y - y_0 \\ z - z_0 \end{pmatrix} = \begin{pmatrix} \Delta x \\ \Delta y \\ \Delta z \end{pmatrix}$$

die Taylor-Formel für die Potenzreihendarstellung einer skalaren Funktion dreier reeller Variabler:

$$
\begin{aligned}
A(\vec{r}) \;=\; & A(\vec{r}_0) \\
& + \frac{1}{1!} \cdot \left[\left(\frac{\partial A}{\partial x}\right)_{\vec{r}_0} \cdot \Delta x + \left(\frac{\partial A}{\partial y}\right)_{\vec{r}_0} \cdot \Delta y + \left(\frac{\partial A}{\partial z}\right)_{\vec{r}_0} \cdot \Delta z \right] \\
& + \frac{1}{2!} \cdot \left[\left(\frac{\partial^2 A}{\partial x^2}\right)_{\vec{r}_0} \cdot (\Delta x)^2 + \left(\frac{\partial^2 A}{\partial y^2}\right)_{\vec{r}_0} \cdot (\Delta y)^2 + \left(\frac{\partial^2 A}{\partial z^2}\right)_{\vec{r}_0} \cdot (\Delta z)^2 \right. \\
& \left. + \; 2 \cdot \left(\frac{\partial^2 A}{\partial x \partial y}\right)_{\vec{r}_0} \cdot \Delta x \Delta y + 2 \cdot \left(\frac{\partial^2 A}{\partial y \partial z}\right)_{\vec{r}_0} \cdot \Delta y \Delta z + 2 \cdot \left(\frac{\partial^2 A}{\partial z \partial x}\right)_{\vec{r}_0} \cdot \Delta z \Delta x \right] \\
& + \; R_3(\vec{r}) \hspace{6cm} (9.3)
\end{aligned}
$$

(s. z.B. O. Forster, Analysis 2 [12])

9.1.5 Das totale Differential

Für eine Funktion einer Variablen $f(x)$ lautet in der Nähe des Punktes x_0 ihre Taylorreihe (s.o.):

$$
f(x_0 + \Delta x) = f(x_0) + \frac{1}{1!} \cdot f'(x_0) \cdot \Delta x + \frac{1}{2!} \cdot f''(x_0) \cdot \Delta x^2 + \cdots
$$

In linearer Näherung folgt daraus:

$$
\Delta f = f(x_0 + \Delta x) - f(x_0) \approx f'(x_0) \cdot \Delta x
$$

und das *Differential der Funktion* $f(x)$

$$
df = f'(x) \cdot dx
$$

als (lineare) Änderung df der Funktion f infolge einer Änderung der Variablen x um dx (s. Kap.1).
Für eine Funktion dreier Veränderlicher $A(x, y, z)$ lautet die Potenzreihendarstellung mittels ihrer Taylorreihe:

$$
\begin{aligned}
A(x_0 + \Delta x, y_0 + \Delta y, z_0 + \Delta z) \;=\; & A(x_0, y_0, z_0) + \left(\frac{\partial A}{\partial x}\right)_{x_0, y_0, z_0} \cdot \Delta x \\
& + \left(\frac{\partial A}{\partial y}\right)_{x_0, y_0, z_0} \cdot \Delta y + \left(\frac{\partial A}{\partial z}\right)_{x_0, y_0, z_0} \cdot \Delta z
\end{aligned}
$$

$$
+\text{Terme} \quad \text{höherer} \quad \text{Ordnung}
$$

In **linearer Näherung** ergibt sich daraus für die Änderung ΔA der Funktion bei gleichzeitiger Änderung der drei Variablen um Δx, Δy bzw. Δz:

$$\Delta A = A(x_0 + \Delta x, y_0 + \Delta y, z_0 + \Delta z) - A(x_0, y_0, z_0)$$

$$\approx \left(\frac{\partial A}{\partial x}\right)_{x_0, y_0, z_0} \cdot \Delta x + \left(\frac{\partial A}{\partial y}\right)_{x_0, y_0, z_0} \cdot \Delta y + \left(\frac{\partial A}{\partial z}\right)_{x_0, y_0, z_0} \cdot \Delta z$$

Daraus ergibt sich die Definition des **totale Differentials** der Funktion $A(x, y, z)$:

$$dA = \left(\frac{\partial A}{\partial x}\right) \cdot dx + \left(\frac{\partial A}{\partial y}\right) \cdot dy + \left(\frac{\partial A}{\partial z}\right) \cdot dz \qquad (9.4)$$

Beispiel 9.2:
Veranschaulichung des Begriffs „totales Differential" anhand der zweidimensionalen Funktion $A(x, y) = x \cdot y$
Die dem totalen Differential entsprechende Änderung der Funktion $A(x, y)$ beträgt in der Umgebung des Punktes (x_0, y_0)

$$dA = \left(\frac{\partial A}{\partial x}\right)_{x_0, y_0} \cdot dx + \left(\frac{\partial A}{\partial y}\right)_{x_0, y_0} \cdot dy$$

$$= y_0 \, dx + x_0 \, dy$$

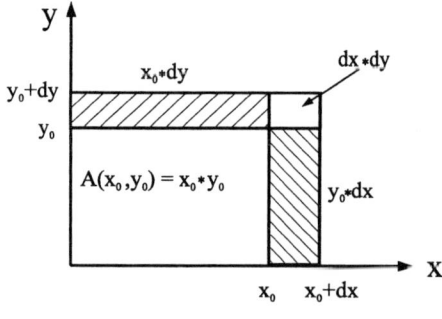

Abb. 9.1: Zum totalen Differential der Funktion $A(x, y) = x \cdot y$

In der Graphik (Abb.9.1) ist jeder Funktionswert $A(x, y)$ durch die Fläche $x \cdot y$ gegeben, die Änderung dA durch die Fläche der einfach schraffierten Streifen. Der Vergrößerung der Variablen um dx bzw. um dy entspricht jedoch insgesamt die Flächenänderung

$$dA' = y_0 \, dx + x_0 \, dy + dx \cdot dy$$

Der durch $dx \cdot dy$ gegebene Flächenzuwachs stammt aus dem quadratischen Term der Taylorreihenentwicklung und wird in der Definition des totalen Differentials nicht berücksichtigt.

9.1.6 Der Gradient skalarer Funktionen

Es sei die skalare Funktion $A(x, y, z)$ über ihrem Definitionsbereich differenzierbar. Dann nennt man die Vektorfunktion

$$\text{grad } A = \vec{\nabla} A = \frac{\partial A}{\partial x} \cdot \vec{e}_x + \frac{\partial A}{\partial y} \cdot \vec{e}_y + \frac{\partial A}{\partial z} \cdot \vec{e}_z \tag{9.5}$$

den **Gradienten der Funktion** A. Es ist

$$\text{grad} = \vec{\nabla} = \begin{pmatrix} \dfrac{\partial}{\partial x} \\ \dfrac{\partial}{\partial y} \\ \dfrac{\partial}{\partial z} \end{pmatrix}$$

ein **vektorieller Differentialoperator** mit den oben angegebenen Komponenten. (Im folgenden Text finden beide Schreibweisen Anwendung.)

Eigenschaften des Gradienten

1. Das **totale Differential** der skalaren Funktion $A(x, y, z)$ kann als Skalarprodukt aus grad A und dem Vektor

$$d\vec{r} = dx \cdot \vec{e}_x + dy \cdot \vec{e}_y + dz \cdot \vec{e}_z$$

geschrieben werden:

$$dA = \left(\text{grad} A \cdot d\vec{r}\right) = \left(\frac{\partial A}{\partial x}\right) \cdot dx + \left(\frac{\partial A}{\partial y}\right) \cdot dy + \left(\frac{\partial A}{\partial z}\right) \cdot dz \tag{9.6}$$

2. **Niveauflächen** der Funktion $A(x, y, z)$ sind gekennzeichnet durch

$$A = \text{const.} \quad \hat{=} \quad dA = 0$$

Damit ergibt sich eine Aussage über die **Richtung von grad** A:
Verbindet $d\vec{r}$ zwei Punkte auf derselben Niveaufläche, so gilt

$$(\text{grad} A \cdot d\vec{r}) = 0 \quad \text{d.h.} \quad \text{grad} A \perp d\vec{r}$$

Folgerung:

$$\| \quad \text{grad} A \text{ steht stets senkrecht auf den Niveauflächen} \quad \|$$
$$\| \quad A = \text{const. der Funktion } A(\vec{r}). \quad \|$$

Der Normaleneinheitsvektor $\vec{N}$ auf der Niveaufläche $A =$const. lautet damit

$$\vec{N} = \frac{\text{grad}A}{|\text{grad}A|} = \frac{\vec{\nabla}A}{|\vec{\nabla}A|} \tag{9.7}$$

3. **Betrag des Gradienten, die Richtungsableitung** A_1 und A_2 bezeichne zwei Niveauflächen der Funktion $A(\vec{r}) = A(x,y,z)$ (vgl. Abb.9.2). P_1 sei ein Punkt auf A_1 mit dem Ortsvektor $\vec{r}_1$, P_2 ein Punkt auf A_2 mit dem Ortsvektor $\vec{r}_2$. $\Delta\vec{r} = \vec{r}_1 - \vec{r}_2$ verbinde die beiden Punkte.

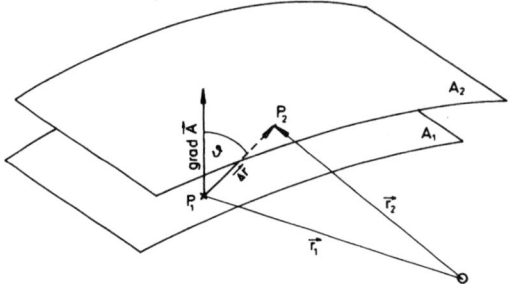

Abb. 9.2: Zur Richtungsableitung

Die **Änderung der Funktion längs des Weges** $\Delta\vec{r}$ beträgt mit

$$\Delta s = |\Delta\vec{r}|$$

und

$$\vec{r} = \vec{r}(s) = \begin{pmatrix} x(s) \\ y(s) \\ z(s) \end{pmatrix}$$

(s ist der Bogenlängenparameter der Raumkurve $\vec{r}$ (s. Kap.7))

$$\frac{\Delta A}{\Delta s} = \frac{A_2 - A_1}{\Delta s}$$

Als Grenzwert folgt hieraus die **Richtungsableitung der Funktion** $A(\vec{r})$:

$$\begin{aligned}
\frac{dA}{ds} &= \lim_{\Delta s \to 0} \frac{\Delta A}{\Delta s} \\[2mm]
&= \frac{\partial A}{\partial x} \cdot \frac{d\,x}{d\,s} + \frac{\partial A}{\partial y} \cdot \frac{d\,y}{d\,s} + \frac{\partial A}{\partial z} \cdot \frac{d\,z}{d\,s} \\[2mm]
&= \left(\text{grad}A \cdot \frac{d\vec{r}}{ds} \right) \\[2mm]
&= \left(\vec{\nabla}A \cdot \vec{T} \right) \tag{9.8}
\end{aligned}$$

($\vec{T}$ ist der Tangenteneinheitsvektor an die durch $\vec{r}(s)$ gegebene Raumkurve (s. Kap.7))

Bezeichnet θ den von $\operatorname{grad} A$ und $\vec{T}$ eingeschlossenen Winkel, so ist

$$\frac{dA}{ds} = |\operatorname{grad} A| \cdot \cos\theta$$

Das bedeutet: Die Änderung der gegebenen Funktion in Richtung von $\vec{T}$ wird maximal, wenn $\operatorname{grad} A$ und $\vec{T}$ parallel verlaufen:

|| $|\operatorname{grad} A|$ **ist der Maximalwert aller Richtungsableitungen der Funktion A, von einem Punkt aus gesehen.** ||

4. **Die Richtungsableitungen der Funktion A in Richtung der Koordinatenlinien sind die partiellen Ableitungen von A nach den zugehörigen Variablen.**

Die Richtung der y-Achse im kartesischen Koordinatensystem beispielsweise ist durch den Basisvektor $\vec{e}_y$ gegeben. Die Richtungsableitung einer Funktion $A(x, y, z)$ in Richtung der y-Achse berechnet sich nach Gleichung 9.8 zu:

$$\frac{dA}{ds} = (\operatorname{grad} A \cdot \vec{e}_y) = \frac{\partial A}{\partial x} \cdot 0 + \frac{\partial A}{\partial y} \cdot 1 + \frac{\partial A}{\partial z} \cdot 0 = \frac{\partial A}{\partial y}$$

Regeln für die Berechnung des Gradienten skalarer Funktionen

- $A(x, y, z) = \text{const.} \qquad \Rightarrow \qquad \operatorname{grad} A = 0$

- $\vec{\nabla}(A_1 + A_2) = \vec{\nabla} A_1 + \vec{\nabla} A_2$

- $\vec{\nabla}(\text{const.} \cdot A(x, y, z) = \text{const.} \cdot \vec{\nabla} A(x, y, z)$

- $\vec{\nabla}(A_1 \cdot A_2) = A_1 \cdot \vec{\nabla} A_2 + A_2 \cdot \vec{\nabla} A_1$

- Hängt die Funktion Φ nur vom Betrag des Ortsvektors

$$r = |\vec{r}| = \sqrt{x^2 + y^2 + z^2}$$

ab, so gilt

$$\vec{\nabla}\Phi(r) = \frac{d\Phi}{dr} \cdot \frac{\vec{r}}{r} = \frac{d\Phi}{dr} \cdot \vec{r}_0$$

Ist speziell

$$\Phi(r) = r^n = |\vec{r}|^n \qquad n \in \mathbb{N}$$

so folgt

$$\vec{\nabla}\Phi = n \cdot r^{n-2} \cdot \vec{r}$$

Beispiel 9.3: ━━━━━━━━━━━━━━━
Anwendung aus der Mechanik
Für die Gravitationsfeldstärke $\vec{g}$ einer punktförmigen Masse m ergibt sich aus ihrem Potential V:

$$V \;=\; -\frac{\gamma \cdot m}{\sqrt{x^2 + y^2 + z^2}} = -\frac{\gamma \cdot m}{r}$$

$$\vec{g} = -\vec{\nabla}V \;=\; -\frac{\gamma \cdot m}{\sqrt{x^2 + y^2 + z^2}^{\,3}} \cdot (x\,\vec{e}_x + y\,\vec{e}_y + z\,\vec{e}_z) = -\frac{\gamma \cdot m}{r^3}\cdot\vec{r}$$

9.1.7 Die Divergenz eines Vektorfeldes

Gegeben sei ein über seinem Definitionsbereich stetig partiell differenzierbares Vektorfeld $\vec{W}(\vec{r})$. D.h. in

$$\vec{W}(\vec{r}) = \begin{pmatrix} W_x(\vec{r}) \\ W_y(\vec{r}) \\ W_z(\vec{r}) \end{pmatrix}$$

ist jede der Komponentenfunktionen stetig partiell differenzierbar. Dann nennt man die skalare Funktion

$$\boxed{\operatorname{div} \vec{W} = \frac{\partial W_x}{\partial x} + \frac{\partial W_y}{\partial y} + \frac{\partial W_z}{\partial z}} \qquad (9.9)$$

die **Divergenz des Vektorfeldes** $\vec{W}$.
Unter Verwendung des als vektorieller Differentialoperator eingeführten Gradienten kann div $\vec{W}$ auch formal als Skalarprodukt geschrieben werden:

$$\operatorname{div} \vec{W} = (\operatorname{grad} \cdot \vec{W}) = (\vec{\nabla} \cdot \vec{W})$$

Achtung: Dieses „Skalarprodukt" ist nicht kommutativ:

$$\vec{\nabla} \cdot \vec{W} \neq \vec{W} \cdot \vec{\nabla}$$

Die anschauliche Interpretation der Divergenz als lokale Ergiebigkeit der Quellen eines Vektorfeldes erfolgt mit Hilfe des Gaußschen Satzes (s.u.).

Regeln für die Berechnung der Divergenz

Es seien $\vec{W}(x, y, z)$ und $\vec{V}(x, y, z)$ differenzierbare Vektorfelder, $f(x, y, z)$ und $g(x, y, z)$ zweimal differenzierbare Skalarfelder und λ sei eine reelle Zahl. Dann gilt

- $\text{div}\ (\vec{W} + \vec{V}) = \text{div}\ \vec{W} + \text{div}\ \vec{V}$

- $\text{div}\ (\lambda \cdot \vec{W}) = \lambda \cdot \text{div}\ \vec{W}$

- $\text{div}\ (f \cdot \vec{W}) = f \cdot \text{div}\ \vec{W} + (\vec{W} \cdot \text{grad} f)$
  Denn es ist:

$$\text{div}\ (f \cdot \vec{W}) = \frac{\partial}{\partial x}(f \cdot W_x) + \frac{\partial}{\partial y}(f \cdot W_y) + \frac{\partial}{\partial z}(f \cdot W_z)$$

$$= f \cdot \text{div}\ \vec{W} + W_x \cdot \frac{\partial f}{\partial x} + W_y \cdot \frac{\partial f}{\partial y} + W_z \cdot \frac{\partial f}{\partial z}$$

$$= f \cdot \text{div}\ \vec{W} + \vec{W} \cdot \text{grad} f$$

- $\text{div}\ (\text{grad} f) = \frac{\partial^2 f}{\partial x^2} + \frac{\partial^2 f}{\partial y^2} + \frac{\partial^2 f}{\partial z^2} = \Delta f$

Der Differentialoperator

$$\Delta = \frac{\partial^2}{\partial x^2} + \frac{\partial^2}{\partial y^2} + \frac{\partial^2}{\partial z^2} \tag{9.10}$$

wird **Laplace-Operator** genannt.

- $\text{div}\ (f \cdot \text{grad} g - g \cdot \text{grad} f) = f \cdot \Delta g - g \cdot \Delta f$

Denn mit der dritten dieser Regeln gilt:

$$\text{div}\ (f \cdot \text{grad} g - g \cdot \text{grad} f) = f \cdot \Delta g + (\text{grad} g \cdot \text{grad} f) - g \cdot \Delta f - (\text{grad} f \cdot \text{grad} g)$$

Beispiel 9.4: ▬▬▬▬▬▬▬▬▬▬▬▬▬▬▬▬▬▬
Zur Berechnung der Divergenz

1. Es sei das Vektorfeld $\vec{W}(\vec{r}) = \vec{r} = x\vec{e}_x + y\vec{e}_y + z\vec{e}_z$ gegeben. Als seine Divergenz berechnet man:

$$\text{div}\ \vec{r} = \frac{\partial x}{\partial x} + \frac{\partial y}{\partial y} + \frac{\partial z}{\partial z} = 3$$

Den endlichen, hier konstanten Wert für div $\vec{W}$ interpretiert man als die **lokale Ergiebigkeit** bzw. die **Quelle des Feldes** (s. auch Kap.12).

2. Das Geschwindigkeitsfeld $\vec{v}$ einer gleichförmig rotierenden Flüssigkeit ist durch

$$\vec{v} = \vec{\omega} \times \vec{r} \qquad \text{mit} \qquad \vec{\omega} = \text{const.} = \begin{pmatrix} 0 \\ 0 \\ \omega_0 \end{pmatrix}$$

gegeben. Seine Divergenz verschwindet: Dieses Vektorfeld ist **quellenfrei**.

$$\text{div } \vec{v} = \vec{\nabla} \cdot (\vec{\omega} \times \vec{r})$$

$$= \begin{vmatrix} \dfrac{\partial}{\partial x} & \dfrac{\partial}{\partial y} & \dfrac{\partial}{\partial z} \\ 0 & 0 & \omega_0 \\ x & y & z \end{vmatrix}$$

$$= \frac{\partial}{\partial x} \cdot \begin{vmatrix} 0 & \omega_0 \\ y & z \end{vmatrix} + \frac{\partial}{\partial y} \cdot \begin{vmatrix} \omega_0 & 0 \\ z & x \end{vmatrix} + \frac{\partial}{\partial z} \cdot \begin{vmatrix} 0 & 0 \\ x & y \end{vmatrix}$$

$$= \frac{\partial(-\omega_0 y)}{\partial x} + \frac{\partial(\omega_0 x)}{\partial y}$$

$$= 0$$

3. Die Gravitationsfeldstärke $\vec{g}$ einer homogenen Kugel (Radius R, Masse M) ist gegeben als

$$\vec{g}(\vec{r}) = \begin{cases} -\dfrac{\gamma M}{R^3} \cdot \vec{r} & r < R \\[2ex] -\dfrac{\gamma M}{r^3} \cdot \vec{r} & r \geq R \end{cases}$$

(a) Innerhalb der Kugel gilt:

$$\text{div } \vec{g} = -\frac{\gamma M}{R^3} \cdot \text{div } \vec{r} = -\frac{3\gamma M}{R^3} = \text{const.}$$

$$\text{Mit} \qquad \rho = \frac{M}{\frac{4}{3}\pi R^3} \qquad \text{folgt} \qquad \text{div } \vec{g} = -4\pi\gamma\rho$$

Im Inneren der Kugel ist jeder Punkt eine Quelle des Gravitationsfeldes.

(b) Außerhalb der Kugel ist ihr Gravitationsfeld quellenfrei:

$$\text{div } \vec{g} = -\gamma M \left\{ \frac{1}{r^3} \cdot \text{div } \vec{r} + \vec{r} \cdot \text{grad}\left(\frac{1}{r^3}\right) \right\}$$

$$= -\gamma M \left\{ \frac{3}{r^3} - 3\frac{\vec{r} \cdot \vec{r}}{r^5} \right\}$$

$$= 0$$

9.1.8 Die Rotation eines Vektorfeldes

Gegeben sei ein über seinem Definitionsbereich $\mathbb{G}$ stetig partiell differenzierbares Vektorfeld $W(x, y, z)$. Dann nennt man die Vektorfunktion:

$$\text{rot } \vec{W} = \left(\frac{\partial W_z}{\partial y} - \frac{\partial W_y}{\partial z} \right) \cdot \vec{e}_x + \left(\frac{\partial W_x}{\partial z} - \frac{\partial W_z}{\partial x} \right) \cdot \vec{e}_y + \left(\frac{\partial W_y}{\partial x} - \frac{\partial W_x}{\partial y} \right) \cdot \vec{e}_z$$

$$(9.11)$$

die Rotation des Vektorfeldes $\vec{W}$.

Unter Verwendung des Nabla-Operators ist die Rotation des Vektorfeldes $\vec{W}$ formal auch als Vektorprodukt darstellbar:

$$\text{rot } \vec{W} = \vec{\nabla} \times \vec{W} = \begin{vmatrix} \vec{e}_x & \vec{e}_y & \vec{e}_z \\ \dfrac{\partial}{\partial x} & \dfrac{\partial}{\partial y} & \dfrac{\partial}{\partial z} \\ W_x & W_y & W_z \end{vmatrix}$$

(**Achtung: In dieser Definition dürfen die „Faktoren" nicht, auch nicht unter Vorzeichenwechsel, vertauscht werden!**)

Eine anschauliche Deutung der Rotation als lokale Wirbelstärke des Vektorfeldes ergibt sich aus dem Stokesschen Integralsatz (s.u.).

Regeln für die Berechnung der Rotation

1. $\quad \text{rot } (\vec{A} + \vec{B}) = \text{rot } \vec{A} + \text{rot } \vec{B}$

2. $\quad \text{rot } (\lambda \cdot \vec{A}) = \lambda \cdot \text{rot } \vec{A} \qquad (\lambda = \text{ reelle Zahl})$

3. $\phi(x, y, z)$ sei eine skalare Funktion und $\vec{A}(x, y, z)$ sei ein Vektorfeld und ϕ sowie $\vec{A}$ seien stetig partiell differenzierbar. Dann gilt:

$$\text{rot } (\phi \cdot \vec{A}) = \phi \cdot \text{rot } \vec{A} + (\text{grad } \phi \times \vec{A})$$

Denn für die x-Komponente gilt:

$$\left\{ \text{rot } (\phi \cdot \vec{A}) \right\}_x = \frac{\partial (\phi A_z)}{\partial y} - \frac{\partial (\phi A_y)}{\partial z}$$

$$= \phi \cdot \frac{\partial A_z}{\partial y} + A_z \cdot \frac{\partial \phi}{\partial y} - \left(\phi \cdot \frac{\partial A_y}{\partial z} + A_y \cdot \frac{\partial \phi}{\partial z} \right)$$

$$= \phi \cdot \left(\frac{\partial A_z}{\partial y} - \frac{\partial A_y}{\partial z} \right) + \left(\frac{\partial \phi}{\partial y} \cdot A_z - \frac{\partial \phi}{\partial z} \cdot A_y \right)$$

$$= \phi \cdot (\text{rot } \vec{A})_x + (\text{grad } \phi \times \vec{A})_x$$

Genauso läßt sich die Behauptung für die y- und die z-Komponente beweisen.

4. $\phi(x, y, z)$ sei ein mindestens zweimal stetig differenzierbares Skalarfeld. Dann gilt:

$$\text{rot } (\text{grad}\phi) = \vec{0}$$

$\|$ **Gradientenfelder sind wirbelfrei.** $\|$

Denn es gilt (wieder für die x-Komponente):

$$\{\text{rot } (\text{grad}\phi)\}_x = \frac{\partial}{\partial y}\left(\frac{\partial \phi}{\partial z}\right) - \frac{\partial}{\partial z}\left(\frac{\partial \phi}{\partial y}\right)$$

$$= \frac{\partial^2 \phi}{\partial y \partial z} - \frac{\partial^2 \phi}{\partial z \partial y}$$

$$= 0$$

Dazu gilt auch die Umkehrung:

$\|$ **Wenn ein Vektorfeld $\vec{A}(x, y, z)$ wirbelfrei ist,** $\|$
$\|$ **also** $\text{rot } \vec{A} = \vec{0}$ **gilt,** $\|$
$\|$ **gibt es eine skalare Funktion** $\phi(x, y, z)$ **mit** $\text{grad}\phi = \vec{A}$ **(s.u.).** $\|$

5. $\vec{A}(x, y, z)$ sei ein Vektorfeld, dessen Komponentenfunktionen A_x, A_y, A_z stetige zweite partielle Ableitungen besitzen. Dann gilt:

$$\text{div } (\text{rot } \vec{A}) = 0$$

$\|$ **Wirbelfelder sind quellenfrei.** $\|$

Denn es ist:

$$\text{div } (\text{rot } \vec{A}) = \frac{\partial}{\partial x}\left(\frac{\partial A_z}{\partial y} - \frac{\partial A_y}{\partial z}\right) + \frac{\partial}{\partial y}\left(\frac{\partial A_x}{\partial z} - \frac{\partial A_z}{\partial x}\right) + \frac{\partial}{\partial z}\left(\frac{\partial A_y}{\partial x} - \frac{\partial A_x}{\partial y}\right)$$

$$= \left(\frac{\partial^2 A_z}{\partial x \partial y} - \frac{\partial^2 A_z}{\partial y \partial x}\right) + \left(\frac{\partial^2 A_y}{\partial z \partial x} - \frac{\partial^2 A_y}{\partial x \partial z}\right) + \left(\frac{\partial^2 A_x}{\partial y \partial z} - \frac{\partial^2 A_x}{\partial z \partial y}\right)$$

$$= 0$$

Dazu gilt auch die Umkehrung:

$\|$ **Wenn ein Vektorfeld $\vec{B}(x, y, z)$ quellenfrei ist,** $\|$
$\|$ **also** $\text{div } \vec{B} = 0$ **gilt,** $\|$
$\|$ **gibt es eine anderes Vektorfeld** $\vec{A}(x, y, z)$ **mit** $\text{rot } \vec{A} = \vec{B}$ **(s.u.).** $\|$

6. ϕ sei eine skalare Funktion, die nur vom Betrag des Ortsvektors $|\vec{r}| = r$ abhängt. Dann gilt:

$$\text{rot}\,(\phi(r) \cdot \vec{r}) = \vec{0}$$

Denn es ist:

$$
\begin{aligned}
\text{rot}\,(\phi(r) \cdot \vec{r}) &= \phi(r) \cdot \text{rot}\,\vec{r} + \text{grad}\,\phi(r) \times \vec{r} \\[2mm]
&= \phi(r) \cdot \underbrace{\text{rot}\,\vec{r}}_{=\vec{0}} + \frac{d\phi}{dr} \cdot \underbrace{\frac{\vec{r}}{r} \times \vec{r}}_{=\vec{0}} \\[2mm]
&= \vec{0}
\end{aligned}
$$

7. Wenn das Vektorfeld $A(x, y, z)$ wieder mindestens zweimal stetig differenzierbare Komponentenfunktionen A_x, A_y, A_z besitzt, gilt:

$$\text{rot}\,(\text{rot}\,\vec{A}) = \text{grad}(\text{div}\,\vec{A}) - (\text{div}\,\text{grad})\vec{A}$$

Mit dem Entwicklungssatz von Graßmann (s.Kap.5) ergibt sich nämlich für das Doppelkreuzprodukt:

$$\vec{\nabla} \times (\vec{\nabla} \times \vec{A}) = \vec{\nabla} \cdot (\vec{\nabla} \cdot \vec{A}) - (\vec{\nabla} \cdot \vec{\nabla}) \cdot \vec{A}$$

Darin ist:

$$
\begin{aligned}
\vec{\nabla} \cdot (\vec{\nabla} \cdot \vec{A}) &= \text{grad}(\text{div}\,\vec{A}) \\[2mm]
&= \frac{\partial}{\partial x}\left(\frac{\partial A_x}{\partial x} + \frac{\partial A_y}{\partial y} + \frac{\partial A_z}{\partial z}\right) \cdot \vec{e}_x + \\[2mm]
&\quad \frac{\partial}{\partial y}\left(\frac{\partial A_x}{\partial x} + \frac{\partial A_y}{\partial y} + \frac{\partial A_z}{\partial z}\right) \cdot \vec{e}_y + \\[2mm]
&\quad \frac{\partial}{\partial z}\left(\frac{\partial A_x}{\partial x} + \frac{\partial A_y}{\partial y} + \frac{\partial A_z}{\partial z}\right) \cdot \vec{e}_z
\end{aligned}
$$

und

$$
\begin{aligned}
(\vec{\nabla} \cdot \vec{\nabla}) \cdot \vec{A} &= \Delta\,\vec{A} \\[2mm]
&= \left(\frac{\partial^2}{\partial x^2} + \frac{\partial^2}{\partial y^2} + \frac{\partial^2}{\partial z^2}\right)\vec{A} \\[2mm]
&= \Delta\,A_x \cdot \vec{e}_x + \Delta\,A_y \cdot \vec{e}_y + \Delta\,A_z \cdot \vec{e}_z
\end{aligned}
$$

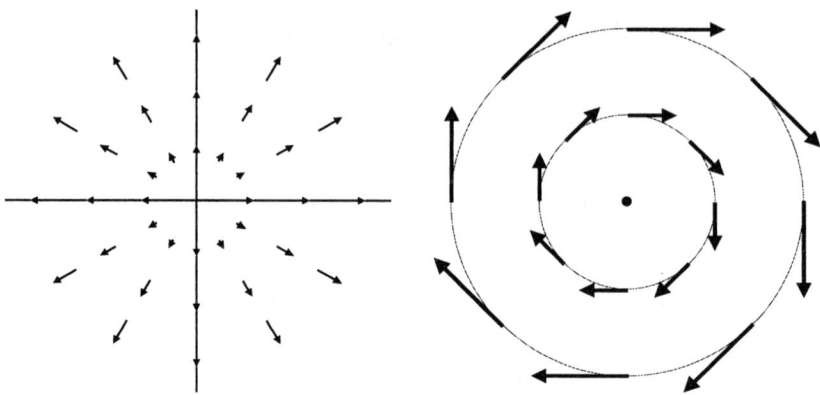

Abb. 9.3: Veranschaulichung der Grenzfälle eines reinen Quellenfeldes $\vec{A}(\vec{r}) = \vec{r}$ (linkes Bild) und eines reinen Wirbelfeldes $\vec{v} = \vec{\omega} \times \vec{r}$ (rechtes Bild)

Beispiel 9.5: ━━━━━━━━━━━━━━━━━━━━━━━━━━━━━━━
Zur Berechnung der Rotation

1. Das Vektorfeld $\vec{A}$ sei durch den Ortsvektor $\vec{r}$ gegeben:

$$\vec{A}(\vec{r}) = \vec{r} = x\,\vec{e}_x + y\,\vec{e}_y + z\,\vec{e}_z$$

Die Rotation dieses Vektorfeldes ist überall Null: Das Feld $\vec{A}$ ist **wirbelfrei**.

$$\Rightarrow \quad \operatorname{rot}\vec{r} = \begin{vmatrix} \vec{e}_x & \vec{e}_y & \vec{e}_z \\ \frac{\partial}{\partial x} & \frac{\partial}{\partial y} & \frac{\partial}{\partial z} \\ x & y & z \end{vmatrix} = \vec{0}$$

2. Das Geschwindigkeitsfeld $\vec{v}$ einer gleichförmig rotierenden Flüssigkeit ist dagegen ein Wirbelfeld mit konstanter Wirbelstärke.

$$\vec{v} = \vec{\omega} \times \vec{r} \quad \text{mit} \quad \vec{\omega} = \overrightarrow{\text{const.}} = \begin{pmatrix} 0 \\ 0 \\ \omega_0 \end{pmatrix}, \quad \text{d.h.} \quad \vec{v} = \begin{pmatrix} -\omega_0 y \\ \omega_0 x \\ 0 \end{pmatrix}$$

$$\Rightarrow \quad \operatorname{rot}\vec{v} = \begin{vmatrix} \vec{e}_x & \vec{e}_y & \vec{e}_z \\ \frac{\partial}{\partial x} & \frac{\partial}{\partial y} & \frac{\partial}{\partial z} \\ -\omega_0 y & \omega_0 x & 0 \end{vmatrix} = 2 \cdot \omega_0 \cdot \vec{e}_z$$

9.1.9 Zusammenstellung der Differentialoperationen

Es seien $\phi = \phi(x,y,z)$ und $\psi = \psi(x,y,z)$ als skalare und $\vec{A} = \vec{A}(x,y,z)$ sowie $\vec{B} = \vec{B}(x,y,z)$ als vektorielle Felder im dreidimensionalen Raum $\mathbb{R}^3$ definiert und dort mindestens zweimal stetig partiell nach allen Variablen differenzierbar.

$$\operatorname{grad}\phi = \vec{\nabla}\phi = \frac{\partial\phi}{\partial x}\cdot\vec{e_x} + \frac{\partial\phi}{\partial y}\cdot\vec{e_y} + \frac{\partial\phi}{\partial z}\cdot\vec{e_z} \quad \text{(Vektorfeld)}$$

$$\operatorname{div}\vec{A} = (\vec{\nabla}\cdot\vec{A}) = \frac{\partial A_x}{\partial x} + \frac{\partial A_y}{\partial y} + \frac{\partial A_z}{\partial z} \quad \text{(Skalarfeld)}$$

$$\operatorname{rot}\vec{A} = (\vec{\nabla}\times\vec{A}) = (\frac{\partial A_z}{\partial y} - \frac{\partial A_y}{\partial z})\cdot\vec{e_x} + (\frac{\partial A_x}{\partial z} - \frac{\partial A_z}{\partial x})\cdot\vec{e_y} + (\frac{\partial A_y}{\partial x} - \frac{\partial A_x}{\partial y})\cdot\vec{e_z}$$

$$\text{(Vektorfeld)}$$

Tabelle 9.1: Die wichtigsten Differentialoperationen

(1)	$\vec{\nabla}(\phi + \psi)$	$=$	$\vec{\nabla}\phi + \vec{\nabla}\psi$
(2)	$\vec{\nabla}\cdot(\vec{A}+\vec{B})$	$=$	$\vec{\nabla}\cdot\vec{A} + \vec{\nabla}\cdot\vec{B}$
(3)	$\vec{\nabla}\times(\vec{A}+\vec{B})$	$=$	$\vec{\nabla}\times\vec{A} + \vec{\nabla}\times\vec{B}$
(4)	$\vec{\nabla}\cdot(\phi\vec{A})$	$=$	$(\vec{\nabla}\phi)\cdot\vec{A} + \phi(\vec{\nabla}\cdot\vec{A})$
(5)	$\vec{\nabla}\times(\phi\vec{A})$	$=$	$(\vec{\nabla}\phi)\times\vec{A} + \phi(\vec{\nabla}\times\vec{A})$
(6)	$\vec{\nabla}\cdot(\vec{A}\times\vec{B})$	$=$	$\vec{B}\cdot(\vec{\nabla}\times\vec{A}) - \vec{A}\cdot(\vec{\nabla}\times\vec{B})$
(7)	$\vec{\nabla}\times(\vec{A}\times\vec{B})$	$=$	$(\vec{B}\cdot\vec{\nabla})\cdot\vec{A} - \vec{B}\cdot(\vec{\nabla}\cdot\vec{A}) - (\vec{A}\cdot\vec{\nabla})\cdot\vec{B} + \vec{A}\cdot(\vec{\nabla}\cdot\vec{B})$
(8)	$\vec{\nabla}(\vec{A}\cdot\vec{B})$	$=$	$(\vec{B}\cdot\vec{\nabla})\cdot\vec{A} + (\vec{A}\cdot\vec{\nabla})\cdot\vec{B} + \vec{B}\times(\vec{\nabla}\times\vec{A})$
			$+\vec{A}\times(\vec{\nabla}\times\vec{B})$
(9)	$\vec{\nabla}\cdot(\vec{\nabla}\phi)$	$=$	$\Delta\phi$ $\quad$ (Laplace $-$ Operator)
(10)	$\vec{\nabla}\times(\vec{\nabla}\phi)$	$=$	0
(11)	$\vec{\nabla}\cdot(\vec{\nabla}\times\vec{A})$	$=$	0
(12)	$\Delta\vec{A}$	$=$	$\vec{\nabla}(\vec{\nabla}\cdot\vec{A}) - \vec{\nabla}\times(\vec{\nabla}\times\vec{A})$

Kapitel 10

Krummlinige orthogonale Koordinatensysteme II

In Kapitel 5 werden krummlinige orthogonale Koordinatensysteme eingeführt. Grundbegriffe wie Koordinatenlinien, Koordinatenflächen, Basisvektoren, deren Berechnung und Verwendung zur Darstellung von Vektoren sind dort definiert und werden am Zylinder- und Kugelkoordinatensystem demonstriert. Die Zusammenhänge zwischen diesen und dem kartesischen Koordinatensystem sind in Tabelle 10.1 nochmals aufgeführt.

Tabelle 10.1: Übersicht über die Transformationsfunktionen

	Kartesische Koordinaten	Zylinderkoordinaten	Kugelkoordinaten
Kartesische Koordinaten		$\rho = \sqrt{x^2 + y^2}$ $\phi = \arctan \dfrac{y}{x}$ $z = z$	$r = \sqrt{x^2 + y^2 + z^2}$ $\theta = \arctan \dfrac{\sqrt{x^2 + y^2}}{z}$ $\phi = \arctan \dfrac{y}{x}$
Zylinderkoordinaten	$x = \rho \cdot \cos \phi$ $y = \rho \cdot \sin \phi$ $z = z$		$r = \sqrt{\rho^2 + z^2}$ $\theta = \arctan \dfrac{\rho}{z}$ $\phi = \phi$
Kugelkoordinaten	$x = r \cdot \sin \theta \cos \phi$ $y = r \cdot \sin \theta \sin \phi$ $z = r \cdot \cos \theta$	$\rho = r \cdot \sin \theta$ $\phi = \phi$ $z = r \cdot \cos \theta$	

10.1 Linien-, Flächen- und Volumenelement

Gegeben sei ein beliebiges orthogonales Koordinatensystem mit den Koordinaten

$$u \, , \, v \, , \, w$$

Die Basisvektoren berechnen sich aus dem Ortsvektor

$$\vec{r} = \vec{r}(u, v, w)$$

als Tangenteneinheitsvektoren an die Koordinatenlinien:

$$\vec{e}_u = \frac{1}{h_u} \cdot \frac{\partial \vec{r}}{\partial u} \quad \text{mit} \quad h_u = \left| \frac{\partial \vec{r}}{\partial u} \right|$$

$$\vec{e}_v = \frac{1}{h_v} \cdot \frac{\partial \vec{r}}{\partial v} \quad \text{mit} \quad h_v = \left| \frac{\partial \vec{r}}{\partial v} \right|$$

$$\vec{e}_w = \frac{1}{h_w} \cdot \frac{\partial \vec{r}}{\partial w} \quad \text{mit} \quad h_w = \left| \frac{\partial \vec{r}}{\partial w} \right|$$

10.1.1 Das Linienelement

Das totale Differential der Funktion $\vec{r}(u, v, w)$ lautet

$$d\vec{r} = \frac{\partial \vec{r}}{\partial u} \cdot du + \frac{\partial \vec{r}}{\partial v} \cdot dv + \frac{\partial \vec{r}}{\partial w} \cdot dw$$

$$= h_u \cdot du \cdot \vec{e}_u + h_v \cdot dv \cdot \vec{e}_v + h_w \cdot dw \cdot \vec{e}_w$$

Sein Betrag $|d\vec{r}|$ heißt **Bogenlängendifferential** ds:

$$ds^2 = (d\vec{r} \cdot d\vec{r}) = h_u^2 \cdot du^2 + h_v^2 \cdot dv^2 + h_w^2 \cdot dw^2$$

$$\Rightarrow \quad ds = +\sqrt{h_u^2 \cdot du^2 + h_v^2 \cdot dv^2 + h_w^2 \cdot dw^2}$$

Linienelement in orthogonalen u,v,w-Koordinaten.

Speziell gilt:

1. in kartesischen Koordinaten:

$$u = x \qquad h_u = 1$$
$$v = y \qquad h_v = 1$$
$$w = z \qquad h_w = 1$$

$$\Rightarrow \quad d\,s = +\sqrt{dx^2 + dy^2 + dz^2}$$

2. in Zylinderkoordinaten:

$$u = \rho \qquad h_u = 1$$
$$v = \phi \qquad h_v = \rho$$
$$w = z \qquad h_w = 1$$

$$\Rightarrow \quad d\,s = +\sqrt{d\rho^2 + \rho^2 d\phi^2 + dz^2}$$

3. in sphärischen Polarkoordinaten:

$$u = r \qquad h_u = 1$$
$$v = \theta \qquad h_v = r$$
$$w = \phi \qquad h_w = r \cdot \sin\theta$$

$$\Rightarrow \quad d\,s = +\sqrt{dr^2 + r^2 d\theta^2 + r^2 \sin^2\theta d\phi^2}$$

10.1.2 Das Flächenelement

Auf den Koordinatenlinien gilt für die Linienelemente insbesondere:

$$\vec{r}_u \;=\; \vec{r}(u, v = \text{const.}, w = \text{const.})$$

$$d\vec{r}_u \;=\; \frac{\partial \vec{r}}{\partial u} \cdot du$$

$$=\; h_u \cdot du \cdot \vec{e}_u$$

$$d\,s_u \;=\; h_u \cdot du$$

Analog ergibt sich für das Linienelement auf den beiden anderen Koordinatenlinien:

$$d\,s_v = h_v \cdot dv \qquad \text{und} \qquad d\,s_w = h_w \cdot dw$$

Das **Flächenelement** auf der Koordinatenfläche $w = \text{const.}$ berechnet sich daraus als Vektorprodukt:

$$d\vec{r}_u \times d\vec{r}_v \;=\; h_u h_v \cdot du \cdot dv [\vec{e}_u \times \vec{e}_v]$$

$$=\; h_u h_v \cdot du \cdot dv \cdot \vec{e}_w$$

Es hat die Richtung der Normalen auf dieser Fläche.
Analog sind die Flächenelemente auf den anderen Koordinatenflächen definiert.

Beispiel 10.1:
Das Flächenelement auf der Koordinatenfläche $r =$ const. **in Kugelkoordinaten**

$$d\vec{F}_r \;=\; d\vec{r}_\theta \times d\vec{r}_\phi$$

$$\;=\; h_\theta h_\phi \cdot d\theta \cdot d\phi \cdot \vec{e}_r$$

Mit $\quad h_\theta = r \quad$ und $\quad h_\phi = r\sin\theta \quad$ folgt

$$d\vec{F}_r \;=\; r^2 \cdot \sin\theta \cdot d\theta \cdot d\phi \cdot \vec{e}_r$$

10.1.3 Das Volumenelement

In den krummlinigen orthogonalen Koordinaten u,v,w ergibt das Spatprodukt der Differentiale der drei Koordinatenlinien das Volumenelment $d\tau$ (s. Abb.10.1).

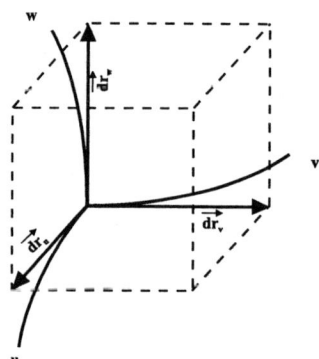

Abb. 10.1: Das Volumenelement

$$d\tau \;=\; d\vec{r}_u \cdot [d\vec{r}_v \times d\vec{r}_w]$$

$$\;=\; h_u h_v h_w \cdot du \cdot dv \cdot dw \underbrace{\vec{e}_u \cdot [\vec{e}_v \times \vec{e}_w]}_{=1}$$

$$d\tau \;=\; h_u h_v h_w \cdot du \cdot dv \cdot dw$$

Beispiel 10.2: ━━━━━━━━━━━━━━━━━━━━━━━━━━━━━━━━
In Kugelkoordinaten lautet das Volumenelement:

$$d\tau = r^2 \cdot \sin\theta \cdot dr \cdot d\theta \cdot d\phi$$

$$\text{wegen} \quad h_r = 1 \quad h_\theta = r \quad h_\phi = r\sin\theta$$

10.2 Die Differentialoperatoren grad, div, rot und der Laplace-Operator

Die Koordinaten seien u,v,w und ihre Basisvektoren lauten:

$$\vec{e}_u = \frac{1}{h_u}\frac{\partial\vec{r}(u,v,w)}{\partial u} \qquad \vec{e}_v = \frac{1}{h_v}\frac{\partial\vec{r}(u,v,w)}{\partial v} \qquad \vec{e}_w = \frac{1}{h_w}\frac{\partial\vec{r}(u,v,w)}{\partial w}$$

10.2.1 Der Gradient

$\phi(u,v,w)$ sei eine über ihrem Definitionsbereich stetig partiell differenzierbare, skalare Funktion. Die Vektorfunktion grad ϕ lautet in Komponenten:

$$\vec{\nabla}\phi = f_u \cdot \vec{e}_u + f_v \cdot \vec{e}_v + f_w \cdot \vec{e}_w$$

Aus $\vec{r} = \vec{r}(u,v,w)$ folgt

$$d\vec{r} = \frac{\partial\vec{r}}{\partial u}du + \frac{\partial\vec{r}}{\partial v}dv + \frac{\partial\vec{r}}{\partial w}dw$$

$$= h_u \cdot du \cdot \vec{e}_u + h_v \cdot dv \cdot \vec{e}_v + h_w \cdot dw \cdot \vec{e}_w$$

Das vollständige Differential der Funktion $\phi(u,v,w)$ schreibt sich nun einerseits

$$d\phi = (\vec{\nabla}\phi \cdot d\vec{r}) = h_u\,f_u\,du + h_v\,f_v\,dv + h_w\,f_w\,dw$$

und andererseits

$$d\phi = \frac{\partial\phi}{\partial u}\,du + \frac{\partial\phi}{\partial v}\,dv + \frac{\partial\phi}{\partial w}\,dw$$

Ein Koeffizientenvergleich führt zu:

$$\boxed{\vec{\nabla}\,\phi(u,v,w) = \frac{1}{h_u} \cdot \frac{\partial\phi}{\partial u} \cdot \vec{e}_u + \frac{1}{h_v} \cdot \frac{\partial\phi}{\partial v} \cdot \vec{e}_v + \frac{1}{h_w} \cdot \frac{\partial\phi}{\partial w} \cdot \vec{e}_w}$$

(10.1)

Ein anderer Zugang zur Darstellung des Vektorfeldes grad Φ in beliebigen, orthogonalen Koordinaten u,v,w ist:

$$\operatorname{grad} \Phi(x,y,z) = \frac{\partial \Phi}{\partial x} \cdot \vec{e}_x + \frac{\partial \Phi}{\partial y} \cdot \vec{e}_y + \frac{\partial \Phi}{\partial z} \cdot \vec{e}_z$$

Es gelten die eindeutig umkehrbaren Abhängigkeiten zwischen den Variablen x,y,z und u,v,w:

$$x(u,v,w) \quad y(u,v,w) \quad z(u,v,w) \quad \Longleftrightarrow \quad u(x,y,z) \quad v(x,y,z) \quad w(x,y,z)$$

Der Basisvektor $\vec{e}_u$ ist definiert als Tangenteneinheitsvektor der u-Koordinatenlinie:

$$\vec{e}_u = \frac{d\vec{r}}{du} \cdot \frac{1}{\left|\frac{d\vec{r}}{du}\right|} = \frac{1}{h_u} \left(\frac{\partial x}{\partial u} \cdot \vec{e}_x + \frac{\partial y}{\partial u} \cdot \vec{e}_y + \frac{\partial z}{\partial u} \cdot \vec{e}_z \right)$$

Mit dem Skalarprodukt des Vektors grad Φ mit $\vec{e}_u$ erhält man unter Beachtung der Kettenregel (9.2) die u-Komponente von grad Φ:

$$(\operatorname{grad} \Phi \cdot \vec{e}_u) = \frac{1}{h_u} \cdot \left(\frac{\partial \Phi}{\partial x} \frac{\partial x}{\partial u} + \frac{\partial \Phi}{\partial y} \frac{\partial y}{\partial u} + \frac{\partial \Phi}{\partial z} \frac{\partial z}{\partial u} \right)$$

$$(\operatorname{grad} \Phi)_u = \frac{1}{h_u} \cdot \frac{\partial \Phi}{\partial u}$$

Genauso berechnen sich die Komponenten in v- und w-Richtung.

10.2.2   Die Divergenz

$\vec{E}(u,v,w)$ sei eine über ihrem Definitionsbereich in allen ihren drei Komponentenfunktionen stetig partiell differenzierbare Vektorfunktion. Dann lautet

$$\operatorname{div} \vec{E} \equiv \vec{\nabla} \cdot \vec{E}$$

$$= \vec{\nabla} \cdot (E_u \, \vec{e}_u) + \vec{\nabla} \cdot (E_v \, \vec{e}_v) + \vec{\nabla} \cdot (E_w \, \vec{e}_w)$$

$$\text{(vergl. (2) in Tabelle 9.1)}$$

Für die skalare Funktion $\phi(u,v,w) = u$ gilt:

$$\vec{\nabla}\phi = \vec{\nabla}u$$

$$= \frac{1}{h_u} \cdot \frac{\partial u}{\partial u} \cdot \vec{e}_u + \frac{1}{h_v} \cdot \frac{\partial u}{\partial v} \cdot \vec{e}_v + \frac{1}{h_w} \cdot \frac{\partial u}{\partial w} \cdot \vec{e}_w$$

$$= \frac{1}{h_u} \cdot \vec{e}_u$$

$$\text{Es folgt}: \quad \vec{e}_u = h_u \cdot \vec{\nabla} u$$

$$\vec{e}_v = h_v \cdot \vec{\nabla} v$$

$$\vec{e}_w = h_w \cdot \vec{\nabla} w \qquad \text{und}$$

$$\Rightarrow \quad \vec{e}_u = \vec{e}_v \times \vec{e}_w$$

$$= h_v \cdot h_w (\vec{\nabla} v \times \vec{\nabla} w)$$

(Die Basis ist orthogonal und rechtshändig!)

Die Divergenz des Vektorfeldes $E_u \vec{e}_u$, der u-Komponente von $\vec{E}$, berechnet sich zu:

$$\vec{\nabla} \cdot (E_u \vec{e}_u) = \vec{\nabla} \cdot \{\underbrace{(h_v h_w E_u)}_{\text{Skalar}} \cdot \underbrace{(\vec{\nabla} v \times \vec{\nabla} w)}_{\text{Vektor}}\}$$

$$= (h_v h_w E_u) \vec{\nabla} \cdot (\vec{\nabla} v \times \vec{\nabla} w) + (\vec{\nabla} v \times \vec{\nabla} w) \cdot \vec{\nabla}(h_v h_w E_u)$$

(vergl.(4) in Tabelle 9.1)

Im ersten Term ist

$$\text{div}\,(\vec{\nabla} v \times \vec{\nabla} w) = \vec{\nabla} w \cdot \underbrace{\text{rot}\,(\text{grad}\,v)}_{=\vec{0}} - \vec{\nabla} v \cdot \underbrace{\text{rot}\,(\text{grad}\,w)}_{=\vec{0}}$$

(vergl.(6) und (10) in Tabelle 9.1)

Damit gilt wegen

$$\vec{e}_u \cdot \vec{\nabla} \phi(u,v,w) = \frac{1}{h_u} \cdot \frac{\partial \phi}{\partial u}$$

für die u-Komponente des Vektorfeldes $\vec{E}$:

$$\vec{\nabla}(E_u \vec{e}_u) = (\vec{\nabla} v \times \vec{\nabla} w) \cdot \vec{\nabla}(h_v h_w E_u)$$

$$= \frac{1}{h_u h_v h_w} \cdot \frac{\partial}{\partial u}(h_v h_w E_u)$$

Zusammen mit den entsprechenden Ergebnissen für die v- und w-Komponenten lautet die Divergenz des E-Feldes:

$$\text{div}\,\vec{E}(u,v,w) = \frac{1}{h_u h_v h_w}\left\{\frac{\partial}{\partial u}(h_v h_w E_u) + \frac{\partial}{\partial v}(h_w h_u E_v) + \frac{\partial}{\partial w}(h_u h_v E_w)\right\}$$

(10.2)

10.2.3 Die Rotation

$\vec{B}(u, v, w)$ sei eine über ihrem Definitionsbereich in allen ihren drei Komponenten-funktionen stetig partiell differenzierbare Vektorfunktion. Dann lautet

$$\text{rot } \vec{B} \equiv \vec{\nabla} \times \vec{B}$$

$$= \vec{\nabla} \times (B_u \, \vec{e}_u) + \vec{\nabla} \times (B_v \, \vec{e}_v) + \vec{\nabla} \times (B_w \, \vec{e}_w)$$

(vergl.(3) in Tabelle 9.1)

Für den ersten der drei Summanden gilt:

$$\vec{\nabla} \times (B_u \vec{e}_u) = \vec{\nabla} \times (h_u B_u \cdot \vec{\nabla} u)$$

$$= h_u B_u \underbrace{(\vec{\nabla} \times \vec{\nabla} u)}_{\text{rot}(\text{grad}\,u)=0} - \vec{\nabla} u \times \vec{\nabla}(h_u B_u)$$

$$= + \vec{\nabla}(h_u B_u) \times \vec{\nabla} u$$

$$= \left\{ \frac{\vec{e}_u}{h_u} \frac{\partial}{\partial u}(h_u B_u) + \frac{\vec{e}_v}{h_v} \frac{\partial}{\partial v}(h_u B_u) + \frac{\vec{e}_w}{h_w} \frac{\partial}{\partial w}(h_u B_u) \right\} \times \frac{\vec{e}_u}{h_u}$$

$$= -\frac{1}{h_u \, h_v} \frac{\partial}{\partial v}(h_u B_u) \, \vec{e}_w + \frac{1}{h_u \, h_w} \frac{\partial}{\partial w}(h_u B_u) \, \vec{e}_v$$

Das läßt sich als Determinante schreiben:

$$\vec{\nabla} \times (B_u \vec{e}_u) = \frac{1}{h_u h_v h_w} \cdot \begin{vmatrix} h_u \vec{e}_u & h_v \vec{e}_v & h_w \vec{e}_w \\ \dfrac{\partial}{\partial u} & \dfrac{\partial}{\partial v} & \dfrac{\partial}{\partial w} \\ h_u B_u & 0 & 0 \end{vmatrix}$$

Entsprechend erhält man für die beiden anderen Summanden:

$$\vec{\nabla} \times (B_v \vec{e}_v) = \frac{1}{h_u h_v h_w} \cdot \begin{vmatrix} h_u \vec{e}_u & h_v \vec{e}_v & h_w \vec{e}_w \\ \dfrac{\partial}{\partial u} & \dfrac{\partial}{\partial v} & \dfrac{\partial}{\partial w} \\ 0 & h_v B_v & 0 \end{vmatrix}$$

und

$$\vec{\nabla} \times (B_w \vec{e}_w) = \frac{1}{h_u h_v h_w} \cdot \begin{vmatrix} h_u \vec{e}_u & h_v \vec{e}_v & h_w \vec{e}_w \\ \dfrac{\partial}{\partial u} & \dfrac{\partial}{\partial v} & \dfrac{\partial}{\partial w} \\ 0 & 0 & h_w B_w \end{vmatrix}$$

Durch Addition dieser drei Beziehungen erhält man schließlich

$$\operatorname{rot}\vec{B}(u,v,w) = \frac{1}{h_u h_v h_w} \cdot \begin{vmatrix} h_u \vec{e}_u & h_v \vec{e}_v & h_w \vec{e}_w \\ \dfrac{\partial}{\partial u} & \dfrac{\partial}{\partial v} & \dfrac{\partial}{\partial w} \\ h_u B_u & h_v B_v & h_w B_w \end{vmatrix} \tag{10.3}$$

10.2.4 Der Laplace-Operator

Für eine über ihrem Definitionsbereich zweimal stetig partiell differenzierbare skalare Funktion $\phi(u,v,w)$ berechnet sich

$$\Delta \phi = \operatorname{div}(\operatorname{grad}\phi)$$

durch Anwendung der Operation div (10.3) auf den Gradienten des Skalarfeldes ϕ (10.1):

$$\vec{\nabla} \cdot (\vec{\nabla}\,\phi(u,v,w)) = \vec{\nabla} \cdot \left(\frac{1}{h_u}\frac{\partial\phi}{\partial u} + \frac{1}{h_v}\frac{\partial\phi}{\partial v} + \frac{1}{h_w}\frac{\partial\phi}{\partial w} \right)$$

$$\Delta\phi = \frac{1}{h_u h_v h_w} \cdot \left\{ \frac{\partial}{\partial u}\left(\frac{h_v h_w}{h_u}\frac{\partial\phi}{\partial u} \right) + \frac{\partial}{\partial v}\left(\frac{h_w h_u}{h_v}\frac{\partial\phi}{\partial v} \right) + \frac{\partial}{\partial w}\left(\frac{h_u h_v}{h_w}\frac{\partial\phi}{\partial w} \right) \right\}$$

$$\tag{10.4}$$

10.2.5 Die Differentialoperationen in speziellen krummlinigen Koordinatensystemen

---

Zylinderkoordinaten ρ, ϕ, z mit

$$h_\rho = 1 \qquad h_\phi = \rho \qquad h_z = 1$$

$$\text{grad } \Psi \;=\; \frac{\partial \Psi}{\partial \rho} \cdot \vec{e}_\rho + \frac{1}{\rho}\frac{\partial \Psi}{\partial \phi} \cdot \vec{e}_\phi + \frac{\partial \Psi}{\partial z} \cdot \vec{e}_z$$

$$\text{div } \vec{E} \;=\; \frac{1}{\rho}\left\{ \frac{\partial}{\partial \rho}(\rho E_\rho) + \frac{\partial}{\partial \phi}(E_\phi) + \frac{\partial}{\partial z}(\rho E_z)\right\}$$

$$\text{rot } \vec{B} \;=\; \frac{1}{\rho}\cdot \begin{vmatrix} \vec{e}_\rho & \rho\vec{e}_\phi & \vec{e}_z \\ \frac{\partial}{\partial \rho} & \frac{\partial}{\partial \phi} & \frac{\partial}{\partial z} \\ B_\rho & \rho B_\phi & B_z \end{vmatrix}$$

$$\Delta\, \Psi \;=\; \frac{1}{\rho}\frac{\partial}{\partial \rho}\left(\rho\frac{\partial \Psi}{\partial \rho}\right) + \frac{1}{\rho^2}\frac{\partial^2 \Psi}{\partial \phi^2} + \frac{\partial^2 \Psi}{\partial z^2}$$

Sphärische Polarkoordinaten (Kugelkoordinaten) r, θ, ϕ mit

$$h_r = 1 \qquad h_\theta = r \qquad h_\phi = r \cdot \sin\theta$$

$$\text{grad } \Psi \;=\; \frac{\partial \Psi}{\partial r} \cdot \vec{e}_r + \frac{1}{r}\frac{\partial \Psi}{\partial \theta} \cdot \vec{e}_\theta + \frac{1}{r \cdot \sin\theta}\frac{\partial \Psi}{\partial \phi} \cdot \vec{e}_\phi$$

$$\text{div } \vec{E} \;=\; \frac{1}{r^2 \sin\theta}\left\{ \frac{\partial}{\partial r}(r^2 \sin\theta E_r) + \frac{\partial}{\partial \theta}(r \sin\theta\, E_\theta) + \frac{\partial}{\partial \phi}(r \cdot E_\phi)\right\}$$

$$\text{rot } \vec{B} \;=\; \frac{1}{r^2 \sin\theta}\cdot \begin{vmatrix} \vec{e}_r & r \cdot \vec{e}_\theta & r \cdot \sin\theta\vec{e}_\phi \\ \frac{\partial}{\partial r} & \frac{\partial}{\partial \theta} & \frac{\partial}{\partial \phi} \\ B_r & r \cdot B_\theta & r \cdot \sin\theta B_\phi \end{vmatrix}$$

$$\Delta\, \Psi \;=\; \frac{1}{r^2 \sin\theta}\left\{ \sin\theta\frac{\partial}{\partial r}\left(r^2\frac{\partial \Psi}{\partial r}\right) + \frac{\partial}{\partial \theta}\left(\sin\theta\frac{\partial \Psi}{\partial \theta}\right) + \frac{1}{\sin\theta}\frac{\partial^2 \Psi}{\partial \phi^2}\right\}$$

Kapitel 11

Integrationen im $\mathbb{R}^3$

Aus zahlreichen physikalischen Fragestellungen ergeben sich Integrationen mehrdimensionaler Funktionen: Die Berechnung der Länge einer Bahnkurve, der Arbeit längs eines Weges, des magnetischen Kraftflusses in der Umgebung elektrischer Ströme gehören dazu wie die Ermittlung des Massenmittelpunktes eines ausgedehnten Körpers oder seines Trägheitsmomentes bezüglich einer Drehachse. Verfahren zur Ausführung von Linien-, Flächen- und Volumenintegralen werden hier anhand konkreter Aufgaben vorgestellt.

11.1 Kurvenintegrale

11.1.1 Erklärung des Kurvenintegrals

Die Berechnung der mechanischen Arbeit, die aufgebracht werden muß, um einen Körper in einem Kraftfeld von einem Anfangspunkt zu einem Endpunkt zu bringen, läßt sich in folgender Weise durchführen:

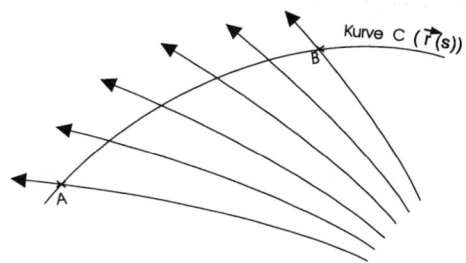

Kurve C ($\vec{r}(s)$)

B

A

Abb. 11.1: Das Vektorfeld $\vec{F}$

Gegeben sei ein Vektorfeld $\vec{F}(\vec{r})$, das über seinem Definitionsbereich $G \subset \mathbf{R}^3$ stetig sei. D. h. zu jedem, durch den Ortsvektor $\vec{r}$ adressierbaren Punkt $\vec{r} \in G$ gebe es einen Wert des Vektors $\vec{F}$. Gegeben sei weiterhin eine glatte, d. h. stetig differenzierbare Raumkurve C, die ganz in G verläuft, dargestellt durch $\vec{r}(s)$. (s. Abb. 11.1 sowie auch Kap. 7)

Zerlegt man nun die Kurve C zwischen dem Anfangspunkt $A(\vec{r}_A)$ und dem Endpunkt $B(\vec{r}_B)$ durch die Angabe von n Punkten auf der Kurve mit den Ortsvektoren

$$\vec{r}_0 = \vec{r}_A, \quad \vec{r}_1, \quad \vec{r}_2, \cdots \vec{r}_n = \vec{r}_B$$

so wird die Kurve zwischen den Punkten A und B näherungsweise wiedergegeben durch die Folge der aneinandergereihten Sehnenvektoren

$$\Delta \vec{r}_i = \vec{r}_i - \vec{r}_{i-1}$$

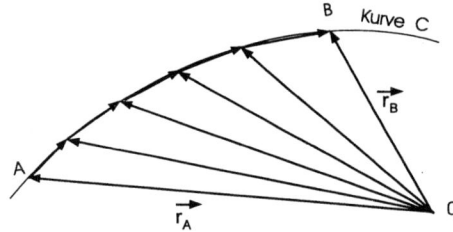

Abb. 11.2: Zerlegung der Kurve C

Es werde nun in jedem Intervall ein Zwischenpunkt mit dem Ortsvektor $\vec{r}_i^*$ gewählt. Das Skalarprodukt

$$\Delta W_i = (\vec{F}(\vec{r}_i^*) \cdot \Delta \vec{r}_i)$$

gibt dann, wenn man das Vektorfeld $\vec{F}$ als Kraftfeld und die Kurve C als Weg eines Massenpunktes deutet, die Arbeit an, die erforderlich ist, den Massenpunkt über das Wegstück $\Delta \vec{r}_i$ zu bewegen. $\vec{F}(\vec{r}_i^*)$ ist die mittlere, konstant angenommene Kraft auf diesem Wegstück. Die Arbeit W, die aufzubringen ist, den Massenpunkt über den gesamten Weg von A nach B zu bewegen, ist dann näherungsweise:

$$W \approx \sum_{i=1}^{n} \Delta W_i = \sum_{i=1}^{n} (\vec{F}(\vec{r}_i^*) \cdot \Delta \vec{r}_i)$$

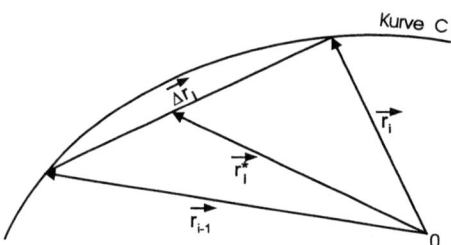

Abb. 11.3: Details zum Zwischenpunkt $\vec{r}_i^*$

Wie bei der Definition des *Riemannschen Integrals* im $\mathbb{R}^1$ (s. Kap. 2) kann nun die Zerlegung der Kurve C verfeinert werden, so daß die Intervallänge gegen Null geht:

$$\lim_{n \to \infty} |\Delta r_i|_{max} = 0$$

Der so definierbare Grenzwert

$$W = \lim_{n \to \infty} \sum_{i=1}^{n} (\vec{F}(\vec{r}_i^*) \cdot \Delta \vec{r}_i) = \int_{\vec{r}_A}^{\vec{r}_B} \vec{F} \, d\vec{r}$$

heißt das **Kurvenintegral (Linien-, Wegintegral)** über das Vektorfeld $\vec{F}(\vec{r})$ längs des Weges C von A bis B, wenn er für alle möglichen Verfeinerungen der Zerlegung von C existiert und von der Art der Zerlegung unabhängig ist.

Bemerkung zur Integrierbarkeit: Ist $\vec{F}(\vec{r})$ über der Kurve C stetig und C eine stetig differenzierbare, d.h. glatte Kurve, dann existiert das Kurvenintegral

$$\int_C (\vec{F} \cdot d\vec{r})$$

(Näheres dazu z.B. in [3])

11.1.2   Regeln zur Berechnung von Kurvenintegralen

1. Sind A und B zwei Punkte auf der Kurve C und X ein beliebiger Punkt zwischen A und B auf C, so gilt:

$$\int_A^B \vec{F} \cdot d\vec{r} = \int_A^X \vec{F} \cdot d\vec{r} + \int_X^B \vec{F} \cdot d\vec{r} \qquad (11.1)$$

2. Weiterhin gilt, falls Hinweg $A \to B$ und Rückweg $B \to A$ auf derselben Kurve C erfolgen:

$$\int_A^B \vec{F} \cdot d\vec{r} = - \int_B^A \vec{F} \cdot d\vec{r} \qquad (11.2)$$

3. Sind $\vec{F}$ und $\vec{G}$ zwei verschiedene, über derselben Kurve C definierte und dort integrierbare Vektorfelder, so ist

$$\int_C (\vec{F} + \vec{G}) \cdot d\vec{r} = \int_C \vec{F} \cdot d\vec{r} + \int_C \vec{G} \cdot d\vec{r} \qquad (11.3)$$

4. Mit einer skalaren Konstanten $\lambda \in \mathbb{R}$ gilt:

$$\int_C (\lambda \cdot \vec{F}) \cdot d\vec{r} = \lambda \cdot \int_C \vec{F} \cdot d\vec{r} \qquad (11.4)$$

5. Für die praktische Berechnung eines Kurvenintegrals besonders wichtig: Ist der Weg C in einer Parameterdarstellung (s. Kap. 7)

$$\vec{r} = \vec{r}(s) = x(s) \cdot \vec{e}_x + y(s) \cdot \vec{e}_y + z(s) \cdot \vec{e}_z$$

gegeben, so folgt:

$$d\vec{r} = \frac{d\vec{r}}{ds} \cdot ds = \left(\frac{dx}{ds}\vec{e}_x + \frac{dy}{ds}\vec{e}_y + \frac{dz}{ds}\vec{e}_z \right) \cdot ds$$

und für das Kurvenintegral gilt:

$$\int\limits_{\vec{r}_A(s_A)}^{\vec{r}_B(s_B)} \vec{F}(\vec{r}(s)) \cdot d\vec{r} = \int\limits_{s_A}^{s_B} \vec{F}(\vec{r}(s)) \cdot \frac{d\vec{r}}{ds} \cdot ds \tag{11.5}$$

11.1.3 Beispiele zur Wegabhängigkeit

Für physikalische Anwendungen von besonderer Bedeutung ist die Frage, ob die beim Transport einer Masse durch ein Kraftfeld zwischen zwei Punkten A und B verrichtete Arbeit von der Wahl des Weges abhängt. Die beiden folgenden Beispiele demonstrieren einerseits die Technik der Berechnung von Wegintegralen, durch die besondere Wahl der Kraftfelder zugleich aber auch deren (Un-)Abhängigkeit vom Integrationsweg.

Beispiel 11.1: ━━━━━━━━━━
Berechnung der Arbeit, einen Massenpunkt in einem gegebenen Kraftfeld vom Punkt $O(0,0,0)$ zum Punkt $D(2,2,2)$ zu bewegen.

Die Bewegung soll auf drei verschiedenen Wegen erfolgen: Zu berechnen ist die Arbeit, einen Massenpunkt im Kraftfeld

$$\vec{F}(\vec{r}) = F_0 \cdot [(x+yz) \cdot \vec{e}_x + (y+zx) \cdot \vec{e}_y + (z+xy) \cdot \vec{e}_z]$$

(F_0 ist eine Konstante) vom Punkt $O(0,0,0)$ zum Punkt $D(2,2,2)$ zu bewegen. Die Bewegung soll auf drei verschiedenen Wegen erfolgen:

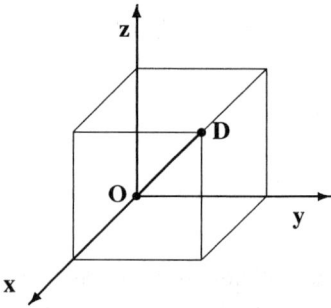

Abb. 11.4: Integrationsweg C_1: Die geradlinige Verbindung von Anfangs- und Endpunkt

Erster Weg: C_1 sei die geradlinige Verbindung $\overline{OD}$:

$$\vec{r} = \begin{pmatrix} x \\ y \\ z \end{pmatrix} \qquad \text{mit} \quad x = y = z$$

Auf diesem Weg ist

$$\vec{F} = F_0 \cdot \begin{pmatrix} x + x^2 \\ y + y^2 \\ z + z^2 \end{pmatrix}$$

und mit $d\vec{r} = dx \cdot \vec{e}_x + dy \cdot \vec{e}_y + dz \cdot \vec{e}_z$ folgt:

$$\begin{aligned} W &= \int_{C_1} \vec{F} \cdot d\vec{r} \\[2mm] &= F_0 \cdot \left[\int_0^2 (x + x^2)dx + \int_0^2 (y + y^2)dy + \int_0^2 (z + z^2)dz \right] = 14 \cdot F_0 \end{aligned}$$

Zweiter Weg: C_2 sei durch die Parameterdarstellung

$$\vec{r} = u \cdot \vec{e}_x + \frac{u^2}{2} \cdot \vec{e}_y + \frac{u^3}{4} \cdot \vec{e}_z$$

gegeben. Dann ist über C_2:

$$\vec{F}(\vec{r}(u)) = F_0 \cdot \left[\left(u + \frac{u^5}{8} \right) \cdot \vec{e}_x + \left(\frac{u^2}{2} + \frac{u^4}{4} \right) \cdot \vec{e}_y + \left(\frac{3\,u^3}{4} \right) \cdot \vec{e}_z \right]$$

Mit

$$d\vec{r} = \frac{d\vec{r}}{du} \cdot du = \left(\vec{e}_x + u \cdot \vec{e}_y + \frac{3\,u^2}{4} \cdot \vec{e}_z \right) \cdot du$$

berechnet sich die Arbeit längs des gegebenen Weges als:

$$\begin{aligned} W &= \int_{C_2} \vec{F}(\vec{r}(u)) \cdot \frac{d\vec{r}}{du} \cdot du \\[2mm] &= F_0 \cdot \int_0^2 \left(u + \frac{u^3}{2} + \frac{15\,u^5}{16} \right) du \\[2mm] &= F_0 \cdot \left[\frac{1}{2}u^2 + \frac{1}{8}u^4 + \frac{5}{32}u^6 \right]_0^2 = 14 \cdot F_0 \end{aligned}$$

Dritter Weg: C_3 sei durch die achsenparallelen Geradenstücke

$$\vec{r}_1 = \begin{pmatrix} x \\ 0 \\ 0 \end{pmatrix}, \qquad \vec{r}_2 = \begin{pmatrix} 2 \\ y \\ 0 \end{pmatrix}, \qquad \vec{r}_3 = \begin{pmatrix} 2 \\ 2 \\ z \end{pmatrix}$$

mit

$$d\vec{r}_1 = \begin{pmatrix} 1 \\ 0 \\ 0 \end{pmatrix}, \qquad d\vec{r}_2 = \begin{pmatrix} 0 \\ 1 \\ 0 \end{pmatrix}, \qquad d\vec{r}_3 = \begin{pmatrix} 0 \\ 0 \\ 1 \end{pmatrix}$$

gegeben. Längs dieses Weges ist

$$\vec{F}(\vec{r}_1) = F_0 \cdot \begin{pmatrix} x \\ 0 \\ 0 \end{pmatrix}, \qquad \vec{F}(\vec{r}_2) = F_0 \cdot \begin{pmatrix} 2 \\ y \\ 2y \end{pmatrix}, \qquad \vec{F}(\vec{r}_3) = F_0 \cdot \begin{pmatrix} 2+2z \\ 2+2z \\ z+4 \end{pmatrix}$$

Das Kurvenintegral lautet:

$$W = \int_{C_{31}} \vec{F}(\vec{r}_1) \cdot d\vec{r}_1 + \int_{C_{32}} \vec{F}(\vec{r}_2) \cdot d\vec{r}_2 + \int_{C_{33}} \vec{F}(\vec{r}_3) \cdot d\vec{r}_3$$

$$= F_0 \cdot \left[\int_0^2 x \, dx + \int_0^2 y \, dy + \int_0^2 (z+4) \, dz \right] = 14 \cdot F_0$$

Man beachte:

- Die aufzuwendende Arbeit ist auf allen drei Wegen gleich. Auf einem geschlossenen Weg, z.B. auf C_1 von O nach D und zurück auf C_2 von D nach O ergäbe sich danach als Gesamtarbeit der Wert $W = 0$.

- Die Rotation des Kraftfeldes verschwindet in seinem gesamten Definitionsbereich:

$$\mathrm{rot}\, \vec{F} = F_0 \cdot \begin{vmatrix} \vec{e}_x & \vec{e}_y & \vec{e}_z \\ \dfrac{\partial}{\partial x} & \dfrac{\partial}{\partial y} & \dfrac{\partial}{\partial z} \\ x+yz & y+zx & z+xy \end{vmatrix} = F_0 \cdot \begin{pmatrix} 0 \\ 0 \\ 0 \end{pmatrix}$$

Beispiel 11.2: ━━━━━━━━━━
Berechnung der Arbeit auf einem geschlossenen Weg
Im Kraftfeld

$$\vec{K}(\vec{r}) = K_0 \cdot (z \cdot \vec{e}_x + x \cdot \vec{e}_y + y \cdot \vec{e}_z)$$

(K_0 ist eine Konstante mit der Dimension *Kraft pro Länge*) sei die Ellipse

$$\frac{x^2}{a^2} + \frac{y^2}{b^2} = 1$$

als Bahn für einen Massenpunkt vorgesehen. Wie groß ist die Arbeit, diesen Weg C im Gegenuhrzeigersinn einmal zu durchlaufen?

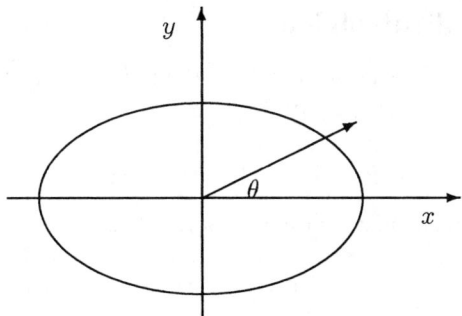

Abb. 11.5: Die Ellipse als geschlossener Integrationsweg

Mit dem Winkel θ als Parameter ausgedrückt, lautet der Weg

$$C: \qquad \vec{r}(\theta) = \begin{pmatrix} a \cos \theta \\ b \sin \theta \\ 0 \end{pmatrix}$$

Für die Punkte auf C kann das Kraftfeld durch den Parameter θ ausgedrückt werden:

$$\vec{K}(\theta) = K_0 \cdot (a \cos \theta \cdot \vec{e}_y + b \sin \theta \cdot \vec{e}_z)$$

Für das Differential $d\vec{r}$ auf dem Weg C erhält man

$$d\vec{r} = \left(\frac{d\vec{r}}{d\theta} \right) \cdot d\theta = (-a \sin \theta \cdot \vec{e}_x + b \cos \theta \cdot \vec{e}_y) \, d\theta$$

Damit ergibt sich das Kurvenintegral für die Berechnung der Arbeit zu:

$$W = \oint_C (\vec{K} \cdot d\vec{r}) = K_0 \cdot \int_0^{2\pi} a \, b \cos^2 \theta \, d\theta = K_0 \, a \, b \left[\frac{1}{2} \sin \theta \cos \theta + \frac{1}{2} \theta \right]_0^{2\pi} = a \, b \, \pi \cdot K_0$$

Man beachte:

- Dieses Kurvenintegral auf dem gegebenen geschlossenen Weg ist von Null verschieden.

- Die Rotation des Kraftfeldes weist überall im Integrationsgebiet einen endlichen Wert auf:

$$\operatorname{rot} \vec{K} = K_0 \cdot \begin{vmatrix} \vec{e}_x & \vec{e}_y & \vec{e}_z \\ \frac{\partial}{\partial x} & \frac{\partial}{\partial y} & \frac{\partial}{\partial z} \\ z & x & y \end{vmatrix} = K_0 \cdot (\vec{e}_x + \vec{e}_y + \vec{e}_z) = K_0 \cdot \begin{pmatrix} 1 \\ 1 \\ 1 \end{pmatrix}$$

11.1.4 Kurvenintegrale über Gradientenfelder

Das erste der soeben durchgerechneten Beispiele ergibt für die Arbeit W zwischen zwei beliebigen Punkten $P_1(x_1, y_1, z_1)$ und $P_2(x_2, y_2, z_2)$ im Kraftfeld

$$\vec{F}(\vec{r}) = (x + yz) \cdot \vec{e}_x + (y + zx) \cdot \vec{e}_y + (z + xy) \cdot \vec{e}_z$$

berechnet auf einem dem dritten Weg entsprechenden achsenparallelen Weg

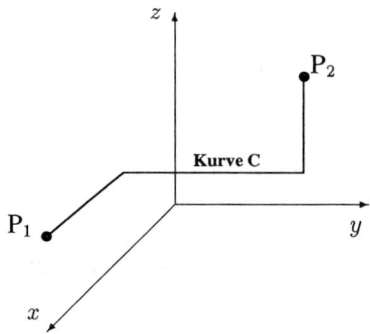

Abb. 11.6:   Achsenparallele Geradenstücke als Integrationsweg

$$W = \int_C \vec{F} \cdot d\vec{r}$$

$$= \int_{x_1,y_1,z_1}^{x_2,y_1,z_1} (x + yz) \cdot dx + \int_{x_2,y_1,z_1}^{x_2,y_2,z_1} (y + zx) \cdot dy + \int_{x_2,y_2,z_1}^{x_2,y_2,z_2} (z + xy) \cdot dz$$

$$= \left[\frac{1}{2}x^2 + xyz\right]_{x_1,y_1,z_1}^{x_2,y_1,z_1} + \left[\frac{1}{2}x^2 + xyz\right]_{x_2,y_1,z_1}^{x_2,y_2,z_1} + \left[\frac{1}{2}x^2 + xyz\right]_{x_2,y_2,z_1}^{x_2,y_2,z_2}$$

$$= \frac{1}{2}\left\{(x_2^2 - x_1^2) + (y_2^2 - y_1^2) + (z_2^2 - z_1^2)\right\} + (x_2 y_2 z_2 - x_1 y_1 z_1)$$

$$= \left[\frac{1}{2}(x^2 + y^2 + z^2) + xyz\right]_{x_1,y_1,z_1}^{x_2,y_2,z_2}$$

$$= \Phi(P_2) - \Phi(P_1)$$

W ist also nur abhängig von den Werten einer skalaren Funktion

$$\Phi(\vec{r}) = \frac{1}{2}(x^2 + y^2 + z^2) + xyz$$

in den Punkten P_1 und P_2. $\Phi(\vec{r})$ ist eine **Stammfunktion** zu $\vec{F}(\vec{r})$. Sie ist bis auf eine

Konstante Φ_0 bestimmt und es gilt:

$$\vec{F}(\vec{r}) = \text{grad } \Phi(\vec{r})$$

Im Beispiel ist:

$$\begin{pmatrix} x + yz \\ y + zx \\ z + xy \end{pmatrix} = \text{grad } \left(\frac{1}{2}(x^2 + y^2 + z^2) + xyz \right)$$

Der Integrand des Kurvenintegrals stellt sich damit dar als

$$\vec{F}(\vec{r}) \cdot d\vec{r} = (\text{grad } \Phi(\vec{r}) \cdot d\vec{r}) = d\,\Phi$$

d.h. als das vollständige Differential der skalaren Funktion $\Phi(\vec{r})$. (s. Abschnitt 9.1.5)
Es gilt also:

$$\int\limits_C \vec{F} \cdot d\vec{r} = \int\limits_{P_1}^{P_2} \vec{\nabla}\,\Phi \cdot d\vec{r} = \int\limits_{P_1}^{P_2} d\,\Phi = \Phi(P_2) - \Phi(P_1)$$

$\|\quad\|$ **1. Folgerung:** $\|\quad\|$

In einem Gradientenfeld $\vec{F}(\vec{r}) = \text{grad } \Phi(\vec{r})$
verschwindet jedes Wegintegral
über einen geschlossenen Weg $\oint\limits_C \vec{F} \cdot d\vec{r} = 0$

Sind nämlich C_1 und C_2 zwei verschiedene Wege von P_1 nach P_2 im Kraftfeld $\vec{F}$, so ist

$$C = C_1 - C_2$$

ein geschlossener Weg von P_1 über P_2 nach P_1 zurück. Wenn

$$\vec{F}(\vec{r}) = \text{grad } \Phi(\vec{r})$$

ist, gilt

$$\left(\int\limits_{P_1}^{P_2} \vec{F} \cdot d\vec{r} \right)_{C_1} = \Phi(P_2) - \Phi(P_1)$$

$$\left(\int\limits_{P_1}^{P_2} \vec{F} \cdot d\vec{r} \right)_{C_2} = \Phi(P_2) - \Phi(P_1)$$

$$\oint\limits_C \vec{F} \cdot d\vec{r} = \int\limits_{C_1} \vec{F} \cdot d\vec{r} - \int\limits_{C_2} \vec{F} \cdot d\vec{r} = 0$$

$$\left\Vert \begin{array}{c} \textbf{2. Folgerung:} \\[4pt] \textbf{Wenn } \vec{F}(\vec{r}) = \text{grad } \Phi(\vec{r}) \textbf{ ist,} \\[4pt] \textbf{gilt wegen } \text{rot } (\text{grad } \Phi) = 0 \textbf{ auch } \text{rot } \vec{F} = 0 \end{array} \right\Vert$$

$\vec{F}(\vec{r})$ sei stetig partiell differenzierbar in einem einfach zusammenhängenden Gebiet $\mathbb{G} \subset \mathbb{R}^3$ (vgl. Abschnitt 9.1).

$$\left\Vert \begin{array}{c} \textbf{3. Folgerung:} \\[4pt] \textbf{Gilt dann für jede geschlossene,} \\[2pt] \textbf{stetig differenzierbare Kurve } C \textbf{ innerhalb von } \mathbb{G} \\[2pt] \oint\limits_{C} \vec{F} \cdot d\vec{r} = 0, \\[2pt] \textbf{so folgt daraus: } \vec{F}(\vec{r}) = \text{grad } \Phi(\vec{r}). \end{array} \right\Vert$$

($\Phi(\vec{r})$ ist eine stetig partiell differenzierbare, skalare Funktion in $\mathbb{G} \subset \mathbb{R}^3$.)

(Beweis dazu: s.z.B.[3])

11.1.5   Weitere Linienintegrale

Mit dem Skalarfeld $\Phi(\vec{r})$, dem Vektorfeld $\vec{A}(\vec{r})$, der Raumkurve $\vec{r}$, ihrem Differential $d\vec{r}$ sowie dessen Betrag, dem Bogenlängendifferential $ds = |d\vec{r}|$ lassen sich die folgenden Wegintegrale konstruieren:

(1) $\int\limits_{C} \vec{A} \cdot d\vec{r} \quad = \quad \int\limits_{C} \vec{A} \cdot \frac{d\vec{r}}{ds} ds = \int\limits_{C} (\vec{A} \cdot \vec{T}) ds = W$ Skalar

(2) $\int\limits_{C} \Phi \cdot ds \quad = \quad L$ Skalar

(2a)   Ist speziell $\Phi = 1$, so ist L die Länge der Kurve C:

$\int\limits_{C} ds \quad = \quad L$ Skalar

(3) $\int\limits_{C} \Phi \cdot d\vec{r} \quad = \quad \vec{e}_x \cdot \int\limits_{C} \Phi \, dx + \vec{e}_y \cdot \int\limits_{C} \Phi \, dy + \vec{e}_z \cdot \int\limits_{C} \Phi \, dz$ Vektor

(4) $\int\limits_{C} \vec{A} \cdot ds \quad = \quad \vec{e}_x \cdot \int\limits_{C} A_x \, dx + \vec{e}_y \cdot \int\limits_{C} A_y \, dy + \vec{e}_z \cdot \int\limits_{C} A_z \, dz$ Vektor

(5) $\int\limits_{C} \vec{A} \times d\vec{r} \quad = \quad \vec{V}$ Vektor

vgl. das B<small>IOT</small>-S<small>AVART</small>'sche Gesetz.

11.1.6   Beispiele

Für die Berechnung der Länge einer Kurve (s.o.) ist die Wahl des Kurvenparameters von Bedeutung. Im ersten Beispiel bietet sich dazu die Winkelkoordinate des Zylinderkoordinatensystems an. Die Länge einer an zwei Punkten aufgehängten Kette kann im kartesischen Koordinatensystem mit z.B. der x-Koordinate als Kurvenparameter berechnet werden.

Beispiel 11.3   Berechnung eines Linienintegrals in Zylinderkoordinaten:

Ziel sei die Ermittlung des Umfangs des Kreises mit dem Radius R_0. Wählt man das Zylinderkoordinatensystem so, daß der Kreis in einer ρ, ϕ-Ebene mit dem Mittelpunkt auf der z-Achse liegt, verläuft er parallel zu einer ϕ-Koordinatenlinie. Das Linienelement

$$ds = \sqrt{d\rho^2 + \rho^2\, d\phi^2 + dz^2}$$

reduziert sich dann wegen $\rho = R_0 = $ const. und $z = $ const. zu:

$$ds = R_0 \cdot d\phi$$

Für die gesuchte Bogenlänge folgt damit:

$$L = \int\limits_C ds = \int\limits_0^{2\pi} R_0\, d\phi = 2\pi R_0$$

Beispiel 11.4   Berechnung der Länge des Bogens einer Kettenlinie:

Der Verlauf einer an zwei Punkten aufgehängten, auf Grund ihres Eigengewichtes durchhängenden, biegsamen Kette wird durch die Hyperbelfunktion

$$y = a \cdot \cosh\frac{x}{a} = \frac{a}{2}(e^{\frac{x}{a}} + e^{-\frac{x}{a}})$$

die **Kettenlinie** in einer Ebene mit x als horizontaler und y als vertikaler Koordinate analytisch dargestellt.

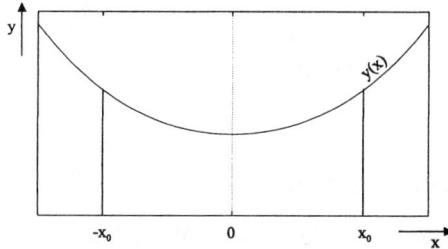

Abb. 11.7: Die Kettenlinie

Die Länge der Kurve zwischen den Stützpunkten $x = -x_0$ und $x = +x_0$ (s. Abb. 11.7) berechnet sich unter Verwendung der x-Koordinate als Kurvenparameter wie folgt: Das Linienelement schreibt sich dann:

$$ds = \sqrt{dx^2 + dy^2} = \sqrt{1 + \left(\frac{dy(x)}{dx}\right)^2}\, dx$$

Für das Linienintegral ergibt sich:

$$
\begin{aligned}
L = \int ds \;\; &= \int\limits_{-x_0, y(-x_0)}^{x_0, y(x_0)} \sqrt{dx^2 + dy^2} \\[2mm]
&= \int\limits_{-x_0}^{x_0} \sqrt{1 + \sinh^2 \frac{x}{a}} \; dx \\[2mm]
&= \int\limits_{-x_0}^{x_0} \cosh \frac{x}{a} \; dx \\[2mm]
&= 2a \cdot \sinh \frac{x_0}{a}
\end{aligned}
$$

11.2 Flächenintegrale

Die Integration dreidimensionaler Funktionen (Skalar- oder Vektorfelder) über zwei-dimensionalen Gebieten (Flächen) ihres Defintionsbereichs spielt in der klassischen Physik z. B. in der Feldtheorie eine Rolle. Ein Beispiel dafür ist die Berechnung des Vektorflusses durch eine Fläche.

Für den Massentransport ϕ durch eine Querschnittsfläche F in einer Flüssigkeitsströmung bedeutet das beispielsweise folgendes: Die Strömung wird durch das Vektorfeld $\vec{A} = \rho_m \cdot \vec{v}$, worin ρ_m die Massendichte und $\vec{v}$ das Vektorfeld der Strömungsgeschwindigkeit bedeuten, beschrieben. Der Beitrag $d\phi$ zum Fluß ϕ durch ein infinitesimales Flächenstück $d\vec{F}$ der Fläche F berechnet sich als Projektion des Feldvektors $\vec{A}$ auf die Richtung der Senkrechten auf $d\vec{F}$ mit Hilfe des Skalarprodukts

$$
d\phi = (\vec{A} \cdot d\vec{F}).
$$

Durch Integration über die gesamte Querschnittsfläche F folgt daraus der Fluß. Begriffe wie elektrischer und magnetischer Kraftfluß sind Verallgemeinerungen auf die entsprechenden Vektorfelder.

11.2.1 Zur Beschreibung von Flächen im Raum

Eine **Kurve im Raum** (s. Kap. 7) ist – ausgedrückt durch den Ortsvektor $\vec{r}$ ihrer Punkte – definiert durch

$$
\vec{r}(u) = x(u)\,\vec{e}_x + y(u)\,\vec{e}_y + z(u)\,\vec{e}_z
$$

Hierin ist u ein reeller Parameter. Der Kreis in der x, y-Ebene mit dem Zentrum im Ursprung und dem Radius R beispielsweise wird mit dem Parameter $u = x$ mit $x \leq R$ durch

$$
\vec{r}(x) = x\,\vec{e}_x \pm \sqrt{R^2 - x^2}\,\vec{e}_y + 0\,\vec{e}_z
$$

und mit dem Parameter $u = \phi$ mit $0 \leq \phi < 2\pi$ durch

$$\vec{r}(\phi) = R\cos\phi\,\vec{e}_x + R\sin\phi\,\vec{e}_y + 0\,\vec{e}_z$$

beschrieben. (vgl. Abschnitt 7.1)

Die Punkte einer **Fläche im Raum** werden durch ihren Ortsvektor

$$\vec{r}(u,v) = x(u,v)\,\vec{e}_x + y(u,v)\,\vec{e}_y + z(u,v)\,\vec{e}_z$$

dargestellt, worin u und v zwei reelle Parameter sind. Die Oberfläche einer Kugel mit dem Radius R um den Ursprung läßt sich z. B. darstellen mit den Parametern $u = x$ und $v = y$ als

$$\vec{r}(x,y) = x\,\vec{e}_x + y\,\vec{e}_y \pm \sqrt{R^2 - x^2 - y^2}\,\vec{e}_z$$

mit $x^2 + y^2 \leq R^2$ oder mit den Parametern θ und ϕ als

$$\vec{r}(\theta,\phi) = R\sin\theta\,\cos\phi\,\vec{e}_x + R\sin\theta\,\sin\phi\,\vec{e}_y + R\cos\theta\,\vec{e}_z$$

mit $0 \leq \theta < \pi$ und $0 \leq \phi < 2\pi$.

Die **Orientierung** einer Fläche im Raum ist gegeben durch das Vektorfeld $\vec{n}(\vec{r})$ der Normaleneinheitsvektoren in jedem ihrer Punkte. Mit Gleichung (9.7) kann $\vec{n}(\vec{r})$ berechnet werden, wenn eine analytische Darstellung der Fläche beispielsweise als Niveaufläche in einem Skalarfeld vorliegt (s. Abschnitt 9.1.6.1).
Die Oberfläche der Kugel vom Radius R ist so durch

$$\Psi(x,y,z) = x^2 + y^2 + z^2 = R^2$$

darstellbar. Mit (9.7) folgt

$$\vec{n} = \frac{\operatorname{grad}\Psi}{|\operatorname{grad}\Psi|} = \frac{x\,\vec{e}_x + y\,\vec{e}_y + z\,\vec{e}_z}{\sqrt{x^2 + y^2 + z^2}} = \frac{\vec{r}}{|\vec{r}|}$$

In diesem Zusammenhang ist anzumerken, daß man zwischen **zweiseitigen** und **einseitigen** Flächen unterscheiden muß: Eine zweiseitige Fläche besitzt zwei unterscheidbare Seiten und ist **orientierbar**. Ihre Orientierung ist durch die in jedem Punkt der Fläche gegebenen **Normalenvektoren** möglich.

$$\vec{n} = \frac{\operatorname{grad} F(x,y,z)}{|\operatorname{grad} F(x,y,z)|} \qquad \text{(Vektorfeld)}$$

Beispiel einer einseitigen Fläche ist das bekannte „Möbiusband" [22]. Flächenelemente einer orientierbaren Fläche werden zusammen mit ihrer Orientierung als Vektoren angegeben (vgl. Abschnitt 10.1.2):

$$d\vec{F} = \vec{n} \cdot |d\vec{F}|$$

11.2.2 Die Berechnung von Flächenintegralen

Eine Funktion $f(x, y)$ sei über dem einfach geschlossenen Gebiet F der x-y-Ebene definiert und dort positiv und beschränkt. Die Punkte $z = f(x, y)$ stellen eine Fläche im dreidimensionalen Raum oberhalb der x-y-Ebene dar. Die Berechnung des Volumens J der geraden Säule, die über der Grundfläche F steht und oben durch $f(x, y)$ abgeschlossen wird, führt zum **Doppelintegral**

$$J = \iint\limits_F f(x, y)\, dx\, dy$$

Denn, zerlegt man, wie in Abbildung 11.8 dargestellt, das Volumen dieser Säule in die endliche Zahl von n Platten mit der Dicke Δy und den Seitenwänden vom Flächeninhalt

$$I(y_i) = \int\limits_{x_u}^{x_o} f(x, y_i)\, dx$$

– integriert in x-Richtung zwischen den durch F bestimmten Grenzen x_u und x_o an der Stelle y_i – dann ist die Summe

$$\sum_{i=1}^{n} I(y_i) \cdot \Delta y_i$$

eine Näherung für das Volumen der Säule. Im Grenzfall $n \to \infty$, wobei gleichzeitig $\Delta y_i \to dy \to 0$ geht, erhält man – ganz im Sinne eines Riemannschen Integrals – das Volumen J der Säule.

$$J = \int\limits_{y_u}^{y_o} \int\limits_{x_u(y)}^{x_o(y)} f(x, y)\, dx\, dy \tag{11.6}$$

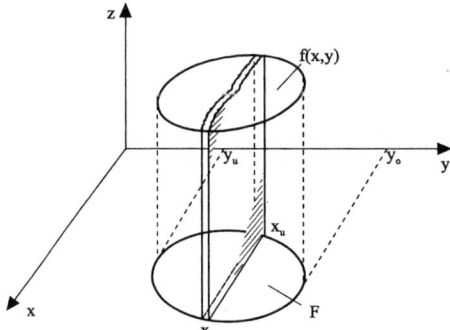

Abb. 11.8: Zum Doppelintegral

Damit ist das Verfahren für die Berechnung aller Flächenintegrale angedeutet: **die zweifache Integration.**

Einige allgemeine Eigenschaften der Flächenintegrale

1. **Integrierbarkeit:** Jede in dem zweidimensionalen Gebiet $\mathbb{G} \subset \mathbb{R}^2$ beschränkte und stückweise stetige Funktion $f(x, y)$ ist über $\mathbb{G}$ integrierbar. (Beweis s. z. B. [3])

2. Ist die Funktion $f(x, y)$ gegeben als

$$f(x, y) = \alpha \cdot u(x, y) + \beta \cdot v(x, y)$$

so ist

$$\iint\limits_{G} f(x, y) \, dx \, dy = \alpha \cdot \iint\limits_{G} u(x, y) \, dx \, dy + \beta \cdot \iint\limits_{G} v(x, y) \, dx \, dy \qquad (11.7)$$

3. Ist der Integrationsbereich $\mathbb{G}$ durch eine Trennlinie in zwei Teilbereiche aufgeteilt:

$$\mathbb{G} = \mathbb{G}_1 + \mathbb{G}_2$$

so gilt:

$$\iint\limits_{G} f(x, y) \, dx \, dy = \iint\limits_{G_1} f(x, y) \, dx \, dy + \iint\limits_{G_2} f(x, y) \, dx \, dy \qquad (11.8)$$

4. **Mittelwertsatz:** $f(x, y)$ sei beschränkt über $\mathbb{G}$. Also gibt es einen Wert M mit

$$\min f(x, y) \leq M \leq \max f(x, y)$$

für den die folgende Beziehung erfüllt ist:

$$\iint\limits_{G} f(x, y) \, dx \, dy = G \cdot M \qquad (11.9)$$

Integrale über Flächen, die in Koordinatenflächen liegen

Die Durchführung der **zweifachen Integration** zur Berechnung eines Doppelintegrals folgt, falls der Integrationsbereich F in einer Koordinatenfläche liegt, direkt dem in Abbildung 11.8 angedeuteten Verfahren.

Zur Demonstration werde das Doppelintegral

$$\iint\limits_{F} f(x, y) \, dF \qquad \text{mit} \qquad f(x, y) = c = \text{const.}$$

über der in der x-y-Ebene liegenden Ellipse

$$\left(\frac{x}{a}\right)^2 + \left(\frac{y}{b}\right)^2 = 1$$

ausgeführt. Das Flächenelement in der x-y-Ebene ist durch $dF = dx \cdot dy$ gegeben. (Seine Orientierung muß in diesem Beispiel nicht berücksichtigt werden.) Wird nun – wie in der Einleitung zu Abschnitt 11.2.2 – in Gedanken eine Zerlegung des zu berechnenden Volumens in Platten parallel zur x-Achse vorgenommen, dann wird zuerst über x und anschließend über y integriert.

$$J = \iint\limits_{F} f(x,y)\, dx\, dy = \int\limits_{-b}^{b} \left\{ \int\limits_{x_u(y)}^{x_o(y)} c\, dx \right\} dy$$

Die Grenzen der x-Integration sind durch den Rand der Ellipse gegeben (s. Abb. 11.9).

$$x_u = -a\,\sqrt{1 - \frac{y^2}{b^2}} \qquad \text{und} \qquad x_o = +a\,\sqrt{1 - \frac{y^2}{b^2}}$$

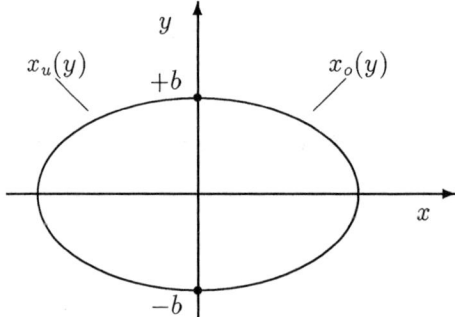

Abb. 11.9: Die Ellipse als Integrationsbereich. Die Integrationsgrenzen der x-Integration sind in diesem Beispiel Funktionen von y, hier die Ellipsenbögen links und rechts der Ordinate.

Damit folgt

$$
\begin{aligned}
J &= \int\limits_{-b}^{b} \left\{ c\,a \cdot \left[\sqrt{1 - \frac{y^2}{b^2}} + \sqrt{1 - \frac{y^2}{b^2}} \right] \right\} dy \\[2mm]
&= \frac{2\,a\,c}{b} \cdot \int\limits_{-b}^{b} \sqrt{b^2 - y^2}\, dy \\[2mm]
&= \frac{a\,c}{b} \cdot \left[y\,\sqrt{b^2 - y^2} + b^2 \arcsin \frac{y}{b} \right]_{-b}^{b} \qquad \text{nach Integraltafel [6]} \\[2mm]
&= a\,b\,c \cdot \pi
\end{aligned}
$$

Erfolgt alternativ die Zerlegung des Volumens J in Platten parallel zur y-Achse, dann ergibt sich die umgekehrte Integrationsreihenfolge:

$$J = \int\limits_{-a}^{a} \left\{ \int\limits_{y_u(x)}^{y_o(x)} c\, dy \right\} dx = \frac{2\,b\,c}{a} \cdot \int\limits_{-a}^{a} \sqrt{a^2 - x^2}\, dx = a\,b\,c \cdot \pi$$

Die folgenden Spezialfälle verdienen Beachtung:

1. Es sei speziell $f(x,y) = 1$. Dann reduziert sich das berechnete Volumen J auf die Fläche des Integrationsbereichs F:

$$\begin{aligned} J &= \int\limits_{x_u}^{x_o} \left\{ \int\limits_{y_u(x)}^{y_o(x)} dy \right\} dx \\ &= \int\limits_{x_u}^{x_o} (y_o(x) - y_u(x))\, dx \\ &= \int\limits_{x_u}^{x_o} y_o(x)\, dx - \int\limits_{x_u}^{x_o} y_u(x)\, dx = F \end{aligned}$$

D.h. die Fläche F berechnet sich als Differenz der Flächen unter der oberen und der unteren Kurve.

Analog läßt sich F auch als die Differenz der Flächen links von der rechten und links von der linken Kurve berechnen:

$$F = \int\limits_{y_u}^{y_o} \left\{ \int\limits_{x_u(y)}^{x_o(y)} dx \right\} dy = \int\limits_{y_u}^{y_o} x_o(y)\, dy - \int\limits_{y_u}^{y_o} x_u(y)\, dy$$

2. Die Berechnung eines Doppelintegrals gestaltet sich besonders einfach, wenn der Integrationsbereich F in einer Koordinatenfläche liegt und überdies durch Koordinatenlinien begrenzt wird. Die Integrationsgrenzen sind dann konstant. Abbildung 11.10 veranschaulicht diesen Spezialfall für ein Integral über der x-y-Ebene in kartesischen Koordinaten.

$$y_u(x) = b_1 \qquad y_o(x) = b_2 \qquad x_u(y) = a_1 \qquad x_o(y) = a_2$$

$$\iint\limits_{F} f(x,y)\, dx\, dy = \int\limits_{a_1}^{a_2} \left\{ \int\limits_{b_1}^{b_2} f(x,y)\, dy \right\} dx = \int\limits_{b_1}^{b_2} \left\{ \int\limits_{a_1}^{a_2} f(x,y)\, dx \right\} dy$$

3. Der Integrand, die Funktion $f(x,y)$ sei in folgender Form gegeben:

$$f(x,y) = \phi(x) \cdot \psi(y)$$

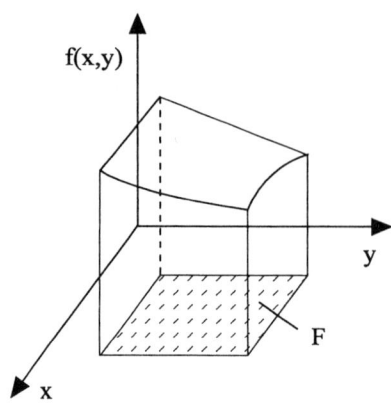

Abb. 11.10: Zum Flächenintegral über einem achsenparallel begrenzten Integrationsbereich

Eine solche Funktion nennt man einen **separablen Integranden**, denn – falls überdies die Integrationsgrenzen konstant sind – gilt für das Doppelintegral

$$\iint\limits_{F} f(x,y)\,dx\,dy = \int\limits_{a_1}^{a_2} \phi(x)\,dx \cdot \int\limits_{b_1}^{b_2} \psi(y)\,dy$$

Hinweis: In vielen Fällen von praktischer Bedeutung kann eine zu integrierende Funktion, wenn sie in kartesischen Koordinaten nicht in der separablen Produktform auftritt, durch Transformation in ein anderes Koordinatensystem auf genau diese Form gebracht werden. (Beispiele 11.6 bis 11.8.)

Es folgen einige Beispiele zur zweifachen Integration.

Beispiel 11.6:   Berechnung der Mantelfläche eines Kreiszylinders
Verwendet man, wie in Abbildung 11.11 dargestellt, Zylinderkoordinaten, so fällt die Mantelfläche des dort gezeigten Zylinders in eine ϕ-z-Koordinatenfläche. Das Flächenelement dF berechnet sich zu

$$d\vec{F} = h_\phi \cdot h_z \cdot d\phi \cdot dz \cdot \vec{e}_\phi \times \vec{e}_z = \rho \cdot d\phi\,dz \cdot \vec{e}_\rho \quad \text{mit dem Betrag}\, d F = \rho \cdot d\phi\,dz$$

Wählt man, wie in Abbildung 11.11 den Radius des Zylinders zu $\rho = d$ und die Höhe zu $2\,d$, so erhält man für die Mantelfläche:

$$F = \iint\limits_{F} dF = \int\limits_{0}^{2d}\int\limits_{0}^{2\pi} \rho\,d\phi\,dz = d \cdot \int\limits_{0}^{2d} dz \cdot \int\limits_{0}^{2\pi} d\phi = 4\pi\,d^2$$

Es liegt hier ein separabler Integrand vor.

Beispiel 11.7   Berechnung der Oberfläche einer Kugel vom Radius a in sphärischen Polarkoordinaten
Ist wieder der Ursprung des Koordinatensystems identisch mit dem Kugelmittelpunkt, so liegt die Fläche F in einer θ-ϕ-Koordinatenfläche. Hier lautet das Flächenelement

$$d\vec{F} = h_\theta \cdot h_\phi \cdot d\theta \cdot d\phi \cdot \vec{e}_\theta \times \vec{e}_\phi = a^2 \cdot \sin\theta \cdot d\theta\,d\phi \cdot \vec{e}_r$$

Damit folgt

$$F \;=\; \iint\limits_F dF$$

$$=\; \int\limits_0^{2\pi} \int\limits_0^{\pi} a^2 \sin\theta \, d\theta \, d\phi$$

$$=\; a^2 \cdot \int\limits_0^{2\pi} d\phi \cdot \int\limits_0^{\pi} \sin\theta \, d\theta$$

$$=\; a^2 \cdot 2\pi \cdot \left[-\cos\theta\right]_0^{\pi} = 4\pi a^2$$

Im folgenden Beispiel ermöglicht auch wieder die Darstellung der Integrationsfläche in Zylinderkoordinaten anstelle von kartesischen Koordinaten eine erhebliche Reduzierung des Rechenaufwandes.

Beispiel 11.8   Berechnung des Flusses eines Vektorfeldes durch die gesamte Oberfläche aus einem Kreiszylinder heraus.

Der Vektorfluß durch eine Fläche F ist als das Integral

$$\iint\limits_F \vec{A} \cdot d\vec{F}$$

definiert, in dem über die Komponenten des Vektorfeldes $\vec{A}$ senkrecht zu jedem Flächenelement, multipliziert mit dF, integriert wird. Die Orientierung der Flächenelemente ist durch das Vektorfeld der Normaleneinheitsvektoren $\vec{n}$ gegeben. (Vgl. die Bemerkungen zu Beginn des Abschnittes 11.2.)

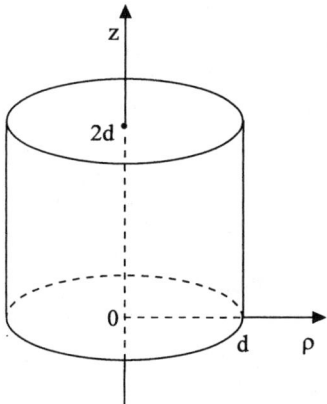

Abb. 11.11: Zum Vektorfluß durch eine Zylinderfläche

Im vorliegenden konkreten Fall ist das Vektorfeld als das des Ortsvektors in Zylinderkoordinaten (s.Abschnitt 8.4)

$$\vec{A}(\rho,\ \phi,\ z) = \vec{r} = \rho \cdot \vec{e}_\rho + z \cdot \vec{e}_z$$

gegeben und der Gesamtfluß setzt sich aus drei Flußintegralen zusammen:

$$\iint_F \vec{r} \cdot d\vec{F} = \iint_{\text{Mantel}} \vec{r} \cdot d\vec{F}_M + \iint_{\text{obere Kreisfläche}} \vec{r} \cdot d\vec{F}_o + \iint_{\text{untere Kreisfläche}} \vec{r} \cdot d\vec{F}_u$$

Entsprechend der Abbildung 11.11 falle die Zylinderachse mit der Achse des Zylinderkoordinatensystems zusammen. Die untere kreisförmige Begrenzungsfläche mit dem Radius R liege in der Ebene $z = 0$, die obere in der Ebene $z = h$.

Die nach außen orientierten Flächenelemente in den drei Teilen der Zylinderoberfläche lauten gemäß Abschnitt 10.1.2:

$$\text{in der Mantelfläche:} \qquad d\vec{F}_M = \rho\, d\phi\, dz \cdot \vec{e}_\rho$$

$$\text{in der oberen Kreisfläche:} \qquad d\vec{F}_o = \rho\, d\rho\, d\phi \cdot \vec{e}_z$$

$$\text{in der unteren Kreisfläche:} \qquad d\vec{F}_u = \rho\, d\rho\, d\phi \cdot (-\vec{e}_z)$$

Die Flächenintegrale nehmen die folgende Form an: In der Mantelfläche sind ϕ und z variabel und $\rho = R$ ist konstant.

$$\iint_{\text{Mantel}} \vec{r} \cdot d\vec{F}_M = \int_0^h \int_0^{2\pi} (\rho \cdot \vec{e}_\rho + z \cdot \vec{e}_z)\, \rho\, d\phi\, dz \cdot \vec{e}_\rho$$

$$= R^2 \int_0^h dz \cdot \int_0^{2\pi} d\phi$$

$$= 2\,\pi\, h\, R^2$$

In der oberen Kreisfläche sind ρ und ϕ variabel und $z = h$ ist konstant.

$$\iint_{\text{obere Kreisfläche}} \vec{r} \cdot d\vec{F}_o = \int_0^{2\pi} \int_0^R (\rho \cdot \vec{e}_\rho + z \cdot \vec{e}_z)\, \rho\, d\rho\, d\phi \cdot (+\vec{e}_z)$$

$$= h \int_0^{2\pi} d\phi \cdot \int_0^R \rho\, d\rho$$

$$= \pi\, h\, R^2$$

In der unteren Kreisfläche sind wieder ρ und ϕ variabel, z ist hier Null.

$$\iint_{\text{untere Kreisfläche}} \vec{r} \cdot d\vec{F}_u = \int_0^{2\pi} \int_0^d (\rho \cdot \vec{e}_\rho + z \cdot \vec{e}_z)\, \rho\, d\rho\, d\phi \cdot (-\vec{e}_z)$$

$$= 0 \int_0^{2\pi} d\phi \cdot \int_0^d \rho\, d\rho = 0$$

Für den Gesamtfluß ergibt sich damit als Summe der Teilflüsse der Zahlenwert $3\,\pi\,h\,R^2$ (vgl. Beispiel 12.2)

Integrale über Flächen, die nicht in Koordinatenflächen liegen

Die Berechnung eines Flächenintegrals

$$\iint\limits_{F} f(\vec{r})\,dF$$

über eine orientierbare, d.h. zweiseitige Fläche F, die nicht in einer Koordinaten-fläche irgendeines Koordinatensystems liegt, läßt sich folgendermaßen durchführen: Es werde das Vektorfeld der Normaleneinheitsvektoren $\vec{n}$ auf F berechnet, so daß für jeden Punkt in F eine Orientierung im Raum gegeben ist. Damit kann dann jedes Flächenelement ΔF in eine Koordinatenfläche projiziert werden.

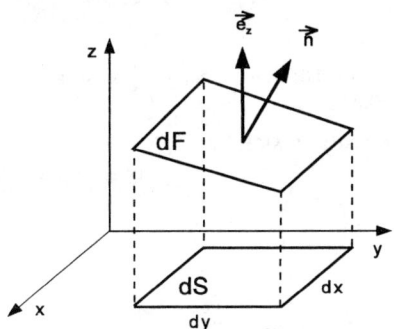

Abb. 11.12: Projektion des Flächenelements $d\,F$

Im Beispiel der Abbildung 11.13 wird der Integrationsbereich F in die x-y-Koor-dinatenfläche projiziert. Deren Normalenrichtung ist überall $\vec{e}_z$. Ein Flächenelement $d\vec{F} = \vec{n} \cdot d\,F$ mit der Orientierung $\vec{n}$ wird in die x-y-Ebene projiziert als

$$d\,S = dx\,dy = d\,F\,(\vec{n} \cdot \vec{e}_z)$$

Um die Berechnung des Integrals in der Projektion durchzuführen, sind überdies die Grenzen des projizierten Integrationsbereichs zu bestimmen. Dann kann die zweifa-che Integration ersatzweise in der Koordinatenfläche, hier der x-y-Ebene erfolgen. In der Projektion lautet das Integral dann

$$\iint\limits_{F} f(x,y,z)\,d\vec{F} = \iint\limits_{S} \frac{f(x,y,z)}{(\vec{n} \cdot \vec{e}_z)} \cdot dx\,dy \qquad (11.10)$$

Die beiden folgenden Beispiele illustrieren die Projektion der Integrationsfläche auf eine Koordinatenfläche.

Beispiel 11.9:   Berechnung der Oberfläche einer Halbkugel vom Radius a in kartesischen Koordinaten

$$F = \iint\limits_{F} dF$$

Läßt man den Ursprung des Koordinatensystems mit dem Kugelmittelpunkt zusammenfallen (s. Abb.11.13), so lautet die Kugeloberfläche

$$\Phi(x, y, z) = x^2 + y^2 + z^2$$
$$\text{mit} \qquad x^2 + y^2 + z^2 = a^2$$

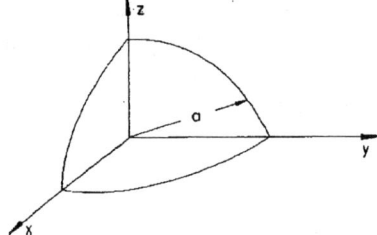

Abb. 11.13: Zur Berechnung der Kugeloberfläche

Der Normalenvektor auf der Kugeloberfläche berechnet sich zu

$$\vec{n} = \frac{\text{grad } \Phi}{|\text{grad } \Phi|} = \frac{1}{\sqrt{x^2 + y^2 + z^2}} \cdot \begin{pmatrix} x \\ y \\ z \end{pmatrix} = \frac{\vec{r}}{a}$$

Damit ergibt sich die Projektion von $d\vec{F}$ auf die x-y-Ebene zu:

$$dF = \frac{dx\, dy}{(\vec{n} \cdot \vec{e}_z)} = \frac{a}{z} \cdot dx\, dy = \frac{a}{\sqrt{a^2 - x^2 - y^2}} \cdot dx\, dy$$

In der Projektion ist über die Kreisfläche vom Radius a in der x-y-Ebene zu integrieren:

$$F = 4 \cdot \int\limits_0^a \left(\int\limits_0^{\sqrt{a^2 - x^2}} \frac{a}{\sqrt{a^2 - x^2 - y^2}}\, dy \right) dx$$

$$= 4a \cdot \int\limits_0^a [\arcsin \frac{y}{\sqrt{a^2 - x^2}}]_0^{\sqrt{a^2 - x^2}}\, dx$$

$$= 4a \cdot \frac{\pi}{2} \cdot \int\limits_0^a dx$$

$$= 2\pi a^2$$

Beispiel 11.10:   **Gesamtvektorfluß durch die Oberfläche eines geometrisch einfach geformten Körpers.**
Ein Tetraeder liege vollständig im Vektorfeld

$$\vec{A} = 4\,x\,\vec{e}_x + y\,\vec{e}_y + z\,\vec{e}_z$$

Aus Abb.11.14 geht die Orientierung des Tetraeders mit seinen vier Begrenzungsflächen in einem kartesischen Koordinatensystem hervor. Drei dieser Flächen liegen je in einer der Koordinatenflächen $x = 0$, $y = 0$ und $z = 0$. Der Vektorfluß durch diese Flächen verschwindet wegen der speziellen Wahl des Vektorfeldes. Beispielsweise ist der Fluß durch die Dreiecksfläche in der Koordinatenfläche $x = 0$ zu berechnen als

$$\iint\limits_{x=0} (\vec{A}\cdot d\vec{F}) = \iint\limits_{x=0} (\vec{A}\cdot(-\vec{e}_x))\,dy\,dz = 0$$

In dieser Koordinatenfläche lautet nämlich das Vektorfeld $\vec{A} = y\,\vec{e}_y + z\,\vec{e}_z$ und damit ergibt sich für den Integranden Null. Ein endlicher Wert für den Vektorfluß resultiert nur in der vierten Begrenzungsfläche, die – s. Abb. 11.15 – durch den Teil der Ebene $\Phi(x,y,z) = 2x + y + 2z$ mit $2x + y + 2z = 6$, der im ersten Oktanten ($x \geq 0$, $y \geq 0$, $z \geq 0$) liegt, gegeben ist. Die Eckpunkte der Fläche liegen bei (3,0,0), (0,6,0) und (0,0,3).

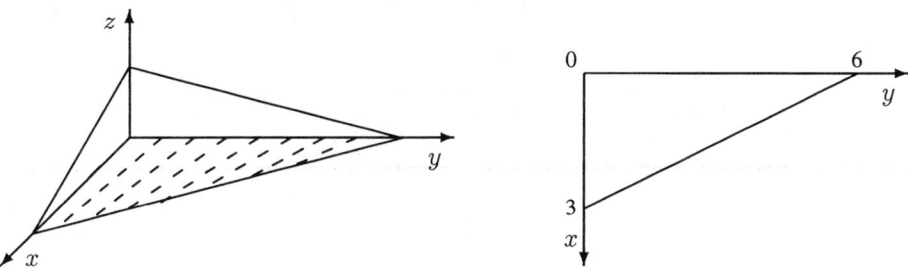

Abb. 11.14: Die Tetraederfläche F und ihre Projektion

Wählt man zur Berechnung dieses Teilflusses die Projektion in die x-y-Koordinatenfläche, so gilt:

$$\iint\limits_{F} \vec{A}\,d\vec{F} = \iint\limits_{R} (\vec{A}\cdot\vec{n})\cdot\frac{dx\,dy}{(\vec{n}\cdot\vec{e}_z)}$$

Berechnung der nach außen gerichteten Normalen auf F:

$$\vec{n} = \frac{\text{grad }\Phi}{|\text{grad }\Phi|} = \frac{1}{3}(2\,\vec{e}_x + 1\,\vec{e}_y + 2\,\vec{e}_z)$$

Damit folgt:

$$\vec{n} \cdot \vec{e}_z = \frac{2}{3}$$

und:

$$\vec{A} \cdot \vec{n} = \begin{pmatrix} 4x \\ -y \\ z \end{pmatrix} \cdot \frac{1}{3} \begin{pmatrix} 2 \\ 1 \\ 2 \end{pmatrix} = \frac{1}{3} \cdot (8x + y + 2z)$$

Die Punkte auf der Fläche F sind gegeben durch $2x+y+2z = 6$ bzw. $2z = 6-2x-y$. D.h. auf der Fläche F gilt

$$\left(\vec{A} \cdot \vec{n}\right)_{\text{auf } F} = (2x + 2)$$

Zu integrieren ist über die Projektion der Fläche F auf die x-y-Ebene. Die Schnittgerade der Ebene Φ mit der Ebene $z = 0$ lautet:

$$2x + y = 6 \qquad \text{d.h.} \qquad x(y) = 3 - \frac{1}{2} \cdot y$$

$$\iint_F \vec{A} \cdot d\vec{F} = \iint_R (2x + 2) \cdot \frac{dx\,dy}{2/3}$$

$$= \int_0^6 \left(\int_{x=0}^{x=3-y/2} (3x + 3)\,dx \right) dy$$

$$= \frac{3}{2} \cdot \int_0^6 \left(15 - 4y + \frac{y^2}{4} \right) dy = 54$$

11.3 Volumenintegrale

Die Berechnung des Volumens V eines gegebenen Körpers im dreidimensionalen Raum, der Masse M eines Körpers bei vorliegender Massendichtefunktion $\rho_M(x, y, z)$ oder analog der Ladung Q eines Körpers, dessen Ladungsdichtefunktion $\rho_Q(x, y, z)$ vorgegeben ist, erfordern Integrationen, die sich über ein dreidimensionales Gebiet im $\mathbb{R}^3$ erstrecken:

$$V = \iiint\limits_V dV \qquad M = \iiint\limits_V \rho_M \, dV \qquad Q = \iiint\limits_V \rho_Q \, dV$$

11.3.1 Berechnung eines Volumenintegrals durch dreifache Integration

Gegeben sei eine Funktion $f : \; \mathbb{G} \subset \mathbb{R}^3 \to \mathbb{R}$, die über ihrem Definitionsbereich $\mathbb{G}$ stetig sein soll. $\mathbb{G}$ sei beschränkt und abgeschlossen. Es sei V das durch den Quader mit

$$a \le x \le b, \qquad c \le y \le d, \qquad g \le z \le h$$

definierte Teilvolumen von $\mathbb{G}$.

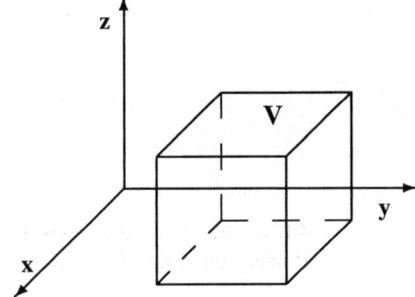

Abb. 11.15: Zum Volumenintegral

Unterteilt man den Quader in insgesamt $n \cdot m \cdot q$ Teilquader, deren Volumina $\Delta V_{i,j,k} = \Delta x_i \cdot \Delta y_j \cdot \Delta z_k$ sind, und wählt an einem beliebigen Zwischenpunkt innerhalb jedes Teilquaders den Funktionswert $f = f(x_i^*, y_j^*, z_k^*)$, so stellt

$$\sum_{i=1}^{n} \sum_{j=1}^{m} \sum_{k=1}^{q} f(x_i^*, y_j^*, z_k^*) \cdot \Delta x_i \cdot \Delta y_j \cdot \Delta z_k \approx \iiint\limits_V f \, dV$$

eine Näherung an das zu berechnende Volumenintegral dar. Durch Verfeinerung der Unterteilung erhält man daraus wegen der vorausgesetzten Stetigkeit der Funktion f im Grenzfall den Wert des gesuchten Integrals zu

$$\lim_{\substack{n \to \infty \\ \Delta x_i \to 0}} \lim_{\substack{m \to \infty \\ \Delta y_j \to 0}} \lim_{\substack{q \to \infty \\ \Delta z_k \to 0}} \sum_{i=1}^{n} \sum_{j=1}^{m} \sum_{k=1}^{q} f(x_i^*, y_j^*, z_k^*) \cdot \Delta x_i \cdot \Delta y_j \cdot \Delta z_k$$

$$= \int\limits_a^b \int\limits_c^d \int\limits_g^h f(x, y, z) \, dx \, dy \, dz = \iiint\limits_V f \, dV \qquad (11.11)$$

Beispiel 11.11: ━━━━━━

Berechnung des Trägheitsmoments eines Quaders

Ein kartesisches Koordinatensystem mit seinem Ursprung im Massenmittelpunkt des Quaders – er sei homogen mit Masse der Dichte ρ ausgefüllt – ist mit seinen Achsen parallel zu den Kanten des Quaders gewählt. Die Drehachse des Quaders soll der Einfachheit halber mit der x-Achse des Koordinatensystems zusammenfallen. Zu berechnen ist dann das Integral

$$I = \iiint\limits_{V} f \, dV \qquad \text{mit} \qquad f(x,y,z) = \rho \cdot (y^2 + z^2)$$

über den Quader V zwischen den Integrationsgrenzen

$$-a \le x \le +a \qquad -b \le y \le +b \qquad -c \le z \le +c$$

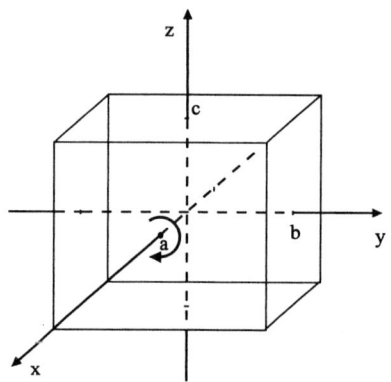

Abb. 11.16:   Zur Berechnung des Trägheitsmoments eines Quaders

$$I = \rho \cdot \int\limits_{-c}^{c} \left(\int\limits_{-b}^{b} \left\{ \rho \cdot \int\limits_{-a}^{a} (y^2 + z^2) \, dx \right\} dy \right) dz$$

$$= \rho \cdot \int\limits_{-c}^{c} \left(\int\limits_{-b}^{b} 2a \, (y^2 + z^2) \, dy \right) dz$$

$$= \rho \cdot \int\limits_{-c}^{c} 2a \left(\frac{2}{3}b^3 + 2bz^2 \right) dz = \frac{8}{3} \cdot \rho \cdot abc(b^2 + c^2)$$

Mit $V = 2a \cdot 2b \cdot 2c$ folgt

$$I = \frac{1}{3}(b^2 + c^2) \cdot \rho \cdot V$$

11.3.2 Variablentransformation in einem Mehrfachintegral

Im kartesischen Koordinatensystem $\{x,y,z\}$ sei die Funktion $f(x,y,z)$ über $\mathbb{G} \subset \mathbb{R}^3$ definiert und dort stetig. Die Transformation in ein anderes (krummliniges) orthogonales Koordinatensystem $\{u,v,w\}$ sei durch die Funktionen

$$\left.\begin{array}{l} x = x(u,v,w) \\ y = y(u,v,w) \\ z = z(u,v,w) \end{array}\right\} \Longleftrightarrow \left\{\begin{array}{l} u = u(x,y,z) \\ v = v(x,y,z) \\ w = w(x,y,z) \end{array}\right.$$

umkehrbar eindeutig gegeben. Darüberhinaus seien die Transformationsfunktionen stetig partiell nach ihren Variablen differenzierbar. V_{xyz} sei ein abgeschlossener Bereich in $\mathbb{G}$, beschrieben durch seine xyz-Koordinaten, V_{uvw} derselbe Bereich in $\mathbb{G}$, beschrieben durch seine uvw-Koordinaten. Dann gilt für das **Volumenintegral** über die skalare Funktion $f(x,y,z)$, erstreckt über V_{xyz}:

$$\iiint\limits_{V_{xyz}} f(x,y,z)\,dx\,dy\,dz = \iiint\limits_{V_{uvw}} f\{x(u,v,w),y(u,v,w),z(u,v,w)\}\cdot\frac{\partial(xyz)}{\partial(uvw)}\,du\,dv\,dw$$

Darin ist

$$J = \frac{\partial(xyz)}{\partial(uvw)}$$

die *Jacobi-Determinante* der Funktionalmatrix:

$$\begin{pmatrix} \dfrac{\partial x}{\partial u} & \dfrac{\partial y}{\partial u} & \dfrac{\partial z}{\partial u} \\[2ex] \dfrac{\partial x}{\partial v} & \dfrac{\partial y}{\partial v} & \dfrac{\partial z}{\partial v} \\[2ex] \dfrac{\partial x}{\partial w} & \dfrac{\partial y}{\partial w} & \dfrac{\partial z}{\partial w} \end{pmatrix} = \begin{pmatrix} \dfrac{\partial \vec{r}}{\partial u} \\[2ex] \dfrac{\partial \vec{r}}{\partial v} \\[2ex] \dfrac{\partial \vec{r}}{\partial w} \end{pmatrix}$$

Es ist

$$J = \frac{\partial(xyz)}{\partial(uvw)} = \begin{vmatrix} \dfrac{\partial x}{\partial u} & \dfrac{\partial y}{\partial u} & \dfrac{\partial z}{\partial u} \\[2ex] \dfrac{\partial x}{\partial v} & \dfrac{\partial y}{\partial v} & \dfrac{\partial z}{\partial v} \\[2ex] \dfrac{\partial x}{\partial w} & \dfrac{\partial y}{\partial w} & \dfrac{\partial z}{\partial w} \end{vmatrix} = \frac{\partial \vec{r}}{\partial u} \cdot \frac{\partial \vec{r}}{\partial v} \times \frac{\partial \vec{r}}{\partial w}$$

$J \neq 0$ wird für die Transformation vorausgesetzt. Dem Volumenelement

$$dV_{xyz} = dx\,dy\,dz$$

im kartesischen Koordinatensystem entspricht im uvw-Koordinatensystem das Volumenelement

$$dV_{uvw} = \frac{\partial(xyz)}{\partial(uvw)} \cdot du\,dv\,dw = \frac{\partial \vec{r}}{\partial u} \cdot \frac{\partial \vec{r}}{\partial v} \times \frac{\partial \vec{r}}{\partial w}\,du\,dv\,dw$$

Mit

$$\frac{\partial \vec{r}}{\partial u} = h_u \cdot \vec{e}_u \qquad \frac{\partial \vec{r}}{\partial v} = h_v \cdot \vec{e}_v \qquad \frac{\partial \vec{r}}{\partial w} = h_w \cdot \vec{e}_w$$

lautet es

$$dV_{uvw} = h_u \cdot h_v \cdot h_w \cdot du\, dv\, dw$$

(s.Abschnitt 10.1.3)

Für ein **Flächenintegral** gilt mit den Transformationen vom $\{xy\}$- in das $\{uv\}$-Koordinatensystem

$$\left. \begin{array}{l} x = x(u,v) \\ y = y(u,v) \end{array} \right\} \Longleftrightarrow \left\{ \begin{array}{l} u = u(x,y) \\ v = v(x,y) \end{array} \right.$$

$$\iint\limits_{F_{xy}} f(x,y)\, dx\, dy = \iint\limits_{F_{uv}} f\{x(u,v), y(u,v)\}\, \frac{\partial(xy)}{\partial(uv)}\, du\, dv$$

Die Jacobi-Determinante lautet hier:

$$J = \frac{\partial(xy)}{\partial(uv)} = \begin{vmatrix} \dfrac{\partial x}{\partial u} & \dfrac{\partial y}{\partial u} \\[2mm] \dfrac{\partial x}{\partial v} & \dfrac{\partial y}{\partial v} \end{vmatrix} \qquad \text{mit} \qquad J \neq 0$$

Denn in der x,y-Ebene (z = const.) ist:

$$d\vec{r}_u = \frac{\partial \vec{r}}{\partial u}\, du = \left(\frac{\partial x}{\partial u}\vec{e}_x + \frac{\partial y}{\partial u}\vec{e}_y + 0 \right) du$$

$$d\vec{r}_v = \frac{\partial \vec{r}}{\partial v}\, dv = \left(\frac{\partial x}{\partial v}\vec{e}_x + \frac{\partial y}{\partial v}\vec{e}_y + 0 \right) dv$$

Das Flächenelement lautet:

$$dx\, dy\, \vec{e}_z = d\vec{r}_u \times d\vec{r}_v = \begin{vmatrix} \vec{e}_x & \vec{e}_y & \vec{e}_z \\[2mm] \dfrac{\partial x}{\partial u} & \dfrac{\partial y}{\partial u} & 0 \\[2mm] \dfrac{\partial x}{\partial v} & \dfrac{\partial y}{\partial v} & 0 \end{vmatrix} du\, dv = \frac{\partial(xy)}{\partial(uv)}\, du\, dv\, \vec{e}_z$$

Das Flächenstück F_{xy}, über das zu integrieren ist, muß in den Koordinaten $\{uv\}$ als F_{uv} dargestellt werden.

Für das **eindimensionale Integral** $\int f(x)\, dx$ erhält man völlig analog die bekannte Substitutionsregel:

$$\int\limits_{x_1}^{x_2} f(x)\, dx = \int\limits_{u(x_1)}^{u(x_2)} f\{x(u)\}\, \frac{\partial x}{\partial u}\, du$$

Beispiel 11.12: ━━━━━━━━━━━━━━━━━
Anwendung der Variablentransformation in einem Doppelintegral

Die Berechnung des uneigentlichen Doppelintegrals

$$\int\limits_0^\infty \int\limits_0^\infty e^{-(x^2+y^2)}\, dx\, dy$$

durch Übergang von kartesischen in ebene Polarkoordinaten ist eine der bekanntesten Anwendungen der Variablentransformation. Die Transformation in ebene Polarkoordinaten ρ, ϕ erfolgt durch die Funktionen (s. Tabelle 10.1)

$$x = \rho \cdot \cos\phi$$

$$y = \rho \cdot \sin\phi$$

Damit lautet die Jacobi-Determinante:

$$J = \frac{\partial(xy)}{\partial(\rho\phi)} = \begin{vmatrix} \cos\phi & -\rho\sin\phi \\ \sin\phi & \rho\cos\phi \end{vmatrix} = \rho$$

Für den Integranden, eine vereinfachte Form der zweidimensionalen Normalverteilung (s. Kap.19), gilt:

$$f(x,y) = e^{-(x^2+y^2)} \qquad \Rightarrow \qquad f(\rho,\phi) = e^{-\rho^2}$$

Das transformierte Integral lautet somit:

$$\iint\limits_{F_{xy}} e^{-(x^2+y^2)}\, dx\, dy = \iint\limits_{F_{\rho\phi}} e^{-\rho^2} \cdot \rho\, d\rho\, d\phi$$

$$= \int\limits_0^{\pi/2} \int\limits_0^\infty \rho e^{-\rho^2}\, d\rho\, d\phi$$

$$= \int\limits_0^{\pi/2} d\phi \cdot \int\limits_0^\infty \rho e^{-\rho^2}\, d\rho$$

$$= \frac{\pi}{2} \cdot \left[-\frac{1}{2} e^{-\rho^2} \right]_0^\infty = \frac{\pi}{4}$$

11.3.3   Beispiele zur Berechnung von Volumenintegralen

Beispiel 11.13   Berechnung des Volumens einer Kugel in kartesischen Koordinaten

Berechnet wird das Volumen des ersten Oktanten der Kugel

$$x \geq 0 \qquad y \geq 0 \qquad z \geq 0$$

$$\frac{1}{8} \cdot V = \iiint f(x,y,z)\, dx\, dy\, dz \qquad \text{mit} \qquad f(x,y,z) = 1$$

und Integrationsgrenzen, die sich aus der Kugeloberfläche

$$x^2 + y^2 + z^2 = R^2$$

und den Koordinatenflächen $x = 0$, $y = 0$ und $z = 0$, die den Kugeloktanten begrenzen, ergeben.

$$\frac{1}{8} \cdot V = \int\limits_0^R \left\{ \int\limits_0^{\sqrt{R^2-z^2}} \left(\int\limits_0^{\sqrt{R^2-z^2-y^2}} dx \right) dy \right\} dz$$

$$= \int\limits_0^R \left\{ \int\limits_0^{\sqrt{R^2-z^2}} \sqrt{R^2 - z^2 - y^2}\, dy \right\} dz$$

$$= \int\limits_0^R \left[\frac{1}{2} y \sqrt{(R^2 - z^2) - y^2} + \frac{1}{2} (R^2 - z^2) \arcsin \frac{y}{\sqrt{R^2 - z^2}} \right]_0^{\sqrt{R^2-z^2}} dz$$

(nach Integraltafel [6])

$$= \int\limits_0^R \frac{\pi}{4} (R^2 - z^2)\, dz$$

$$= \frac{1}{2} \cdot \frac{\pi}{3} \cdot R^3$$

Das gesamte Volumen der Kugel beträgt danach

$$V = 8 \cdot \frac{\pi}{6} R^3 = \frac{4\pi}{3} R^3$$

Beispiel 11.14   Berechnung der Schwerpunktskoordinaten eines geraden Prismas mit einem gleichschenkligen Dreieck als Grundfläche

Die Höhe des Prismas sei D und die Dichte γ des Materials sei konstant. Für den Ortsvektor des Massenmittelpunktes $\vec{r}_{CM}$ gilt:

$$\vec{r}_{CM} = \frac{1}{M} \cdot \iiint_V \vec{r}\, dm$$

Das bedeutet ausführlich:

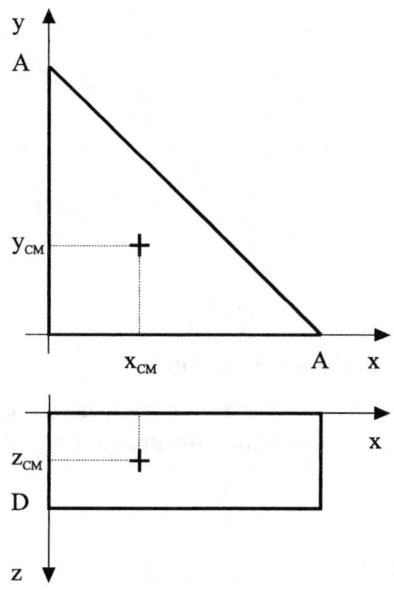

Abb. 11.17: Zur Berechnung des Schwerpunkts eines geraden Prismas

$$x_{CM}\,\vec{e}_x + y_{CM}\,\vec{e}_y + z_{CM}\,\vec{e}_z = \frac{\gamma}{M}\left\{ \iiint_V x\, dV \cdot \vec{e}_x + \iiint_V y\, dV \cdot \vec{e}_y + \iiint_V z\, dV \cdot \vec{e}_z \right\}$$

Die x-Komponente berechnet sich zu:

$$x_{CM} = \frac{\gamma}{M} \int_0^D \int_0^A \int_0^{A-y} x\, dx\, dy\, dz = \frac{\gamma}{M} \int_0^D dz \cdot \int_0^A \int_0^{A-y} x\, dx\, dy$$

$$= \frac{\gamma}{M} \cdot D \cdot \int_0^R \frac{1}{2}(A^2 - 2\,A\,y + y^2)\, dy$$

$$= \frac{\gamma}{2\,M} \cdot D \cdot \frac{A^3}{3} = \frac{1}{3} \cdot A$$

wegen $M = \gamma \cdot D \cdot \frac{1}{2} A^2$.

Entsprechend ergibt sich die y-Komponente zu $y_{CM} = \frac{1}{3} \cdot A$.

Die z-Komponente erhält man durch die folgende Rechnung:

$$z_{CM} = \frac{\gamma}{M} \int_0^D \int_0^A \int_0^{A-y} z \, dx \, dy \, dz$$

$$= \frac{\gamma}{M} \int_0^D z \, dz \cdot \int_0^A \int_0^{A-y} dx \, dy$$

$$= \frac{\gamma}{M} \cdot \frac{1}{2} D^2 \cdot \int_0^R (a - y) \, dy$$

$$= \frac{\gamma D^2 A^2}{4 \, M} = \frac{D}{2}$$

Beispiel 11.15   Berechnung des Trägheitsmomentes einer Kugel (Rotation um die z-Achse, die durch den Mittelpunkt der Kugel geht.)

Ist $\rho = \sqrt{x^2 + y^2}$ der Abstand eines Massenelementes dm von der Drehachse, so lautet das Trägheitsmoment der Kugel (Radius R) in kartesischen Koordinaten (γ ist die Massendichte und m die Masse der Kugel):

$$I = \iiint_V \rho^2 \, dm = \gamma \cdot \int_0^R \int_0^{\sqrt{R^2 - z^2}} \int_0^{\sqrt{R^2 - z^2 - y^2}} (x^2 + y^2) \, dx \, dy \, dz$$

Transformation in sphärische Polarkoordinaten:

$$\iiint_{V_{xyz}} f(x, y, z) \, dx \, dy \, dz \quad \Rightarrow \quad \iiint_{V_{r\theta\phi}} f(r, \theta, \phi) \frac{\partial(xyz)}{\partial(r\theta\phi)} \, dr \, d\theta \, d\phi$$

1. Transformationsgleichungen:

$$x = r \cdot \sin \theta \cdot \cos \phi$$

$$y = r \cdot \sin \theta \cdot \sin \phi$$

$$z = r \cdot \cos \theta$$

2. Umrechnung des Integranden:

$$f(x, y, z) = \gamma \, (x^2 + y^2) \quad \Rightarrow \quad f(r, \theta, \phi) = \gamma \cdot r^2 \cdot \sin^2 \theta$$

3. Die Jacobi-Determinante lautet:

$$J = \begin{vmatrix} \sin\theta\cos\phi & \sin\theta\sin\phi & \cos\theta \\ r\cos\theta\cos\phi & r\cos\theta\sin\phi & -r\sin\theta \\ -r\sin\theta\sin\phi & r\sin\theta\cos\phi & 0 \end{vmatrix} = r^2\,\sin\theta$$

Damit schreibt man für das Volumenelement in Kugelkoordinaten:

$$dV_{r\theta\phi} = r^2\,\sin\theta\,dr\,d\theta\,d\phi$$

4. Das transformierte Integral lautet dann

$$\begin{aligned} I &= \gamma \cdot \int_0^{2\pi}\int_0^{\pi}\int_0^{R} (r^2\,\sin^2\theta) \cdot r^2\sin\theta\,dr\,d\theta\,d\phi \\[2mm] &= \gamma \cdot \int_0^{2\pi} d\phi \cdot \int_0^{\pi} \sin^3\theta\,d\theta \cdot \int_0^{R} r^4\,dr \\[2mm] &= \gamma \cdot \frac{4\pi}{3}R^3 \cdot \frac{2}{5}R^2 \\[2mm] &= \frac{2}{5} \cdot m\,R^2 \end{aligned}$$

Die Verwendung von Kugelkoordinaten macht sich ersichtlich dadurch bezahlt, daß das Dreifachintegral nun einen separablen Integranden erhält und damit das Integral als Produkt dreier Einfachintegrale zu berechnen ist.

Kapitel 12

Die Integralsätze

12.1   Der Integralsatz von Stokes

Gegeben sei das Vektorfeld

$$\vec{A}(\vec{r}) = A_x\,\vec{e}_x + A_y\,\vec{e}_y + A_z\,\vec{e}_z$$

Seine drei skalaren Komponentenfunktionen $A_x(\vec{r})$, $A_y(\vec{r})$ und $A_z(\vec{r})$ seien stetig partiell differenzierbar auf der abgeschlossenen, stetig partiell differenzierbaren Fläche F im $\mathbb{R}^3$, deren Rand von einer einfach geschlossenen, stetig differenzierbaren Kurve C gebildet wird. Dann gilt der **Satz von Stokes**[*]:

$$\iint\limits_{F} \left\{ \left(\frac{\partial A_z}{\partial y} - \frac{\partial A_y}{\partial z} \right) \vec{e}_x + \left(\frac{\partial A_x}{\partial z} - \frac{\partial A_z}{\partial x} \right) \vec{e}_y + \left(\frac{\partial A_y}{\partial x} - \frac{\partial A_x}{\partial y} \right) \vec{e}_z \right\} \vec{n}\,dF$$

$$= \oint\limits_{C} (A_x\,dx + A_y\,dy + A_z\,dz) \qquad (12.1)$$

Die Normale $\vec{n}$ der Fläche F bildet mit dem Umlaufsinn von C eine Rechtsschraube. Unter Verwendung des Differentialoperators $\mathrm{rot}\,\vec{A}$ lautet der Satz:

$$\iint\limits_{F} \mathrm{rot}\,\vec{A} \cdot \vec{n}\,dF = \oint\limits_{C} \vec{A} \cdot d\vec{r} \qquad (12.2)$$

1. Erläuterungen zur Veranschaulichung des Integralsatzes:

   (a) Ist $\vec{B}(\vec{r})$ ein Vektorfeld, innerhalb dessen Definitionsbereiches die Fläche F liegt, dann ist $\iint\limits_{F} \vec{B} \cdot \vec{n}\,dF$ der *Fluß dieses Vektorfeldes durch F* (s. Abschnitt 11.2)

---

[*]G. G. Stokes, 1819 - 1903

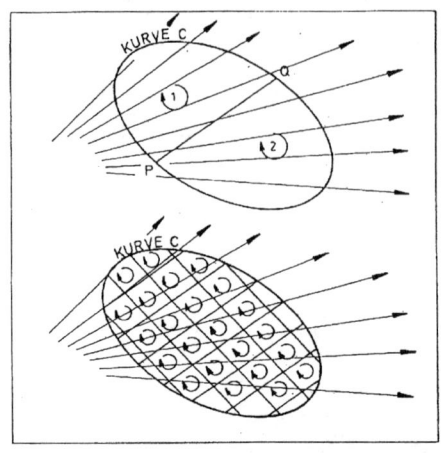

Abb. 12.1: Teilung der Fläche F und ihre Verfeinerung

(b) Das Vektorfeld $\vec{A}(\vec{r})$ sei über einem Gebiet $\mathbb{G} \subset \mathbb{R}^3$ definiert. Innerhalb von $\mathbb{G}$ liege die einfach geschlossene Kurve C, dargestellt durch ihren Ortsvektor $\vec{r}$. Dann nennt man das Kurvenintegral

$$Z = \oint_C (\vec{A} \cdot \vec{dr})$$

die *Zirkulation des Vektorfeldes* $\vec{A}$ entlang der Kurve C.

(c) Die Kurve C werde durch einen Verbindungsweg $\overline{PQ}$ in zwei Teilkurven unterteilt, die zusammen mit dem Verbindungsweg $\overline{PQ}$ bzw. $\overline{QP}$ zwei geschlossene Kurven im Vektorfeld $\vec{A}$ bilden. Die Zirkulation längs dieser beiden Kurven ist dann

$$Z_1 = \int\limits_{C,\text{linker Teil}} \vec{A} \cdot \vec{dr} + \int\limits_{\overline{QP}} \vec{A} \cdot \vec{dr}$$

$$Z_2 = \int\limits_{C,\text{rechter Teil}} \vec{A} \cdot \vec{dr} + \int\limits_{\overline{PQ}} \vec{A} \cdot \vec{dr}$$

Wegen

$$\int\limits_{\overline{QP}} \vec{A} \cdot \vec{dr} = -\int\limits_{\overline{PQ}} \vec{A} \cdot \vec{dr}$$

folgt daraus

$$Z_1 + Z_2 = Z$$

Eine Fortsetzung dieses Teilungsprozesses führt offensichtlich zu

$$Z = \oint_C (\vec{A} \cdot \vec{dr}) = \sum_{i=1}^{m} \oint_{C_i} \vec{A} \cdot \vec{dr}$$

C_i sind die geschlossenen Kurven, die die Teilflächen von F umranden. (s. Abb. 12.1)

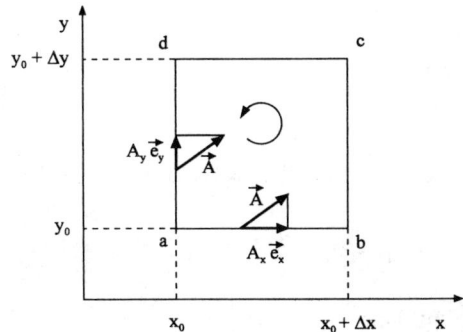

Abb. 12.2: Die Zirkulation um ein Quadrat

Durch entsprechende Verfeinerung der Unterteilung kann man erreichen, daß die Teilflächen einerseits näherungsweise als eben und andererseits auch als quadratisch angenommmen werden können.

(d) Berechnung der Zirkulation um ein (beliebig kleines) Quadrat:

$$\oint_{sq} \vec{A} \cdot d\vec{r} = \int_a^b A_x \, dx + \int_b^c A_y \, dy + \int_c^d (-A_x) \, dx + \int_d^a (-A_y) \, dy$$

Würde die Änderung der Komponentenfunktionen A_x und A_y auf den Intervallen $[x_0, x_0+\Delta x]$ und $[y_0, y_0+\Delta y]$ vernachlässigt, dann ergäbe dieses Zirkulationsintegral Null. Berücksichtigt man jedoch die Variation von A_x und A_y durch ihre Taylorreihenentwicklung bis zum linearen Glied, so ergibt sich (vgl. Abb. 12.2):

$$\oint_{sq} \vec{A} \cdot d\vec{r} \approx + \left\{ A_x(x_0, y_0) + \left(\frac{\partial A_x}{\partial x} \right) \Delta x \right\} \cdot \Delta x$$

$$+ \left\{ A_y(x_0, y_0) + \left(\frac{\partial A_y}{\partial y} \right) \Delta y + \left(\frac{\partial A_y}{\partial x} \right) \Delta x \right\} \cdot \Delta y$$

$$- \left\{ A_x(x_0, y_0) + \left(\frac{\partial A_x}{\partial x} \right) \Delta x + \left(\frac{\partial A_x}{\partial y} \right) \Delta y \right\} \cdot \Delta x$$

$$- \left\{ A_y(x_0, y_0) + \left(\frac{\partial A_y}{\partial y} \right) \Delta y \right\} \cdot \Delta y$$

$$\oint_{sq} \vec{A} \cdot d\vec{r} \approx \left(\frac{\partial A_y}{\partial x} - \frac{\partial A_x}{\partial y} \right) \Delta x \, \Delta y$$

(e) Die Zirkulation auf der Kurve C ergibt sich so als

$$Z = \oint_C (\vec{A} \cdot d\vec{r}) \approx \sum_{i=1}^m \oint_{sq_i} \vec{A} \cdot d\vec{r} \approx \sum_{i=1}^m \left(\frac{\partial A_y}{\partial x} - \frac{\partial A_x}{\partial y} \right) \Delta F_i$$

Dabei ist der Term

$$\left(\frac{\partial A_y}{\partial x} - \frac{\partial A_x}{\partial y}\right) = (\text{rot } \vec{A})_z$$

die Normalkomponente von rot $\vec{A}$ auf dem Flächenstück $\Delta F_i = \Delta x\,\Delta y$. Allgemein gilt:

$$Z \approx \sum_{i=1}^{m} (\text{rot } \vec{A} \cdot \vec{n})\,\Delta F_i$$

Durch Grenzübergang $m \to \infty$ folgt dann

$$Z = \oint_C (\vec{A} \cdot \vec{dr}) = \iint_F (\text{rot } \vec{A} \cdot \vec{n})\,dF$$

2. **Folgerungen:**

(a) Mit der soeben abgeleiteten Zirkulation um ein infinitesimal kleines Flächenstück ΔF läßt sich eine koordinatenunabhängige Definition von rot $\vec{A}$ als **lokale Wirbelstärke** des Feldes $\vec{A}$ geben.   Im Grenzübergang ist nämlich:

$$(\text{rot } \vec{A})_{\vec{n}} = \lim_{\Delta F \to 0} \frac{1}{\Delta F} \oint_{C(\Delta F)} \vec{A} \cdot \vec{dr} \qquad (12.3)$$

(b) Im Stokesschen Integralsatz

$$\oint_{C(F)} \vec{A} \cdot \vec{dr} = \iint_F \text{rot } \vec{A} \cdot \vec{dF}$$

sei speziell

$$\vec{A} = \vec{a} \cdot \phi(\vec{r})$$

worin $\vec{a}$ ein konstanter Vektor und $\phi(\vec{r})$ ein stetig differenzierbares, skalares Feld sind. Wegen rot $\vec{a} = 0$ gilt

$$\text{rot}\,(\vec{a} \cdot \phi) = \text{grad } \phi \times \vec{a}$$

$$\Rightarrow \quad \int_F \text{rot } \vec{A} \cdot \vec{dF} = -\int_F \vec{a} \times \text{grad } \phi \cdot \vec{dF}$$

$$= -\int_F \vec{a} \cdot \text{grad } \phi \times \vec{dF}$$

$$= \vec{a} \cdot \int_F \vec{dF} \times \text{grad } \phi$$

$$\Rightarrow \quad \vec{a} \cdot \oint_{C(F)} \phi(\vec{r}) \cdot \vec{dr} = \vec{a} \cdot \int_F \vec{dF} \times \text{grad } \phi$$

Da $\vec{a}$ konstant, aber sonst ganz beliebig ist, folgt

$$\oint_{C(F)} \phi(\vec{r}) = \int_F d\vec{F} \times \vec{\nabla}\phi \qquad (12.4)$$

(c) Ist das Vektorfeld $\vec{A}$ gegeben als das Vektorprodukt des konstanten Vektors $\vec{a}$ mit dem Vektorfeld $\vec{B}$, das stetig differenzierbare Komponentenfunktionen besitzen soll,

$$\vec{A}(\vec{r}) = \vec{a} \times \vec{B}(\vec{r})$$

so folgt:

$$\oint_{C(F)} \vec{A} \cdot d\vec{r} = \oint_{C(F)} \vec{a} \times \vec{B} \cdot d\vec{r}$$

$$= -\vec{a} \cdot \oint_{C(F)} d\vec{r} \times \vec{B}$$

$$\int_F \mathrm{rot}\,(\vec{a} \times \vec{B}) \cdot d\vec{F} = \int_F \left\{ \underbrace{(\vec{B}\vec{\nabla})\vec{a} - \vec{B}(\vec{\nabla}\vec{a})}_{=0} - (\vec{a}\vec{\nabla})\vec{B} + \vec{a}(\vec{\nabla}\vec{B}) \right\} d\vec{F}$$

$$= \int_F -\left\{ (\vec{a}\vec{\nabla})(\vec{B}d\vec{F}) - (\vec{a}d\vec{F})(\vec{\nabla}\vec{B}) \right\}$$

$$= -\vec{a} \cdot \int_F \left\{ (d\vec{F} \times \vec{\nabla}) \times \vec{B} \right\}$$

$$\Rightarrow \oint_{C(F)} d\vec{r} \times \vec{B} = \int_F (d\vec{F} \times \vec{\nabla}) \times \vec{B} \qquad (12.5)$$

(d) **Der Stokessche Satz in der Ebene (Planimetrie).**
Es sei F eine einfach geschlossene Fläche in der x-y-Ebene und damit gehört sie ganz zum Definitionsbereich G des Vektorfeldes

$$\vec{A} = \begin{pmatrix} -y \\ x \\ 0 \end{pmatrix} = -y\,\vec{e}_x + x\,\vec{e}_y$$

($\vec{A}(x,y)$ ist stetig partiell differenzierbar.)

Nach dem Satz von Stokes gilt:

$$\oint_{C(F)} \vec{A} \cdot d\vec{r} = \oint_{C(F)} (-y\,dx + x\,dy)$$

$$= \oint_{C(F)} \left(-y\frac{dx}{dt} + x\frac{dy}{dt}\right) dt$$

$$\int_F \text{rot } \vec{A}\,dF = \iint_F \left(\frac{\partial A_y}{\partial x} - \frac{\partial A_x}{\partial y}\right) dx\,dy$$

$$= 2 \iint_F dx\,dy$$

$$= 2\,F$$

$$\Rightarrow \qquad F = \frac{1}{2} \oint_{C(F)} \left(x\frac{dy}{dt} - y\frac{dx}{dt}\right) dt \qquad (12.6)$$

Damit kann man also den Inhalt einer Fläche, deren Randkurve gegeben ist, berechnen. [†]

Beispiel 12.1: ━━━━━━━━━━━━━━━━━━━━━━━━━━━━━━━━━
Berechnung des Flächeninhalts einer Ellipse.
Die Randkurve einer Ellipse sei durch die folgende Parameterdarstellung gegeben:

$$x = a \cdot \cos t$$
$$y = b \cdot \sin t$$

Sie wird in positivem Sinne einmal durchlaufen für $t = 0$ bis $t = 2\pi$. Die Fläche innerhalb der Kurve ist damit q

$$F = \frac{1}{2} \cdot \int_0^{2\pi} (a\cos t \cdot b\cos t + b\sin t \cdot a\sin t)\, dt$$

$$= \frac{1}{2}\,ab \int_0^{2\pi} dt$$

$$= \pi \cdot ab$$

━━

[†]Die Bestimmung des Inhalts unregelmäßig begrenzter Flächen durch Ausmessen der Länge der Randkurve mit dem "Planimeter" beruht auf dieser Grundlage.

12.2   Der Integralsatz von Gauß

Es sei das Vektorfeld

$$\vec{A}(\vec{r}) = A_x\,\vec{e}_x + A_y\,\vec{e}_y + A_z\,\vec{e}_z$$

gegeben, und seine drei skalaren Komponentenfunktionen $A_x(\vec{r})$, $A_y(\vec{r})$ und $A_z(\vec{r})$ erfüllen die folgenden Voraussetzungen: Sie seien stetig partiell differenzierbar im abgeschlossenen Gebiet $V \subset G$, dessen Rand von einer geschlossenen, stetig partiell differenzierbaren Fläche F gebildet wird. Es gilt dann der **Satz von Gauß**[‡]:

$$\iiint\limits_V \left(\frac{\partial A_x}{\partial x} + \frac{\partial A_y}{\partial y} + \frac{\partial A_z}{\partial z} \right)\, dx\,dy\,dz = \oint\limits_{F(V)} (A_x\,\vec{e}_x + A_y\,\vec{e}_y + A_z\,\vec{e}_z) \cdot \vec{n}\,dF \qquad (12.7)$$

(Die Normale $\vec{n}$ zeigt nach außen)

Unter Verwendung des Differentialoperators div $\vec{A}$ lautet der Satz:

$$\iiint\limits_V \operatorname{div} \vec{A}\, dV = \oint\limits_{F(V)} \vec{A} \cdot d\vec{F} \qquad (12.8)$$

Anstelle eines Beweises wird der Gaußsche Satz im folgenden in einem Spezialfall verifiziert. Die Oberfläche F des räumlichen Gebietes V sei der Einfachheit halber eine geschlossene Fläche im $\mathbb{R}^3$, die von jeder Parallelen zu den (kartesischen) Koordinatenachsen in höchstens zwei Punkten geschnitten wird, wie z.B. die Oberfläche eines Ellipsoids.

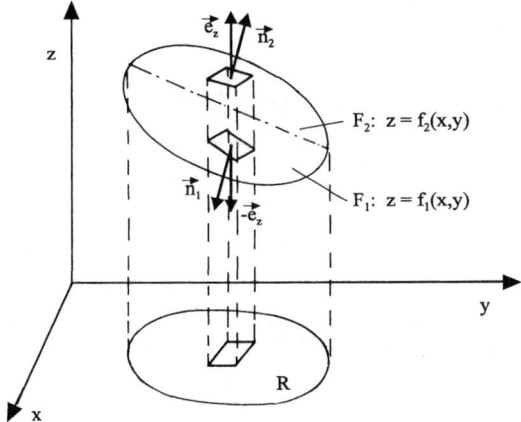

Abb. 12.3: Zum Gaußschen Satz

Eine Trennungsebene teile F in eine untere Teilfläche F_1 mit $z = f_1(x, y)$ und eine obere Teilfläche F_2 mit $z = f_2(x, y)$. Für die z-Komponente des Vektorfeldes

$$\vec{A}(\vec{r}) = A_x\,\vec{e}_x + A_y\,\vec{e}_y + A_z\,\vec{e}_z$$

[‡]C. F. Gauß,   1777 - 1855

gilt

$$\iiint\limits_{V} \frac{\partial A_z}{\partial z}\, dV \;=\; \iint\limits_{R} \left\{ \int\limits_{z=f_1(x,y)}^{z=f_2(x,y)} \frac{\partial A_z}{\partial z}\, dz \right\}\, dx\, dy$$

$$=\; \iint\limits_{R} \left[A_z(x,y,z) \right]_{z=f_1}^{z=f_2}\, dx\, dy$$

$$=\; \iint\limits_{R} \left\{ A_z(x,y,f_2(x,y)) - A_z(x,y,f_1(x,y)) \right\}\, dx\, dy$$

Auf der oberen Teilfläche F_2 gilt:

$$dx\, dy = (\vec{e}_z \cdot \vec{n}_2)\, dF_2$$

auf der unteren Teilfläche F_1 gilt:

$$dx\, dy = (-\vec{e}_z \cdot \vec{n}_1)\, dF_1$$

Also ist:

$$\iint\limits_{R} A_z(x,y,f_2(x,y))\, dx\, dy = \iint\limits_{F_2} A_z\, (\vec{e}_z \cdot \vec{n}_2)\, dF_2$$

und:

$$\iint\limits_{R} A_z(x,y,f_1(x,y))\, dx\, dy = \iint\limits_{F_1} A_z\, (-\vec{e}_z \cdot \vec{n}_1)\, dF_1$$

Damit wird wegen $F_1 + F_2 - \Gamma$

$$\iiint\limits_{V} \frac{\partial A_z}{\partial z}\, dV \;=\; \iint\limits_{F_2} A_z\, (\vec{e}_z \cdot \vec{n}_2)\, dF_2 + \iint\limits_{F_1} A_z\, (\vec{e}_z \cdot \vec{n}_1)\, dF_1$$

$$=\; \oint\limits_{F(V)} A_z\, (\vec{e}_z \cdot \vec{n})\, dF$$

In gleicher Weise kann man zeigen, daß

$$\iiint\limits_{V} \frac{\partial A_x}{\partial x}\, dV = \oint\limits_{F(V)} A_x\, (\vec{e}_x \cdot \vec{n})\, dF$$

und

$$\iiint\limits_{V} \frac{\partial A_y}{\partial y}\, dV = \oint\limits_{F(V)} A_y\, (\vec{e}_y \cdot \vec{n})\, dF$$

ist. Durch Addition folgt daraus

$$\iiint\limits_{V} \left\{ \frac{\partial A_x}{\partial x} + \frac{\partial A_y}{\partial y} + \frac{\partial A_z}{\partial z} \right\}\, dV = \oint\limits_{F(V)} (\vec{A} \cdot \vec{n})\, dF$$

Beipiel 12.2: ━━━━━━━━━━━━━
Ergänzung zu Beispiel 11.9
Dort wurde der Vektorfluß durch die gesamte Oberfläche eines speziellen Kreiszylinders für das Vektorfeld $\vec{A} = \vec{r}$ d.h. das Integral

$$I = \oint\limits_{F(V)} \vec{A} \cdot d\vec{F}$$

berechnet. Es ergab sich $I = 3\,\pi\,h\,R^2$.
Das Volumenintegral

$$\int\limits_V \operatorname{div} \vec{A}\, dV$$

erstreckt über den gleichen Zylinder, muß nach dem Satz von Gauß dasselbe Ergebnis liefern: Mit der in Kapitel 10 abgeleiteten Darstellung der Divergenz in Zylinderkoordinaten

$$\operatorname{div} \vec{A} = \frac{1}{\rho}\left\{ \frac{\partial}{\partial \rho}(\rho A_\rho) + \frac{\partial}{\partial \phi}(A_\phi) + \frac{\partial}{\partial z}(\rho A_z) \right\}$$

erhält man für das Vektorfeld

$$\vec{A}(\rho,\,\phi,\,z) = \rho \cdot \vec{e}_\rho + z \cdot \vec{e}_z$$

mit den Komponentenfunktionen

$$A_\rho = \rho \qquad A_\phi = 0 \qquad A_z = z$$

den bekannten Wert $\operatorname{div} \vec{A} = 3$. Das Volumenintegral

$$\iiint\limits_V \operatorname{div} \vec{A}\, dV,$$

erstreckt über den Kreiszylinder aus Beispiel 11.9, berechnet sich in Zylinderkoordinaten zu:

$$\iiint\limits_{\text{Zylinder}} \operatorname{div} \vec{A}\, dV = \int\limits_0^h \int\limits_0^{2\pi} \int\limits_0^R 3\,\rho\, d\rho\, d\phi\, dz$$

$$= 3 \cdot \int\limits_0^h dz \cdot \int\limits_0^{2\pi} d\phi \cdot \int\limits_0^R \rho\, d\rho = 3\,\pi\,h\,R^2$$

Eine Reihe von **Folgerungen** lassen sich aus dem Gaußschen Satz ableiten:

1. **Koordinatenunabhängige Definition der Divergenz**: Wendet man den Satz von Gauß auf ein beliebig kleines Volumen ΔV im Vektorfeld $\vec{A}$ an, so ist

$$\iiint\limits_{\Delta V} \operatorname{div} \vec{A}\, dV = \oint\limits_{F(V)} \vec{A} \cdot d\vec{F}$$

Im Grenzfall wird daraus

$$\operatorname{div} \vec{A} = \lim_{\Delta V \to 0} \frac{1}{\Delta V} \oint \vec{A} \cdot d\vec{F} \qquad (12.9)$$

$\operatorname{div} \vec{A}$ ist damit als **lokale Quellstärke** des Vektorfeldes $\vec{A}$ in dem auf einen Punkt zusammengezogenen Volumen ΔV erklärt.

2. Der **Gaußsche Satz für ein skalares Feld** $\phi(\vec{r})$: Wendet man den Gaußschen Satz auf das Vektorfeld

$$\vec{A} = \vec{a} \cdot \phi(\vec{r})$$

an, in dem $\vec{a}$ ein beliebiger, aber konstanter Vektor und $\phi(\vec{r})$ ein stetig differenzierbares Skalarfeld sind, so folgt wegen

$$\operatorname{div}(\vec{a} \cdot \phi) = \phi \cdot \underbrace{\operatorname{div} \vec{a}}_{=0} + \vec{a} \cdot \operatorname{grad} \phi$$

$$\Rightarrow \qquad \vec{a} \iiint\limits_{V} \operatorname{grad} \phi\, dV = \vec{a} \oint\limits_{F(V)} \phi\, d\vec{F}$$

$$\Rightarrow \qquad \vec{a} \cdot \left(\iiint\limits_{V} \operatorname{grad} \phi\, dV - \oint\limits_{F(V)} \phi\, d\vec{F} \right) = 0$$

In diesem Skalarprodukt ist $\vec{a}$ nach Betrag und Richtung beliebig, also muß der in der Klammer stehende Vektor verschwinden:

$$\iiint\limits_{V} \operatorname{grad} \phi\, dV = \oint\limits_{F(V)} \phi\, d\vec{F} \qquad (12.10)$$

3. Mit (12.10) ergibt sich für das skalare Feld $\phi(\vec{r}) \cdot \psi(\vec{r})$ mit

$$\vec{\nabla}(\phi \cdot \psi) = \phi \vec{\nabla} \psi + \psi \vec{\nabla} \phi$$

der Integralsatz

$$\iiint\limits_{V} \phi \cdot \vec{\nabla} \psi\, dV = \oint\limits_{F(V)} (\phi \cdot \psi)\, d\vec{F} - \iiint\limits_{V} \psi \cdot \vec{\nabla} \phi\, dV \qquad (12.11)$$

4. Ist ein Vektorfeld speziell in der Form

$$\vec{B} = \vec{a} \times \vec{A}(\vec{r})$$

gegeben, worin $\vec{a}$ ein beliebiger konstanter Vektor ist, so folgt wegen

$$\operatorname{div}(\vec{a} \times \vec{A}) = \vec{A} \operatorname{rot} \vec{a} - \vec{a} \operatorname{rot} \vec{A} \qquad \text{und} \qquad \operatorname{rot} \vec{a} = 0$$

aus dem Gaußschen Satz:

$$\iiint\limits_V \operatorname{div} \vec{B} \, dV \;=\; \oiint\limits_{F(V)} \vec{a} \times \vec{A} \cdot \vec{n} \, dF$$

$$\Rightarrow \qquad -\vec{a} \cdot \iiint\limits_V \operatorname{rot} \vec{A} \, dV \;=\; -\vec{a} \cdot \oiint\limits_{F(V)} (\vec{n} \times \vec{A}) \, dF$$

$$\Rightarrow \qquad \iiint\limits_V \operatorname{rot} \vec{A} \, dV = \oiint\limits_{F(V)} (\vec{n} \times \vec{A}) \, dF \qquad (12.12)$$

5. Für ein Vektorfeld $\vec{C}(\vec{r}) = \vec{A}(\vec{r}) \times \vec{B}(\vec{r})$ folgt aus

$$\iiint\limits_V \operatorname{div} \vec{C} \, dV = \oiint\limits_{F(V)} \vec{C} \cdot d\vec{F}$$

mit

$$\operatorname{div}(\vec{A} \times \vec{B}) = \vec{B} \operatorname{rot} \vec{A} - \vec{A} \operatorname{rot} \vec{B}$$

$$\iiint\limits_V \vec{B} \operatorname{rot} \vec{A} \, dV = \iiint\limits_V \vec{A} \operatorname{rot} \vec{B} \, dV + \oiint\limits_{F(V)} (\vec{A} \times \vec{B}) \, d\vec{F} \qquad (12.13)$$

6. Es sei ein Vektorfeld gegeben als $\vec{A} = \phi \cdot \operatorname{grad} \psi$ mit den beiden stetig differenzierbaren Skalarfeldern $\phi(\vec{r})$ und $\psi(\vec{r})$. Mit

$$\operatorname{div}(\phi \cdot \operatorname{grad} \psi) = \phi \cdot \Delta\psi + \operatorname{grad} \phi \cdot \operatorname{grad} \psi$$

ergibt der Satz von Gauß

$$\iiint\limits_V \phi \Delta\psi \, dV = \oiint\limits_{F(V)} \phi \vec{\nabla}\psi \, d\vec{F} - \iiint\limits_V \vec{\nabla}\psi \cdot \vec{\nabla}\phi \, dV \qquad (12.14)$$

Diesen Integralsatz bezeichnet man als *Greenschen Satz in der unsymmetrischen Form.* [§]

[§]G. Green, 1793 - 1841

7. Ist das Vektorfeld $\vec{A}$ gegeben in der Form

$$\vec{A} = \phi\Delta\psi - \psi\Delta\phi$$

(ϕ und ψ sind mindestens zweimal stetig differenzierbare Skalarfelder), so gilt

$$\operatorname{div}(\phi\vec{\nabla}\psi - \psi\vec{\nabla}\phi) = \phi\Delta\psi - \psi\Delta\phi + \underbrace{\vec{\nabla}\phi \cdot \vec{\nabla}\psi - \vec{\nabla}\psi \cdot \vec{\nabla}\phi}_{=0}$$

D.h. mit dem Gaußschen Satz folgt hieraus der **Satz von Green**:

$$\iiint\limits_V (\phi\Delta\psi - \psi\Delta\phi)\, dV = \oint\limits_{F(V)} (\phi\vec{\nabla}\psi - \psi\vec{\nabla}\phi)\, d\vec{F} \tag{12.15}$$

Teil IV

Differentialgleichungen

Kapitel 13

Gewöhnliche Differentialgleichungen: Analytische Lösungen

Definition: Mit **Differentialgleichung (DGl)** bezeichnet man eine Gleichung, in der neben den unabhängigen Variablen eine oder mehrere Funktionen dieser Variablen sowie die Differentialquotienten (erste oder höhere Ableitungsfunktionen) dieser Funktionen auftreten.

Die quantitative Beschreibung zahlreicher physikalischer Phänomene fuhrt auf Differentialgleichungen. Einige der bekanntesten Beispiele dafür sind:

1. Die Differentialgleichung des radioaktiven Zerfalls:

$$\frac{dN}{dt} = -\lambda \cdot N$$

2. Die Newtonsche Bewegungsgleichung:

$$m \cdot \frac{d^2 \vec{r}}{dt^2} = \vec{F}$$

3. Die Schwingungsgleichung:

$$\frac{d^2 \phi}{dt^2} + \omega^2 \cdot \phi = 0$$

4. Die Wellengleichung:

$$\frac{\partial^2 y}{\partial t^2} = c^2 \cdot \frac{\partial^2 y}{\partial x^2}$$

5. Die Poissonsche Potentialgleichung:

$$\left(\frac{\partial^2}{\partial x^2} + \frac{\partial^2}{\partial y^2} + \frac{\partial^2}{\partial z^2} \right) \psi = -\frac{\rho}{\epsilon_0}$$

Bezeichnungen und Klassifizierung von Differentialgleichungen:

1. Hängen alle Funktionen in der DGl nur von einer unabhängigen Variablen ab, so spricht man von einer **gewöhnlichen Differentialgleichung**:

$$F\left(x, y(x), y'(x), \cdots y^n(x)\right) = 0$$

(Beispiele Nr. 1, 2 und 3)

Sind andererseits die Funktionen von mehreren unabhängigen Variablen abhängig, so spricht man von **partiellen Differentialgleichungen**:

$$F\left(x, y, u(x,y), \frac{\partial u}{\partial x}, \frac{\partial u}{\partial y}, \frac{\partial^2 u}{\partial x^2}, \frac{\partial^2 u}{\partial x \partial y}, \cdots\right) = 0$$

(Beispiele Nr. 4 und 5)

2. Als **Ordnung einer Differentialgleichung** bezeichnet man die höchste Ordnung der in der DGl auftretenden Ableitungen:

(Beispiel Nr. 1 ist eine DGl erster Ordnung,
die anderen Beispiele sind DGln zweiter Ordnung.)

3. Grad einer Differentialgleichung: Die Differentialgleichung lasse sich als Polynom der gesuchten Funktion und ihrer Ableitungen schreiben: Dann nennt man die höchste Summe der Exponenten der abhängigen Variablen (y) und ihrer Ableitungen (y', y'', $\cdots$) in einem Summanden des Polynoms den **Grad der DGl**.

(Die DGl: $ye^x - 4x^2 y'^2 y'' + 3x^5 y - 8 = 0$
ist eine gewöhnliche DGl zweiter Ordnung dritten Grades.)

Differentialgleichungen **ersten Grades** bezeichnet man auch als **lineare Differentialgleichungen**.

(Beispiel Nr.1 ist eine gewöhnliche, lineare DGl erster Ordnung,
Beispiel Nr.4 eine partielle, lineare DGl zweiter Ordnung.)

13.1 Einige Lösungsmethoden für gewöhnliche Differentialgleichungen erster Ordnung

„Eine Differentialgleichung n-ter Ordnung lösen heißt, alle diejenigen n-mal stetig differenzierbaren Funktionen zu ermitteln, die, mit ihren Ableitungen in die Differentialgleichung eingesetzt, diese identisch erfüllen." ([7])

Die **allgemeine Lösung einer gewöhnlichen DGl n-ter Ordnung** enthält in der Regel n **freie Integrationskonstanten als Parameter**, die es erlauben, aus der Gesamtheit aller Lösungen eine bestimmte Lösung herauszufinden, die vorgegebenen Anfangs- oder Randbedingungen eines Problems genügt.

13.1.1 Die Methode der Trennung der Variablen

Gegeben sei eine gewöhnliche Differentialgleichung in der Form

$$y'(x) = \frac{f(x)}{g(y)}$$

($f(x)$ sei definiert über einem Intervall $[a, b]$, $g(y)$ über $[c, d]$ und es sei $g(y) \neq 0$.)
Die Integration der Gleichung

$$g(y) \cdot y'(x) = f(x)$$

über x zwischen den Grenzen x_0 und x (beide aus $[a, b]$) ergibt:

$$\int_{x_0}^{x} g(y) \cdot y'(x) \, dx = \int_{x_0}^{x} f(x) \, dx$$

Führt man im linken Integral die Substitution mit

$$y'(x) \, dx = dy$$

aus und geht zu den Grenzen $y_0 = y(x_0)$ und $y = y(x)$ über, so folgt

$$\int_{y_0}^{y} g(y) \, dy = \int_{x_0}^{x} f(x) \, dx$$

Bezeichnet man mit $G(y)$ und $F(x)$ die Stammfunktionen zu $g(y)$ und $f(x)$, so lautet die allgemeine Lösung der gegebenen DGl

$$G(y) = F(x) + C \qquad (C \text{ ist die Integrationskonstante})$$

Beispiel 13.1: ───────────────────────────────
Radioaktiver Zerfall
Eine zur Zeit t vorhandene Anzahl N radioaktiver Kerne nimmt mit der Zeit durch Zerfall ab gemäß der Differentialgleichung

$$\frac{dN}{dt} = -\lambda \cdot N$$

λ ist darin die Zerfallskonstante. Liegen zur Zeit t_0 N_0 Kerne vor (Anfangswert), so ergibt die Integration nach der Methode der Trennung der Variablen:

$$\int\limits_{t_0}^{t} \frac{1}{N} \cdot \frac{dN}{dt} \, dt = \int\limits_{t_0}^{t} -\lambda \, dt$$

$$\int\limits_{N_0}^{N} \frac{dN}{N} = -\lambda \cdot \int\limits_{t_0}^{t} dt$$

$$N = N_0 \cdot e^{-\lambda(t-t_0)}$$

Beispiel 13.2: ━━━━━━━━━━━━━━━━━━━━━━━━━━━━━━━━
Integration der eindimensionalen Bewegungsgleichung für eine ortsabhängige Kraft

$$m \cdot \frac{d^2 x}{dt^2} = F(x) \qquad\qquad (13.1)$$

Zu $F(x)$ gibt es eine Potentialfunktion

$$U(x) = -\int\limits_{0}^{x} F(\xi) \, d\xi$$

D.h. zu lösen ist die Differentialgleichung

$$m \cdot \frac{d^2 x}{dt^2} = -\frac{dU(x)}{dx}$$

Durch Multiplikation mit (dx/dt) erhält man

$$\frac{d}{dt} \left\{ \frac{1}{2} m \left(\frac{dx}{dt} \right)^2 + U(x) \right\} = 0$$

so daß als *1. Integral der Differentialgleichung* in diesem Fall der Energieerhaltungssatz der Mechanik folgt:

$$\frac{1}{2} \cdot m \left(\frac{dx}{dt} \right)^2 + U(x) = E$$

E ist hier die Integrationskonstante und als Gesamtenergie zu deuten. Der zeitliche Ablauf der Bewegung $x(t)$ kann aus dieser Differentialgleichung mit Hilfe der Methode der Trennung der Variablen wenigstens im Prinzip berechnet werden:

$$\frac{dx}{dt} = \sqrt{\frac{2}{m}(E - U(x))}$$

$$\int\limits_{t_A}^{t_B} dt = \int\limits_{x_A}^{x_B} \frac{d\xi}{\sqrt{\frac{2}{m}(E - U(x))}}$$

$$t_B - t_A = \int\limits_{x_A}^{x_B} \frac{d\xi}{\sqrt{\frac{2}{m}(E - U(x))}} \qquad \Rightarrow \qquad t = t(x)$$

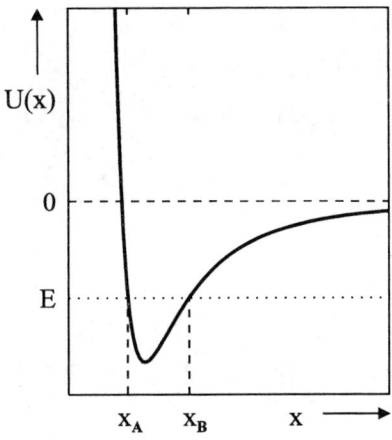

Abb. 13.1: Eine Potentialfunktion $U(x)$

Physikalisch bedeutet $T = t_B - t_A$ die Laufzeit des Teilchens der Masse m im Potential $U(x)$ bei einer Gesamtenergie E zwischen x_A und x_B. Für ein Parabelpotential

$$U(x) = \frac{1}{2} \cdot D \cdot x^2$$

führt die Integration bei endlicher Gesamtenergie E auf harmonische Schwingungen.

13.1.2 Das Substitutionsverfahren

Gegeben sei die *lineare Differentialgleichung 1. Ordnung* in ihrer allgemeinen Form:

$$y' + p(x) \cdot y + q(x) = 0 \tag{13.2}$$

Ersetzt man die Funktion $y(x)$ durch den *Lösungsansatz*

$$y(x) = u(x) \cdot z(x)$$

so folgt mit

$$y' = u \cdot z' + z \cdot u'$$

durch Einsetzen in die Differentialgleichung:

$$z' + \left(\frac{u'}{u} + p\right) \cdot z + \frac{q}{u} = 0$$

Wählt man nun den Faktor u so, daß

$$\frac{u'}{u} + p = 0$$

ist, so ergibt sich durch Integration

$$\log u \;=\; -\int p\,dx + C_1$$

$$\Rightarrow \quad u \;=\; C_1 \cdot \exp\left\{-\int p\,dx\right\}$$

Die ursprüngliche Differentialgleichung lautet aber:

$$z' = -\frac{q}{u}$$

Durch Integration wird daraus:

$$z = C_2 - \int \frac{q}{u}\,dx$$

Durch Einsetzen von u erhält man

$$z = C_2 - \frac{1}{C_1} \int q \cdot \exp\left\{\int p\,dx\right\}\,dx$$

Mit $C = C_1 \cdot C_2$ und unter Berücksichtigung von $y = u \cdot z$ folgt das *allgemeine Integral* der linearen DGl erster Ordnung:

$$y = \exp\left\{-\int p\,dx\right\} \cdot \left\{C - \int q \cdot \exp\left(\int p\,dx\right)\,dx\right\} \qquad (13.3)$$

Beispiel 13.3: ▬▬▬▬▬▬▬▬▬▬▬▬▬▬▬▬▬▬▬▬▬▬

Der Stromkreis mit Ohmschem Widerstand R und Induktivität L

Die Stromstärke I als Funktion der Zeit t gehorcht hier der Differentialgleichung

$$\frac{d\,I}{d\,t} + \frac{R}{L} \cdot I - \frac{U}{L} = 0$$

Die Lösungsfunktion $I(t)$ wird unter zwei verschiedenen Annahmen über die eingespeiste Spannung $U(t)$ mit Hilfe des allgemeinen Integrals der linearen Differentialgleichung erster Ordnung berechnet.

1. $U(t) = \text{const.}$

   In Gleichung (13.3) setzt man mit t anstelle von x:

$$p(t) = \frac{R}{L} = \text{const.} \qquad \Rightarrow \qquad \int p \, dt = \frac{R}{L} \cdot t$$

$$q(t) = -\frac{U}{L} = \text{const.} \qquad \Rightarrow \qquad \int q \, dt = -\frac{U}{L} \cdot t$$

Damit folgt aus der allgemeinen Lösung

$$\begin{aligned}
I(t) &= \exp\left(-\frac{R}{L}t\right) \cdot \left\{ C + \frac{U}{L} \int_0^t \exp\left(\frac{R}{L}t\right) \, dt \right\} \\
&= e^{-\frac{R}{L}t} \cdot \left\{ C + \frac{U}{L} \cdot \left[\frac{L}{R} e^{\frac{R}{L}t} - \frac{L}{R} \right] \right\}
\end{aligned}$$

Die Anfangsbedingung $I(0) = 0$ legt den Wert der Konstanten C fest: $C = 0$.
Das Ergebnis lautet:

$$I(t) = \frac{U}{R} \cdot \left\{ 1 - e^{-\frac{R}{L}t} \right\}$$

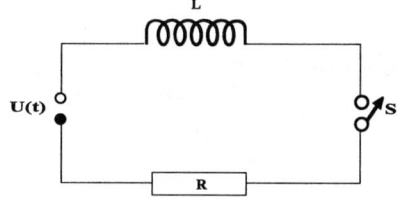

Abb. 13.2: R-L-Kreis

2. $U(t) = U_0 \cdot \sin(\omega t + \phi_0)$

   Als allgemeine Lösung der Differentialgleichung lautet der Strom im Stromkreis:

$$I(t) = \frac{U}{L} \cdot e^{-\frac{R}{L}t} \cdot \int_0^t e^{\frac{R}{L}t} \cdot \sin(\omega t + \phi_0) \, dt$$

Bei gleicher Anfangsbedingung $I(0) = 0$ liefert die Integration:

$$I(t) = \frac{U_0}{\sqrt{R^2 + \omega^2 L^2}} \cdot e^{-\frac{R}{L}t} \cdot \left\{ e^{\frac{R}{L}t} \cdot \sin(\omega t + \phi_0 - \alpha) - \sin(\phi_0 - \alpha) \right\}$$

mit den Abkürzungen

$$\sin \alpha = \frac{\omega L}{\sqrt{R^2 + \omega^2 L^2}} \qquad\qquad \cos \alpha = \frac{R}{\sqrt{R^2 + \omega^2 L^2}}$$

$$\tan \alpha = \frac{\omega L}{R} \qquad \left(0 \leq \alpha \leq \frac{\pi}{2} \right)$$

Nennt man

$$U_1(t) = U_0 \cdot \sin(\omega t + \phi_0 - \alpha)$$

so lautet die Lösungsfunktion:

$$I(t) = \frac{U_1(t)}{\sqrt{R^2 + \omega^2 L^2}} - \frac{U_1(0)}{\sqrt{R^2 + \omega^2 L^2}} \cdot e^{-\frac{R}{L}t}$$

13.1.3 Integration der allgemeinen, linearen Differentialgleichung 1. Ordnung nach der Methode der Variation der Konstanten

Die Differentialgleichung

$$y' + p(x) \cdot y = -q(x)$$

ist durch die Funktion $-q(x)$ auf der rechten Seite eine **inhomogene** DGl.
Die Lösung der zugehörigen **homogenen** DGl

$$y' + p(x) \cdot y = 0$$

ist nach der Methode der Trennung der Variablen leicht zu finden:

$$\int \frac{dy}{y} = -\int p\, dx \qquad \Rightarrow \qquad y = C \cdot \exp\left(-\int p\, dx\right)$$

C ist die Integrationskonstante.

Zur Lösung der inhomogenen DGl wird nun der *Ansatz* gemacht:

$$y = C(x) \cdot \exp\left(-\int p\, dx\right)$$

d.h. die Integrationskonstante C wird als Funktion von x angesetzt (**Variation der Konstanten** [*]). Durch Einsetzen in die DGl ergibt sich eine Differentialgleichung für $C(x)$:

$$C' = -q \cdot \exp\left(\int p\, dx\right)$$

$$\Rightarrow \qquad C(x) = C_0 - \int q \cdot \exp\left(\int p\, dx\right)\, dx$$

Es folgt wieder die allgemeine Lösung der linearen DGl 1. Ordnung (Gl. 13.3):

$$y = \exp\left\{-\int p\, dx\right\} \cdot \left\{C_0 - \int q \cdot \exp\left(\int p\, dx\right)\, dx\right\}$$

---

[*]J. L. Lagrange,   1736 - 1813

13.1.4 Die vollständige (exakte) Differentialgleichung

In einem einfach zusammenhängenden Gebiet G (s. Kap.9) seien die Funktionen

$$f(x,y) \qquad g(x,y) \qquad f_y(x,y) = \frac{\partial f}{\partial y} \qquad g_x(x,y) = \frac{\partial g}{\partial x}$$

definiert und stetig. Die Differentialgleichung

$$f(x,y) + g(x,y) \cdot y' = 0$$

anders geschrieben:

$$f(x,y)\, dx + g(x,y)\, dy = 0$$

ist genau dann eine **exakte Differentialgleichung**, wenn

$$f_y = g_x$$

ist. Die Stammfunktion $F(x,y)$ erhält man durch Berechnen des Kurvenintegrals

$$F(x,y) = \int\limits_{(x_0,y_0)}^{(x,y)} (f\, dx + g\, dy)$$

über einen achsenparallelen Polygonzug innerhalb von G. Der Wert dieses Kurvenintegrals ist von der speziellen Wahl des Polygonzuges unabhängig.

Zur Erläuterung dessen betrachte man die Funktionen f und g als partielle Ableitungen der Funktion F:

$$f = \frac{\partial F}{\partial x} \qquad \text{und} \qquad g = \frac{\partial F}{\partial y}$$

Dann ist das vollständige Differential der Funktion F gegeben als

$$dF = \frac{\partial F}{\partial x}\, dx + \frac{\partial F}{\partial y}\, dy = f\, dx + g\, dy$$

Aus der gegebenen DGl folgt $dF = 0$. Also ist

$$F(x,y) = \int dF = \text{const.}$$

Der integrierende Faktor

Gegeben sei eine Differentialgleichung 1.Ordnung

$$f(x,y)\, dx + g(x,y)\, dy = 0$$

für die die oben genannte Integrabilitätsbedingung $f_y = g_x$ nicht erfüllt ist. Dann ist es unter Umständen möglich, eine Funktion $\mu(x,y)$ zu finden, so daß die mit μ multiplizierte DGl

$$\mu \cdot f\, dx + \mu \cdot g\, dy = 0$$

die Bedingung

$$\frac{\partial}{\partial y}(\mu \cdot f) = \frac{\partial}{\partial x}(\mu \cdot g)$$

erfüllt. Diese Bedingung ist gleichzeitig eine Bestimmungs-Differentialgleichung für $\mu(x, y)$:

$$\frac{\partial \mu}{\partial x} \cdot g - \frac{\partial \mu}{\partial y} \cdot f + \mu \left(\frac{\partial g}{\partial x} - \frac{\partial f}{\partial y} \right) = 0$$

oder

$$g \cdot \frac{\partial (\log \mu)}{\partial x} - f \cdot \frac{\partial (\log \mu)}{\partial y} = \frac{\partial f}{\partial y} - \frac{\partial g}{\partial x}$$

Eine allgemeine Lösung hierzu läßt sich nicht angeben. Aber in dem speziellen Fall, daß $\mu = \mu(x)$ nur eine Funktion von x ist, d.h. wenn

$$\frac{1}{g} \cdot \left(\frac{\partial f}{\partial y} - \frac{\partial g}{\partial x} \right)$$

nur von x abhängt, ist der *integrierende Faktor* μ durch einfache Integration berechenbar aus:

$$\frac{\partial (\log \mu)}{\partial x} = \frac{1}{g} \cdot \left(\frac{\partial f}{\partial y} - \frac{\partial g}{\partial x} \right) \tag{13.4}$$

Beispiel 13.4:
Vollständige Differentialgleichungen

1. Die folgende DGl ist eine exakte Differentialgleichung:

   $$x^3 + y^3 \cdot y' = 0$$

   Denn mit

   $$f(x, y) = x^3 \qquad \text{und} \qquad g(x, y) = y^3$$

   folgt $f_y = 0$ und $g_x = 0$, also $f_y = g_x$. Ihre Integration erfolgt über die Berechnung des Kurvenintegrals

   $$\int_{x_0, y_0}^{x, y} \left(x^3 \, dx + y^3 \, dy \right) = \frac{1}{4} \left(x^4 + y^4 \right) - \frac{1}{4} \left(x_0^4 + y_0^4 \right)$$

2. Die Differentialgleichung

   $$y' = \frac{y}{x - 2x^2 y} \qquad \text{bzw.} \qquad y \, dx + (2x^2 y - x) \, dy = 0$$

erfüllt die Integrabilitätsbedingung nicht: Mit $f(x,y) = y$ und $g(x,y) = 2x^2y - x$ folgt $f_y \neq g_x$.

Zur Berechnung eines integrierenden Faktors prüft man die Funktion

$$\frac{1}{g} \cdot \left(\frac{\partial f}{\partial y} - \frac{\partial g}{\partial x} \right) = \frac{1}{2x^2y - x}(1 - 4xy + 1) = -\frac{2}{x}$$

Sie ist nur von x abhängig. Also kann ein integrierender Faktor $\mu = \mu(x)$ berechnet werden:

$$\frac{d(\log \mu)}{dx} = -\frac{2}{x} \qquad \Rightarrow \qquad \log \mu = -2 \log x \qquad \Rightarrow \qquad \mu = \frac{1}{x^2}$$

Durch Multiplikation mit μ wird die Ausgangsdifferentialgleichung in eine exakte DGl überführt:

$$\frac{1}{x^2} \cdot y \, dx + \frac{1}{x^2} \cdot (2x^2y - x) \, dy = 0$$

erfüllt die Bedingung $f_y = g_x$:

$$\frac{\partial}{\partial y}\left(\frac{y}{x^2} \right) = \frac{1}{x^2} = \frac{\partial}{\partial x}\left(2y - \frac{1}{x} \right)$$

Sie kann nun durch Berechnung eines Kurvenintegrals integriert werden:

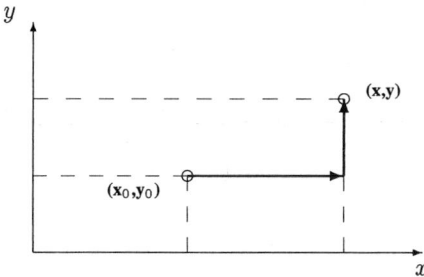

Abb. 13.3: Achsenparalleler Integrationsweg

$$\int_{x_0}^{x} f \, dx + \int_{y_0}^{y} g \, dy = C$$

$$\int_{x_0}^{x} \frac{y}{x^2} \, dx + \int_{y_0}^{y} \left(2y - \frac{1}{x^2} \right) dy = C$$

$$y^2 - \frac{y}{x} = C$$

3. Die Differentialgleichung

$$(p(x) \cdot y + q(x)) \; dx + dy = 0$$

(die allgemeine, lineare DGl 1. Ordnung) ist in dieser Form keine vollständige DGl. Denn für

$$f = py + q \qquad \text{und} \qquad g = 1 \qquad \text{ist} \qquad f_y \neq g_x$$

Da aber

$$\frac{1}{g} \cdot \left(\frac{\partial f}{\partial y} - \frac{\partial g}{\partial x} \right) = p(x)$$

nur von x abhängt, kann man einen integrierenden Faktor $\mu(x)$ berechnen:

$$\frac{d(\log \mu)}{dx} = p \qquad \Rightarrow \qquad \mu = e^{\int p \, dx}$$

Die Multiplikation der DGl mit $\mu(x)$ führt zu der exakten DGl:

$$e^{\int p \, dx} (py + q) \; dx + e^{\int p \, dx} \; dy = 0$$

deren Integration die allgemeine Lösung der linearen Differentialgleichung 1. Ordnung ergibt:

$$F(x,y) = C_1 + y \, e^{\int p \, dx} + \int q(x) \cdot e^{\int p \, dx} \, dx = C_2$$

Mit $C = C_2 - C_1$ ist das die schon bekannte Lösung (Gl. 13.3).

13.2 Einige Lösungsverfahren für gewöhnliche Differentialgleichungen 2. Ordnung

13.2.1 Allgemeines zur Lösung gewöhnlicher, linearer Differentialgleichungen n-ter Ordnung

Die lineare Differentialgleichung n-ter Ordnung

$$p_n(t) \cdot x^{(n)}(t) + p_{n-1}(t) \cdot x^{(n-1)}(t) + \cdots + p_1(t) \cdot x' + p_0(t) \cdot x = q(t)$$
$$(13.5)$$

in der $x^{(n)}(t)$ die n-te Ableitung der gesuchten Lösungsfunktion $x(t)$ und die $p_\nu(t)$ mit $\nu = 0, \cdots, n$ sowie $q(t)$ stetige Funktionen der Variablen t sind, wird häufig kurz als

$$L[x] = q(t)$$

geschrieben. Darin ist $L[x]$ eine Abkürzung für den auf der linken Seite von (13.5) stehenden linearen, homogenen Differentialausdruck:

$$L[x] \equiv \sum_{\nu=0}^{n} p_\nu(t) \cdot x^{(\nu)}(t)$$

Die lineare DGl heißt *homogen*, wenn $q(t) = 0$ ist, andernfalls *inhomogen*. Es folgt einiges über die Eigenschaften des linearen, homogenen Differentialausdrucks $L[x]$:

1. x und y seien zwei verschiedene, n-mal stetig differenzierbare Funktionen von t und a eine Konstante. Dann gilt

$$L[x+y] \;=\; \sum_{\nu=0}^{n} p_\nu(t) \cdot \left(x^{(\nu)} + y^{(\nu)}\right) \;=\; L[x] + L[y]$$

$$L[a \cdot x] \;=\; \sum_{\nu=0}^{n} p_\nu(t) \cdot a \cdot x^{(\nu)} \;=\; a \cdot L[x]$$

2. x_1 und x_2 seien zwei beliebige Lösungen der inhomogenen DGl $L[x] = q(t)$. Dann ist ihre Differenz $y = x_1 - x_2$ eine Lösung der zugehörigen homogenen DGl:

$$L[x_1] \;=\; q(t)$$

$$L[x_2] \;=\; q(t)$$

$$\rule{6cm}{0.4pt}$$

$$L[x_1] - L[x_2] \;=\; 0$$

$$\Rightarrow \quad L[x_1 - x_2] \;=\; L[y] = 0$$

3. Die Lösungsfunktion einer linearen, homogenen DGl sei komplex.

$$L[x] = 0 \qquad \text{mit} \qquad x = u + i\,v$$

Dann sind der Realteil u und der Imaginärteil v für sich Lösungen der Differentialgleichung:

$$L[x] = L[u + iv] = L[u] + iL[v] = 0$$

$$\Rightarrow \qquad L[u] = 0 \qquad \text{und} \qquad L[v] = 0$$

Die **allgemeine Lösung einer** *homogenen*, **linearen Differentialgleichung** n-**ter Ordnung** hat die Form:

$$x = C_1\,x_1(t) + C_2\,x_2(t) + \cdots + C_n\,x_n(t) \qquad (13.6)$$

Darin sind die C_ν Integrationskonstanten und die Funktionen x_ν, $\nu = 1 \cdots n$ bilden ein **Fundamentalsystem** von n **linear unabhängigen** Lösungsfunktionen.
Lineare Unabhängigkeit: n Funktionen $x_1, \cdots, x_n$, alle definiert über [a,b], heißen *linear unabhängig*, wenn die Gleichung

$$\sum_{\nu=1}^{n} \alpha_\nu \cdot x_\nu(t) = 0$$

nur dadurch erfüllbar ist, daß sämtliche Koeffizienten α_ν verschwinden.
Kriterium für die lineare Unabhängigkeit der n Lösungsfunktionen $x_1, x_2, \cdots, x_n$ ist ihre **Wronski-Determinante:**

$$W = \begin{vmatrix} x_1 & x_2 & \cdots & x_n \\ x_1' & x_2' & \cdots & x_n' \\ \vdots & \vdots & & \vdots \\ x_1^{(n-1)} & x_2^{(n-1)} & \cdots & x_n^{(n-1)} \end{vmatrix} \qquad (13.7)$$

Die n Lösungsfunktionen $x_1, \cdots, x_n$ der linearen, homogenen Differentialgleichung n-ter Ordnung $L[x] = 0$ bilden genau dann ein Fundamentalsystem der DGl, d.h. sind linear unabhängig, wenn ihre Wronski-Determinate für ein t_0 ihres Definitionsbereiches nicht verschwindet. (Näheres dazu s. [7])
Für die **allgemeine Lösung der** *inhomogenen* **Differentialgleichung**

$$L[x] \equiv \sum_{\nu=0}^{n} p_\nu(t) \cdot x^{(\nu)}(t) = q(t)$$

folgt aus den Eigenschaften von $L[x]$ der **Überlagerungssatz:**

$$x(t) = \sum_{k=1}^{n} C_k \cdot x_k(t) + \psi(t) \qquad (13.8)$$

d.h. sie ist die Summe aus der allgemeinen Lösung der zugehörigen homogenen Differentialgleichung (13.6) und einer speziellen (partikulären) Lösung $\psi(t)$ der inhomogenen Differentialgleichung. (vgl. Abschnitt 13.4.2)

13.2.2 Einschub: Phasenraumtrajektorien mechanischer Bewegungen

Zur Veranschaulichung des Bewegungszustandes und des zeitlichen Ablaufs der Bewegung von Massenpunkten dient der **Phasenraum**:

Sind der Ort des Teilchens durch den Vektor $\vec{r}$ (x, y, z) und sein Impuls durch den Vektor $\vec{p}$ (p_x, p_y, p_z) zur Zeit t gegeben, dann entspricht ein Punkt im *sechsdimensionalen Phasenraum* mit den Koordinaten x, y, z, p_x, p_y, p_z dem momentanen Bewegungszustand des Teilchens. Der Bewegungsablauf wird durch eine Kurve im Phasenraum, die **Phasenraumtrajektorie** beschrieben.

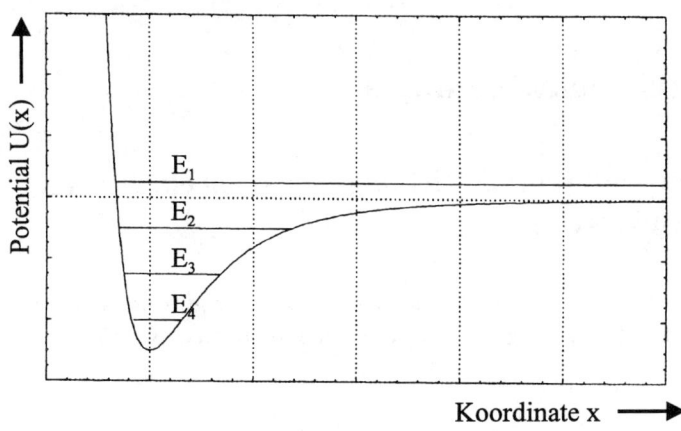

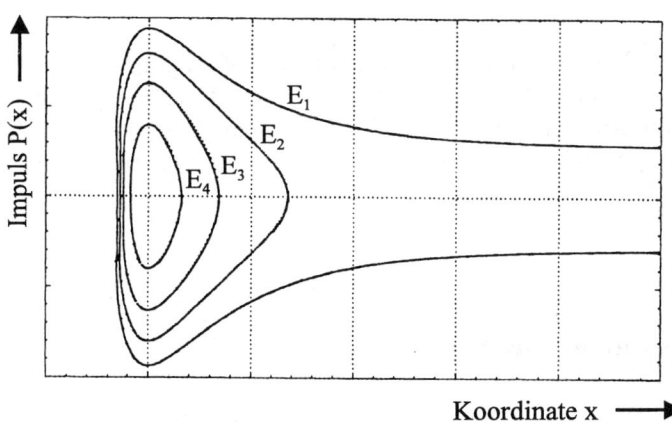

Abb. 13.4: Phasenraumbahnen im Lennard-Jones-Potential

Bewegt sich zum Beispiel das Teilchen gemäß Gleichung (13.1) im Lennard-Jones-Potential $U(x)$ (s. Abb. 3.1) eindimensional in x-Richtung, so läßt sich seine Bewegung bei verschiedenen Werten der Gesamtenergie E im zweidimensionalen Phasenraum mit den Koordinaten x und p_x veranschaulichen. Geschlossene Phasenraumbahnen deuten auf periodische Bewegungen, hier die nichtharmonischen Schwingungen im Potentialtopf $U(x)$ bei negativen Energiewerten. Bei der Energie E_1 ist das Teilchen nicht im Potential gebunden: Mit negativem Impuls aus dem Unendlichen kommend wird es am Potential reflektiert und bewegt sich von hier aus mit positivem Impuls davon.

13.3   Freie Schwingungen

13.3.1   Die Differentialgleichung der freien elastischen Schwingung

Bei der Schwingungsgleichung handelt es sich um eine **gewöhnliche, lineare, homogene Differentialgleichung 2. Ordnung mit konstanten Koeffizienten** des folgenden Typs:

$$P_2 \cdot \frac{d^2 x}{d t^2} + P_1 \cdot \frac{d x}{d t} + P_0 \cdot x = 0$$

Zwei sukzessive Integrationen führen zu den Lösungsfunktionen, die demgemäß zwei unbestimmte Integrationskonstanten aufweisen. Ist diese **zweiparametrige Schar von Lösungsfunktionen** gefunden, so kann die dem physikalischen Problem angepaßte spezielle Lösung durch Vorgabe **zweier Anfangsbedingungen** daraus ermittelt werden.

13.3.2   Lösung durch Ansatz

Die Lösungsfunktionen der Schwingungsgleichung können durch Einsetzen der folgenden Versuchsfunktion (**Ansatz**)

$$x(t) = \exp\left(\rho\, t\right)$$

ermittelt werden. Sie zu verwenden, ist naheliegend, da sie die Lösung der einfachsten Form dieses Differentialgleichungstyps darstellt:

$$P_1 \cdot \frac{d\,x}{d\,t} + P_0 \cdot x \;=\; 0$$

$$\frac{d\,x}{d\,t} \;=\; -\frac{P_0}{P_1} \cdot x$$

$$\int\limits_{t_0}^{t} \frac{1}{x} \cdot \frac{d\,x}{d\,t}\,d\,t \;=\; -\frac{P_0}{P_1} \cdot \int\limits_{t_0}^{t} d\,t$$

$$\int\limits_{x(t_0)}^{x(t)} \frac{d\,x}{x} \;=\; -\frac{P_0}{P_1} \cdot \int\limits_{t_0}^{t} d\,t \qquad \text{(Substitution)}$$

$$\ln \frac{x(t)}{x(t_0)} \;=\; -\frac{P_0}{P_1} \cdot (t - t_0)$$

$$x(t) \;=\; x(t_0) \cdot \exp\left(-\frac{P_0}{P_1} \cdot (t - t_0)\right)$$

In allgemeiner Form lautet die Lösung also:

$$\boxed{x(t) = C \cdot e^{\rho\,t}}$$

Diese Lösung einer Differentialgleichung **1. Ordnung** weist natürlich nur **eine Integrationskonstante** auf. **Ein Anfangswert**, z.B. $x(t_0)$ wählt aus der Schar möglicher Lösungsfunktionen eine spezielle aus.

13.3.3 Die Differentialgleichung freier ungedämpfter Schwingungen

$$\boxed{m \cdot \frac{d^2\,x}{d\,t^2} + D \cdot x = 0}$$

$$\implies \qquad \frac{d^2\,x}{d\,t^2} + \omega_0^2 \cdot x = 0 \qquad \text{mit} \qquad \frac{D}{m} = \omega_0^2$$

Einsetzen des Ansatzes $x = \exp(\rho\,t)$ ergibt:

$$\left(\rho^2 + \omega_0^2\right) \cdot e^{\rho\,t} = 0$$

Diese Gleichung kann nur für alle Werte von t erfüllt werden, wenn

$$\rho^2 + \omega_0^2 = 0$$

ist. Die Lösungen dieser „**charakteristischen Gleichung**" lauten:

$$\rho_{1/2} = \pm i\,\omega_0$$

Jedem der beiden ρ-Werte entspricht eine Lösungsfunktion, deren Linearkombination die **Gesamtheit aller möglichen Lösungen** darstellt [7]:

$$x(t) = C_1 \cdot e^{+i\,\omega_0\,t} + C_2 \cdot e^{-i\,\omega_0\,t}$$

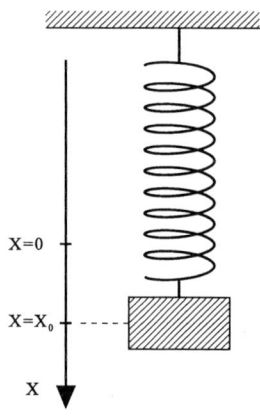

X=0

X=X$_0$

X

Abb. 13.5: Zu den harmonischen-Schwingungen einer Schraubenfeder

Zwei Anfangsbedingungen spezifizieren im (physikalisch) konkreten Fall die Integrationskonstanten C_1 und C_2:

Eine Schraubenfeder werde aus einer etwas gedehnten Ausgangslage $x = x_0$ ohne Anfangsgeschwindigkeit losgelassen. Zum Zeitpunkt $t = 0$ gilt also:

$$x = x_0 \quad \text{und} \quad \frac{d\,x}{d\,t} = 0$$

Durch Einsetzen dieser beiden Anfangsbedingungen in die allgemeine Lösung erhält man Bestimmungsgleichungen für C_1 und C_2:

$$x_0 \;=\; C_1 + C_2$$

$$0 \;=\; i\,\omega_0 \cdot C_1 - i\,\omega_0 \cdot C_2$$

$$\implies \qquad C_1 \;=\; C_2 = \frac{1}{2} \cdot x_0$$

Damit lautet also die Lösungsfunktion in diesem konkreten Fall

$$\boxed{\; x(t) = x_0 \cdot \frac{1}{2} \cdot \left\{ e^{+i\,\omega_0\,t} + e^{-i\,\omega_0\,t} \right\} = x_0 \cdot \cos\,\omega_0\,t \;}$$

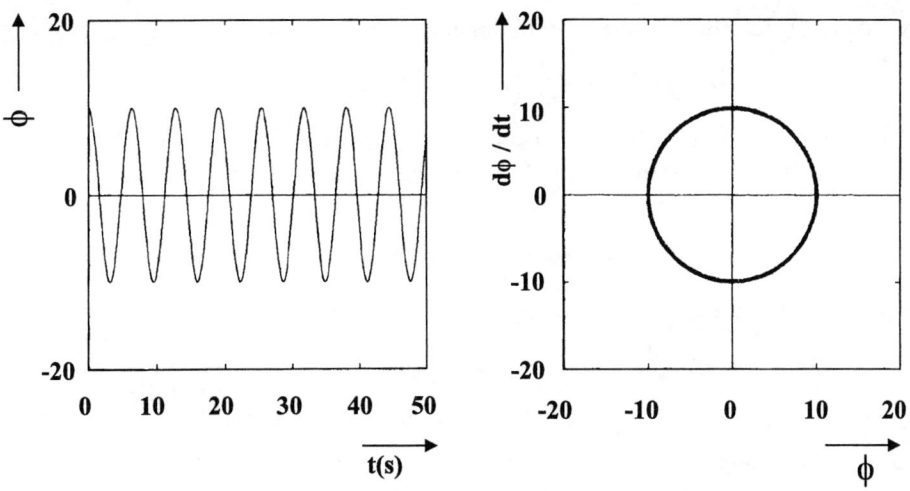

Abb. 13.6: Die freie ungedämpfter Schwingung und ihre Phasenraumbahn

13.3.4 Die Differentialgleichung freier gedämpfter Schwingungen

$$m \cdot \frac{d^2 x}{d t^2} + k \cdot \frac{d x}{d t} + D \cdot x = 0$$

Mit dem Lösungsansatz $x = \exp(\rho\, t)$ ergibt sich hieraus die charakteristische Gleichung:

$$\rho^2 + \frac{k}{m} \cdot \rho + \omega_0^2 = 0$$

Ihre Wurzeln sind:

$$\rho_{1/2} = -\lambda \pm \sqrt{\lambda^2 - \omega_0^2} \qquad \text{mit} \qquad \lambda = \frac{k}{2\,m}$$

In allgemeiner Form lauten die Lösungsfunktionen der Differentialgleichung damit:

$$x(t) = C_1 \cdot e^{\left(-\lambda + \sqrt{\lambda^2 - \omega_0^2}\right) t} + C_2 \cdot e^{\left(-\lambda - \sqrt{\lambda^2 - \omega_0^2}\right) t}$$

Der zeitliche Verlauf der Bewegung des schwingungsfähigen Systems hängt entscheidend von der Stärke der Dämpfung ab.

Geringe Dämpfung: $\quad \lambda^2 < \omega_0^2$

Die Werte für ρ_1 und ρ_2 sind komplex:

$$\rho_{1/2} = -\lambda \pm i\,\omega \qquad \text{mit} \qquad \omega = \sqrt{\omega_0^2 - \lambda^2}$$

Damit ergibt sich für die Lösungsfunktionen:

$$x(t) = e^{-\lambda t} \cdot \left(C_1 \cdot e^{+i\omega t} + C_2 \cdot e^{-i\omega t} \right)$$

Wählt man im konkreten Fall die gleichen Anfangsbedingungen wie in 13.3.3 für die nun in einem schwach dämpfenden Medium schwingende Schraubenfeder:

$$x(0) = x_0 \quad \text{und} \quad \left(\frac{dx}{dt} \right)_{t=0} = 0$$

dann lauten die Bestimmungsgleichungen für C_1 und C_2:

$$x_0 = C_1 + C_2$$
$$0 = (-\lambda + i\omega) \cdot C_1 + (-\lambda - i\omega) \cdot C_2$$

mit den Lösungen:

$$C_1 = x_0 \cdot \left(\frac{1}{2} + \frac{\lambda}{2i\omega} \right)$$

$$C_2 = x_0 \cdot \left(\frac{1}{2} - \frac{\lambda}{2i\omega} \right)$$

Der zeitliche Verlauf der schwach gedämpften Schwingung der Schraubenfeder wird danach durch die folgende Lösungsfunktion beschrieben:

$$
\begin{aligned}
x(t) &= x_0 \cdot e^{-\lambda t} \cdot \left\{ \frac{1}{2} \left(e^{i\omega t} + e^{-i\omega t} \right) + \frac{\lambda}{\omega} \cdot \frac{1}{2i} \left(e^{i\omega t} - e^{-i\omega t} \right) \right\} \\
&= x_0 \cdot e^{-\lambda t} \cdot \left\{ \cos \omega t + \frac{\lambda}{\omega} \cdot \sin \omega t \right\}
\end{aligned}
$$

Starke Dämpfung: $\lambda > \omega_0^2$

Hier sind die Wurzeln der charakteristischen Gleichung reell und negativ. Die allgemeine Form der Lösungsfunktionen lautet:

$$x(t) = C_1 \cdot e^{-\rho_1 t} + C_2 \cdot e^{-\rho_2 t}$$

Mit den Anfangsbedingungen aus Abschnitt 13.3.3 konkretisieren sich die Integrationskonstanten zu:

$$C_1 = x_0 \cdot \frac{\rho_2}{\rho_2 - \rho_1}$$

$$C_2 = x_0 \cdot \frac{\rho_1}{\rho_1 - \rho_2}$$

Die Bewegung der Schraubenfeder in einem stark dämpfenden Medium wird durch die Überlagerung zweier abklingender Exponentialfunktionen beschrieben („Kriechfall"):

$$x(t) = x_0 \cdot \left\{ \frac{\rho_2}{\rho_2 - \rho_1} \cdot e^{-\rho_1 t} + \frac{\rho_1}{\rho_1 - \rho_2} \cdot e^{-\rho_2 t} \right\}$$

Der aperiodische Grenzfall: $\quad \lambda^2 = \omega_0^2$

In diesem Fall gilt:

$$\rho_1 = \rho_2 = -\lambda \qquad \text{und} \qquad \omega = 0$$

Die Bewegung der schwach gedämpften Schraubenfeder wurde durch

$$x(t) = x_0 \cdot e^{-\lambda t} \cdot \left\{ \cos \omega t + \frac{\lambda}{\omega} \cdot \sin \omega t \right\}$$

beschrieben. Für kleine Werte von ω wird diese Funktion gut durch die folgende Potenzreihenentwicklung angenähert:

$$x(t) \approx x_0 \cdot e^{-\lambda t} \cdot \left\{ 1 - \frac{1}{2!} \cdot (\omega t)^2 + \cdots + \frac{\lambda}{\omega} \cdot \left(\omega t - \frac{1}{3!} \cdot (\omega t)^3 + \cdots \right) \right\}$$

Die Lösungsfunktion für den aperiodischen Grenzfall gewinnt man daraus durch Grenzübergang $\omega \to 0$:

$$\lim_{\omega \to 0} x(t) = x_0 \cdot e^{-\lambda t} \cdot (1 + \lambda t)$$

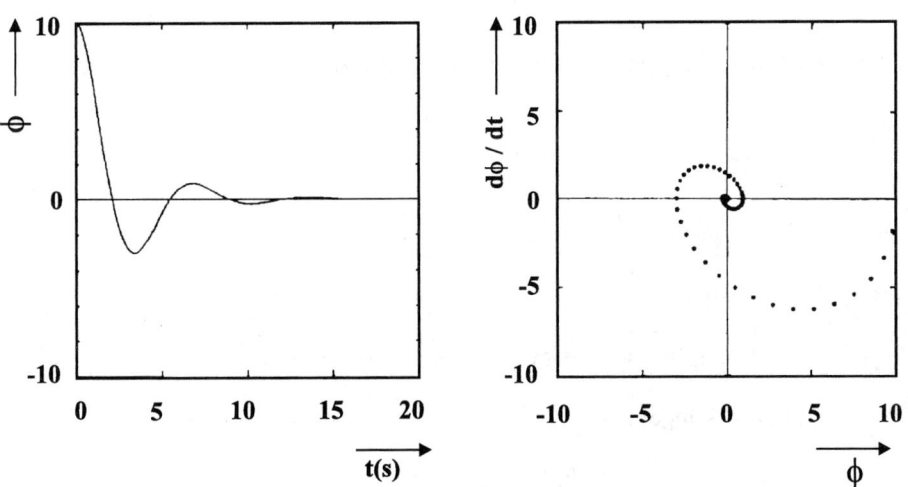

Abb. 13.7: Die freie gedämpfte Schwingung und ihre Phasenraumbahn

13.3.5   Phasenraumbahnen freier Schwingungen

Entsprechend dem in Abschnitt 13.2.2 gesagten kann man den Bewegungsablauf der Schwingungen außer durch den zeitlichen Verlauf der Schwingungsamplitude auch durch ihre Phasenraumtrajektorien veranschaulichen. Auf den Abbildungen 13.6 und 13.7 sind diese Darstellungen für die freie ungedämpfte und die freie gedämpfte Schwingung nebeneinandergestellt.

13.4   Erzwungene Schwingungen

13.4.1   Systeme von gekoppelten linearen Differentialgleichungen

Für den Spezialfall zweier durch eine Feder mit der Rückstellkraft D lose miteinander gekoppelter Pendel (gleiche Länge l, gleiche Masse m, keine Dämpfung, kleine Ausschläge $\phi_{1/2}$) gelten die Bewegungsgleichungen:

$$\text{Pendel} \quad 1: \quad \frac{d}{dt}\left\{m\,l^2\,\frac{d\phi_1}{dt}\right\} \;=\; -m\,g\,l\,\phi_1 + (\phi_2 - \phi_1)\,a^2\,D$$

$$\text{Pendel} \quad 2: \quad \frac{d}{dt}\left\{m\,l^2\,\frac{d\phi_2}{dt}\right\} \;=\; -m\,g\,l\,\phi_2 + (\phi_1 - \phi_2)\,a^2\,D$$

Mit der Abkürzung

$$k^2 = \frac{2\,a^2\,D}{m\,l^2}$$

lauten die beiden **gekoppelten Differentialgleichungen** für $\phi_1(t)$ und $\phi_2(t)$:

$$\frac{d^2\phi_1}{dt^2} + \omega_0^2\,\phi_1 = \frac{1}{2}\,k^2(\phi_1 - \phi_2)$$

$$\frac{d^2\phi_2}{dt^2} + \omega_0^2\,\phi_2 = \frac{1}{2}\,k^2(\phi_2 - \phi_1)$$

Lösung dieser DGln durch Übergang auf die neuen Variablen

$$\Phi_1 = \phi_1 - \phi_2 \qquad \text{und} \qquad \Phi_2 = \phi_1 + \phi_2$$

die das System entkoppeln:

$$\frac{d^2\Phi_1}{dt^2} + (\omega_0^2 + k^2)\,\Phi_1 \;=\; 0$$

$$\frac{d^2\Phi_2}{dt^2} \quad\;\; + \omega_0^2\,\Phi_2 \;=\; 0$$

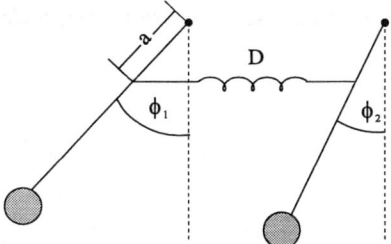

Abb. 13.8: Gekoppelte Pendel

Die Lösungen dieser Differentialgleichungen sind:

$$\Phi_1(t) = A_1 \cdot \cos(\Omega_1\, t - \delta_1)$$

$$\Phi_2(t) = A_2 \cdot \cos(\Omega_2\, t - \delta_2)$$

Sie entsprechen den beiden **Eigen-** oder **Normalschwingungen** des Systems mit den **Eigenfrequenzen**:

$$\Omega_1 = \sqrt{\omega_0^2 + k^2} \qquad \text{und} \qquad \Omega_2 = \omega_0$$

Die allgemeine Lösung dieses Systems gekoppelter Differentialgleichungen lautet:

$$\phi_1(t) = \frac{1}{2}\, A_1 \cos(\Omega_1\, t - \delta_1) + \frac{1}{2}\, A_2 \cos(\Omega_2\, t - \delta_2)$$

$$\phi_2(t) = \frac{1}{2}\, A_2 \cos(\Omega_2\, t - \delta_2) - \frac{1}{2}\, A_1 \cos(\Omega_1\, t - \delta_1)$$

Die Integrationskonstanten $A_1, A_2, \delta_1, \delta_2$ sind durch Vorgabe von je zwei Anfangsbedingungen für jedes Pendel zu berechnen.

13.4.2 Die inhomogene lineare Differentialgleichung 2. Ordnung mit konstanten Koeffizienten

Die DGl **erzwungener Schwingungen** lautet für eine allgemeine Störungsfunktion $f(t)$:

$$a\,\frac{d^2 x}{dt^2} + b\,\frac{dx}{dt} + c\, x = f(t) \tag{13.9}$$

Aus einer Reihe verschiedener Lösungsverfahren wird hier ein in der Praxis besonders wichtiges vorgestellt. Es ist anwendbar, wenn die erzwungene Schwingung durch eine periodisch wirkende Kraft angeregt wird:

$$f(t) = f(t + T) \qquad \text{mit der Periode } T$$

Dann kann $f(t)$ in eine Fourierreihe entwickelt werden (s. Kap. 16), die Differentialgleichung für jede Fourierkomponente als Störungsfunktion gelöst werden und durch Überlagerung die Gesamtlösung gewonnen werden.

Berechnung der Lösung für eine einzelne Fourierkomponente mit der Frequenz ω^* in der erregenden Kraft:

$$f(t) = F_0 \, \cos \omega^* t$$

Die zu lösende inhomogene Differentialgleichung für die physikalisch relevante reelle Lösungsfunktion $x(t)$ lautet:

$$a \frac{d^2 x}{dt^2} + b \frac{dx}{dt} + c\, x = F_0 \cos \omega^* t$$

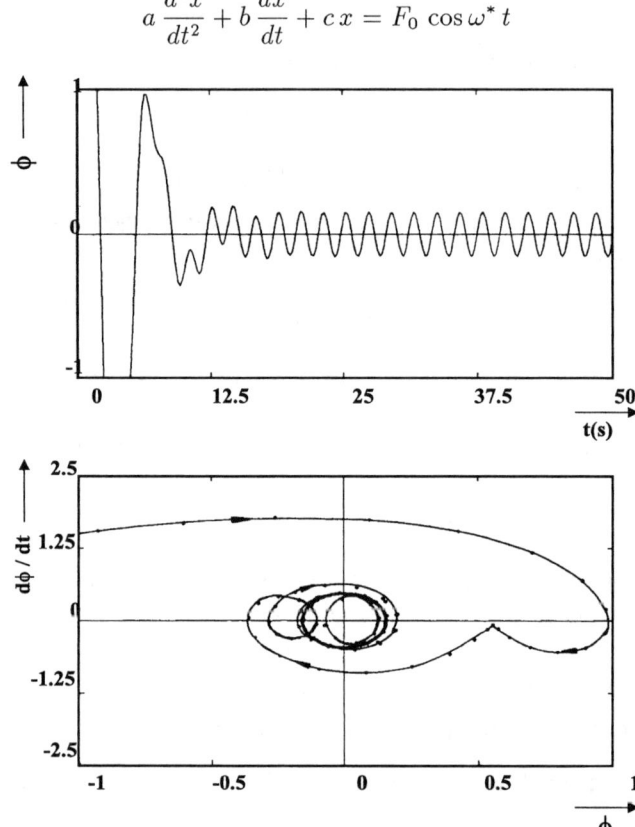

Abb. 13.9: Erzwungene Schwingungen und ihre Phasenraumbahnen

Um eine partikuläre Lösung dieser DGl zu finden, wird zunächst der reellen Störungsfunktion ein Imaginärteil hinzugefügt. Damit werden ihre Lösungsfunktionen komplex:

$$x_c(t) = x(t) + i \cdot y(t)$$

$$\left\{ a \frac{d^2 x}{dt^2} + b \frac{dx}{dt} + c\, x \right\} + i \cdot \left\{ a \frac{d^2 y}{dt^2} + b \frac{dy}{dt} + c\, y \right\} = F_0 \left(\cos \omega^* t + i \sin \omega^* t \right)$$

$$a \frac{d^2 x_c}{dt^2} + b \frac{dx_c}{dt} + c\, x_c = F_0 \, e^{i \omega^* t}$$

Die Gleichheit zweier komplexer Zahlen bedeutet, daß die Realteile und die Imaginärteile jeweils einander gleich sein müssen (s. Kap. 4), d.h. der Realteil der komplexen DGl entspricht Gleichung (13.8) und der Realteil der komplexen Lösungsfunktion $x_c(t)$ ist die gesuchte spezielle Lösung (vgl. Abschnitt 13.2.1). Die Form der Störungsfunktion legt den Lösungsansatz

$$x_c = A \cdot e^{i\,(\omega^* t - \alpha)} \qquad\qquad A\,,\alpha \in \mathbb{R}$$

nahe, womit man durch Einsetzen in die DGl die charakteristische Gleichung erhält:

$$-a\,\omega^{*\,2} + i\,b\,\omega^* + c = \frac{F_0}{A} \cdot e^{i\,\alpha}$$

In dieser Gleichung sind wieder zwei komplexe Zahlen gleichgesetzt, die selbstverständlich in Betrag und Phase bzw. Real- und Imaginärteil übereinstimmen müssen:

$$\text{Betrag:} \qquad \frac{F_0}{A} \;=\; \sqrt{(c - a\,\omega^{*\,2})^2 + b^2\,\omega^{*\,2}}$$

$$\text{Phase:} \qquad \alpha \;=\; \arctan \frac{b\,\omega^*}{c - a\,\omega^{*\,2}}$$

Die partikuläre Lösung der inhomogenen Differentialgleichung lautet damit

$$\mathfrak{R}\,x_c = x \;=\; \frac{F_0/a}{\sqrt{(\omega_0^2 - \omega^{*\,2})^2 + \left(\frac{b}{a}\right)^2 \omega^{*\,2}}} \cdot \cos(\omega^* t - \alpha)$$

$$=\; A(\omega^*) \cdot \cos\left(\omega^* t - \alpha(\omega^*)\right)$$

Nach dem Überlagerungssatz (s. Abschnitt 13.2.1) ist die allgemeine, reelle Lösung der inhomogenen Differentialgleichung:

$$x(t) = x_0\, e^{-\rho t} \left(\cos\omega t + \frac{\rho}{\omega} \sin\omega t \right) + A(\omega^*) \cdot \cos\left(\omega^* t - \alpha(\omega^*)\right)$$

$$\text{mit} \qquad \omega = \sqrt{\omega_0^2 - \rho^2} \qquad \omega_0 = \sqrt{\frac{c}{a}} \qquad \text{und} \quad \rho = \frac{b}{2a}$$

Kapitel 14

Gewöhnliche Differentialgleichungen: Näherungslösungen

Die Bewegungsgleichung des physikalischen Pendels mit dem Trägheitsmoment Θ bezüglich der Drehachse

$$\Theta \frac{d^2\Phi}{dt^2} = -m\,g\,l\,\sin\Phi \qquad \text{bzw.} \qquad \frac{d^2\Phi}{dt^2} = -\omega_0^2\,\sin\Phi \qquad (14.1)$$

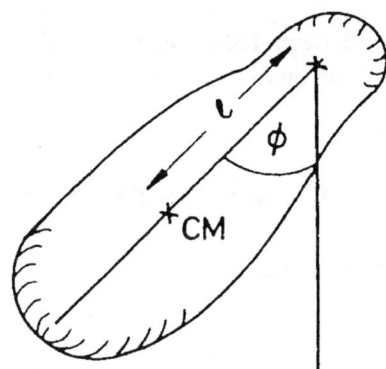

Abb. 14.1: Physikalisches Pendel

kann durch zwei sukzessive Integrationen durchaus allgemein gelöst werden (vgl. Beispiel 13.2). Die erste Integration ergibt mit der Anfangsbedingung

$$t = 0 \qquad \Phi = \Phi_0 \qquad \text{und} \quad \frac{d\Phi}{dt} = 0$$

$$\tfrac{1}{2}\left(\tfrac{d\Phi}{dt}\right)^2 = \omega_0^2\left(\cos\Phi - \cos\Phi_0\right)$$

$$= 2\,\omega_0^2\left(\sin^2\tfrac{\Phi_0}{2} - \sin^2\tfrac{\Phi}{2}\right)$$

Trennung der Variablen und eine zweite Integration führen zur Darstellung der inversen Lösungsfunktion $t = t(\Phi)$ durch das Integral

$$t = \frac{1}{2\,\omega_0} \int_0^\Phi \frac{d\Phi}{\sqrt{\sin^2 \frac{\Phi_0}{2} - \sin^2 \frac{\Phi}{2}}}$$

Dieses Integral, ein *vollständiges elliptisches Integral 1.Art*, ist nur numerisch auswertbar. Seine Integration von 0 bis Φ_0 ergibt für die Schwingungsdauer des Pendels

$$T = \frac{2}{\omega_0} \int_0^{\Phi_0} \frac{d\Phi}{\sqrt{\sin^2 \frac{\Phi_0}{2} - \sin^2 \frac{\Phi}{2}}}$$

Durch die Substitution

$$\sin \frac{\Phi}{2} = \sin \frac{\Phi_0}{2} \cdot \sin \psi$$

auf die Normalform gebracht, lautet es

$$T = \frac{4}{\omega_0} \int_0^{\pi/2} \frac{d\psi}{\sqrt{1 - \sin^2 \frac{\Phi_0}{2} \cdot \sin^2 \psi}}$$

Die numerisch mit dem Gauß-Legendreschen Integrationsverfahren (s. Kap. 2.1.3) berechnete Schwingungsdauer ist für verschiedene Werte des Maximalausschlags Φ_0 in der folgenden Tabelle aufgeführt.

Im folgenden werden einige Verfahren geschildert, mit deren Hilfe man gewöhnliche Differentialgleichungen, deren Lösungsfunktionen nicht analytisch ermittelt werden können, näherungsweise lösen kann.

14.1 Näherungslösungen durch Reihenentwicklungen

14.1.1 Vereinfachung der Differentialgleichung durch Taylorreihenentwicklung

Die Differentialgleichung des anharmonischen Oszillators lautet allgemein

$$m\,\frac{d^2x}{dt^2} = F(x)$$

Hier ist die Kraft $F(x)$ eine nichtlineare Funktion der Auslenkung x. Mit dem Näherungsansatz

$$F(x) = F(x_0) + \left(\frac{dF}{dx}\right)_0 (x - x_0) + \frac{1}{2} \left(\frac{d^2F}{dx^2}\right)_0 (x - x_0)^2 + \cdots$$

kann die DGl in eine integrierbare Form gebracht werden.
Die Differentialgleichung des physikalischen Pendels (Gl. 14.1) ist ein Beispiel für diese Methode. Mit

$$\sin \phi = \phi - \frac{1}{6}\,\phi^3 + - \cdots$$

Tabelle 14.1: Die Schwingungsdauer T des nichtlinearen Pendels als Funktion der Maximalamplitude Φ_0

Φ_0 (grad)	Periode T (s)	$(T/T_0 - 1)$ (%)	Φ_0 (grad)	Periode T (s)	$(T/T_0 - 1)$ (%)
$T_0 = 6.34374$ s					
5	6.347	0.05	10	6.356	0.19
15	6.371	0.43	20	6.392	0.77
25	6.420	1.20	30	6.454	1.74
35	6.495	2.38	40	6.543	3.13
45	6.597	4.00	50	6.660	4.98
55	6.730	6.08	60	6.808	7.32
65	6.895	8.69	70	6.992	10.21
75	7.098	11.90	80	7.216	13.75
85	7.345	15.79	90	7.488	18.03
95	7.644	20.50	100	7.817	23.22
105	8.007	26.22	110	8.217	29.53
115	8.450	33.21	120	8.709	37.29
125	8.999	41.85	130	9.324	46.98
135	9.693	52.80	140	10.115	59.44
145	10.603	67.15	150	11.179	76.22
155	11.872	87.15	160	12.734	100.73
165	13.866	118.43	170	15.425	143.15
175	18.405	190.12			

lautet sie in zweiter Näherung

$$\Theta \, \frac{d^2\phi}{dt^2} = -m\,g\,l\,\phi\,(1 - \frac{1}{6}\phi^2 + \cdots)$$

(Die erste Näherung ist die lineare Schwingungsgleichung!)
Mit der Abkürzung

$$\omega_0^2 = \frac{m\,g\,l}{\Theta}$$

und dem Ansatz

$$\phi = a\,\cos\omega\,t + b\,\cos 3\omega\,t$$

ergibt sich durch Koeffizientenvergleich aus der DGl:

$$a \cdot (\omega_0^2 - \omega^2) = \frac{1}{8}\,a^3\,\omega_0^2 \qquad\qquad b \cdot (\omega_0^2 - 9\,\omega^2) = \frac{1}{24}\,a^3\,\omega_0^2$$

Die Frequenz ω ist von der Schwingungsamplitude abhängig (s. auch Tabelle 14.1):

$$\omega = \omega_0 \cdot \sqrt{1 - \frac{a^2}{8}} \approx \omega_0 \cdot \left(1 - \frac{a^2}{16} + \cdots\right)$$

14.1.2   Die Potenzreihe als Lösungsfunktion

Die folgende Differentialgleichung

$$y'' - x\,y' - y = 0$$

– ein Sonderfall der Weberschen Differentialgleichung (vgl. Kamke [19], S.414 – kann durch den Ansatz

$$y = \sum_{\nu=0}^{\infty} c_\nu\, x^\nu$$

gelöst werden. Durch Einsetzen der Potenzreihe in die Differentialgleichung erhält man

$$\sum_{\nu=0}^{\infty} \left\{ (\nu + 2)(\nu + 1)c_{\nu+2}\, x^\nu - \nu\, c_\nu\, x^\nu - c_\nu\, x^\nu \right\} \;=\; 0$$

$$\Rightarrow \qquad \sum_{\nu=0}^{\infty} \left\{ (\nu + 2)(\nu + 1)c_{\nu+2} - (\nu + 1)c_\nu \right\} \cdot x^\nu \;=\; 0$$

Daraus gewinnt man die Rekursionsformel

$$(\nu + 2)(\nu + 1)c_{\nu+2} - (\nu + 1)c_\nu = 0$$

für die sukzessive Berechnung der Entwicklungskoeffizienten

$$c_{\nu+2} = \frac{c_\nu}{\nu + 2}$$

$$\Rightarrow \qquad c_2 = \frac{1}{2}c_0 \qquad c_3 = \frac{1}{3}c_1 \qquad c_4 = \frac{1}{2 \cdot 4}c_0 \qquad c_5 = \frac{1}{3 \cdot 5}c_1 \qquad \cdots$$

Die Lösungsfunktion lautet also

$$\begin{aligned}
y \;&=\; c_0 + c_1 x + \frac{1}{2}c_0 x^2 + \frac{1}{3}c_1 x^3 + \frac{1}{2 \cdot 4}c_0 x^4 + \frac{1}{3 \cdot 5}c_1 x^5 + \cdots \\[2mm]
&=\; c_0 \left(1 + \frac{x^2}{2} + \frac{x^4}{2 \cdot 4} + \frac{x^6}{2 \cdot 4 \cdot 6} + \cdots \right) + \\[2mm]
&\quad + c_1 \left(x + \frac{x^3}{3} + \frac{x^5}{3 \cdot 5} + \frac{x^5}{3 \cdot 5 \cdot 7} + \cdots \right)
\end{aligned}$$

Bis auf die beiden unbestimmten Integrationskonstanten c_0 und c_1, die durch zwei Anfangsbedingungen festgelegt werden können, sind so alle Koeffizienten gegeben. Die beiden Reihen in den Klammern stellen die beiden linear unabhängigen Fundamentallösungen der Differentialgleichung 2. Ordnung dar. (Die Konvergenz dieser beiden Reihen muß natürlich nachgewiesen werden.)
Ein weiteres Beispiel für die Lösung einer gewöhnlichen Differentialgleichung durch einen Potenzreihenansatz findet sich in Abschnitt 15.3.

14.2 Graphische Lösung von Differentialgleichungen

Für die Differentialgleichung 1. Ordnung

$$y' = f(x, y)$$

gibt die Darstellung der Richtung y' der Lösungsfunktion in möglichst vielen Punkten der x-y-Ebene, das *Richtungsfeld* (s. Abb. 14.2), einen Eindruck über den Verlauf der Lösungen $y = y(x)$

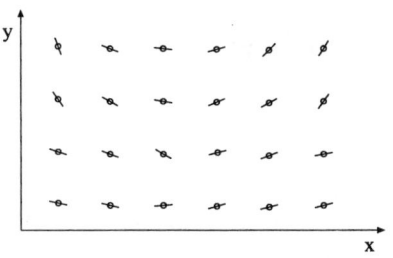

Abb. 14.2: Richtungsfeld einer Differentialgleichung

Einen besseren Einblick in den Verlauf der Lösungsfunktionen erhält man durch Zeichnen der *Isoklinen* (s. Abb. 14.3), derjenigen Kurven in der x-y-Ebene, die die Punkte gleicher Steigung verbinden.

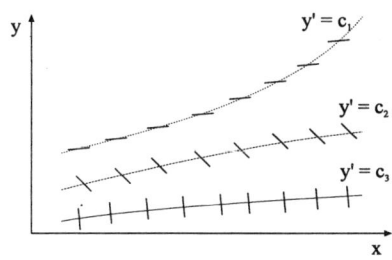

Abb. 14.3: Isoklinen einer Differentialgleichung

Aus der DGl $y' = f(x, y)$ ergibt sich die Kurvenschar der Isoklinen mit der Forderung

$$y' = \text{const.} \qquad \text{d.h.} \qquad f(x, y) = \text{const.}$$

Im folgenden Beispiel lautet die Differentialgleichung:

$$y' = \frac{x}{x - y}$$

Die Isoklinengleichung:

$$\frac{x}{x - y} = c$$

entspricht einer Schar von Geraden durch den Ursprung:

$$y = \frac{c-1}{c}\, x$$

Die Lösungsfunktionen sind spiralartige Kurven, für die der Punkt $O = (0,0)$ singulär ist. (Über graphische Lösungsverfahren s. Zurmühl [26])

14.3   Numerische Lösung von Differentialgleichungen

14.3.1   Integrationsverfahren für Differentialgleichungen 1. Ordnung

Die Euler-Methode

Die numerische Berechnung einer Lösungsfunktion für die Differentialgleichung $y' = f(x,y)$ durch den Anfangspunkt (x_0, y_0) läßt sich nach der **Eulerschen Methode** folgendermaßen durchführen: Ausgehend vom Punkt (x_0, y_0) berechnet man den Punkt (x_1, y_1) mit

$$x_1 = x_0 + h \qquad\qquad y_1 = y_0 + f(x_0, y_0) \cdot h$$

indem man in x-Richtung eine feste Schrittweite h vorgibt und mit der Steigung in (x_0, y_0) die y-Koordinate y_1 ausrechnet. Mit der Steigung in (x_1, y_1) geht man nun weiter zum Punkt (x_2, y_2) mit

$$x_2 = x_1 + h \qquad\qquad y_2 = y_1 + f(x_1, y_1) \cdot h$$

Die so berechnete Lösungsfunktion besteht Geradenstücken über jedem x-Intervall von der Länge h, deren Steigung die Differentialgleichung für den jeweiligen Anfangspunkt dieses Geradenstücks vorschreibt.

Die Mittelpunktsmethode

Um der Variation der Steigung über jedem x-Intervall Rechnung zu tragen, verwendet die **Mittelpunktsmethode** einen Steigungswert aus der Mitte des Integrationsschrittes: Mit der Anfangssteigung $f(x_0, y_0)$ und der Schrittweite $h/2$ wird ein Zwischenpunkt (x_A, y_A) mit

$$x_A = x_0 + \frac{h}{2} \qquad \text{und} \qquad y_A = y_0 + f(x_0\, y_0) \cdot \frac{h}{2}$$

berechnet. Der Steigungswert $f(x_A\, y_A)$ bei halber Schrittweite wird dann für den vollen Integrationsschritt gewählt:

$$x_1 = x_0 + h \qquad \text{mit} \qquad y_1 = y_0 + f(x_A\, y_A) \cdot h$$

Die Runge-Kutta-Methode

In diesem Sinne wesentlich verfeinert hat sich das bekannte Verfahren von **Runge-Kutta**[*] zur Standardmethode der numerischen Integration gewöhnlicher Differential-gleichungen entwickelt. Zur Verbesserung der Genauigkeit für die Berechnung der y-Koordinate des nächsten Punktes der Lösungsfunktion verwendet es einen mittleren Steigungswert $\bar{f}_0$ aus dem Wertebereich von $f(x, y)$ zwischen x_0 und x_1 entsprechend dem folgenden Schema:

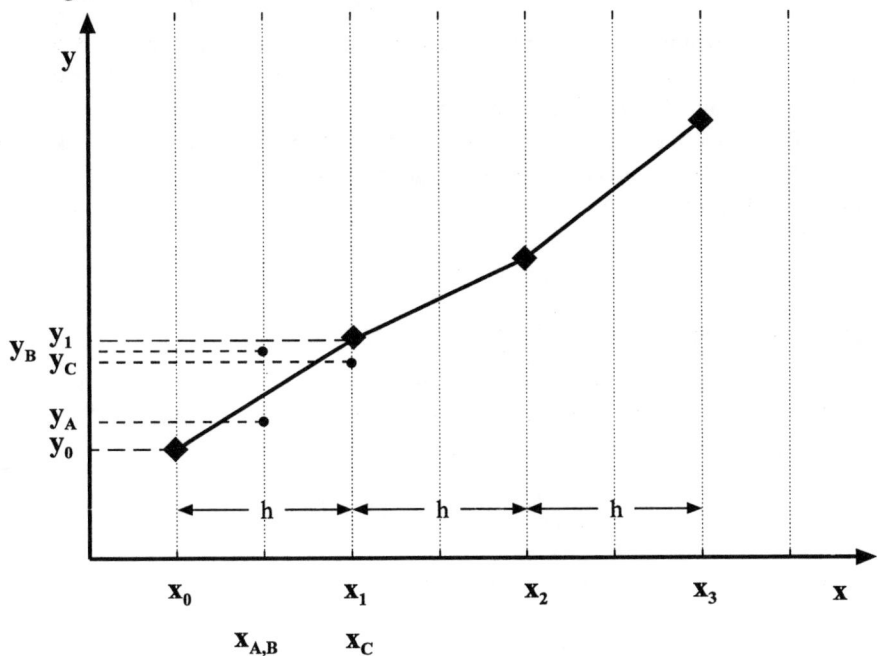

Abb. 14.4: Zum Runge-Kutta-Verfahren

Von (x_0, y_0) ausgehend werden zunächst drei Hilfspunkte berechnet:

$$(x_A, y_A) \qquad \text{mit} \qquad x_A = x_0 + \tfrac{1}{2} h$$

$$y_A = y_0 + f(x_0, y_0) \cdot \tfrac{1}{2} h$$

$$(x_B, y_B) \qquad \text{mit} \qquad x_B = x_A$$

$$y_B = y_0 + f(x_A, y_A) \cdot \tfrac{1}{2} h$$

$$(x_C, y_C) \qquad \text{mit} \qquad x_C = x_0 + h$$

$$y_C = y_0 + f(x_B, y_B) \cdot h$$

---

[*]C.Runge, 1895 und W.Kutta, 1901

Der Steigungswert $\bar{f}_0$ berechnet sich nach

$$\bar{f}_0 = \frac{1}{6}\left\{f(x_0, y_0) + 2f(x_A, y_A) + 2f(x_B, y_B) + f(x_C, y_C)\right\}$$

und damit wird der erste Punkt der Lösungsfunktion ausgerechnet:

$$(x_1, y_1) \qquad \text{mit} \qquad x_1 = x_0 + h$$

$$y_1 = y_0 + \bar{f}_0 \cdot h$$

Von (x_1, y_1) aus geht das Verfahren nach dem gleichen Schema weiter. Die Näherung, in der der Punkt (x_1, y_1) von (x_0, y_0) ausgehend berechnet wird, entspricht einer Taylorreihenentwicklung bis zur 4. Potenz von h.
Hinweis: Die Berechnung eines Integrals mit Hilfe der Simpsonschen Regel kann im Sinne des Runge-Kutta Verfahrens als Integration der Differentialgleichung $y' = f(x)$ aufgefaßt werden. (s.Kap.2)

Vergleich der Integrationsverfahren

Der Unterschied der genannten drei Integrationsverfahren wird an einem konkreten Beispiel demonstriert: Die Abkühlung eines erhitzten Körpers wird durch die Wärmeleitungsgleichung nach Fourier beschrieben.

$$\frac{\partial T(t)}{\partial t} = -\gamma \cdot (T(t) - T_R)$$

```
===============================================================
   Zeit        Temperatur    Temperatur    Temperatur    Temperatur
               (Euler)       (Midpoint)    (Runge/Kutta) (exakt)
===============================================================
   0.000000    83.000000     83.000000     83.000000     83.000000
   5.000000    69.885000     71.294863     71.199253     71.199028
  10.000000    59.589725     61.835795     61.681418     61.681055
  15.000000    51.507934     54.191804     54.004855     54.004415
  20.000000    45.163728     48.014599     47.813360     47.812887
  25.000000    40.183527     43.022723     42.819640     42.819163
  30.000000    36.274068     38.988725     38.791979     38.791518
  35.000000    33.205144     35.728801     35.543489     35.543055
  40.000000    30.796038     33.094416     32.923435     32.923035
  45.000000    28.904890     30.965536     30.810244     30.809808
  50.000000    27.420338     29.245162     29.105859     29.105534
  55.000000    26.254966     27.854906     27.731196     27.730907
  60.000000    25.340148     26.731422     26.622468     26.622214
  65.000000    24.622016     25.823522     25.728229     25.728007
  70.000000    24.058283     25.089836     25.006985     25.006792
===============================================================
   Parameterwerte:
      Schrittweite [min]:       5.000000
      Gamma [min^-1]:           0.043000
      Raumtemperatur [Grad]:   22.000000
===============================================================
```

Darin ist $T(t)$ die Temperatur des Körpers zur Zeit t, T_R die Umgebungstemperatur und γ die Temperaturleitfähigkeit. Mit einem in der Programmiersprache C geschriebenen Programm (s. Anhang A) wird die Temperatur eines Körpers als Funktion der Zeit mit den drei Näherungsmethoden berechnet und den aus der exakten Lösung der Differentialgleichung

$$T(t) = T_R + (T_{\text{anf}} - T_R) \cdot \exp(-\gamma\, t)$$

berechneten Werten gegenübergestellt. (T_{anf} ist die Anfangstemperatur zur Zeit $t = 0$.) Deutliche Abweichungen zeigt die mit dem einfachen Euler-Verfahren berechnete Kurve, während trotz der groben Schrittweite das Runge-Kutta-Verfahren die exakten Werte mit einer relativen Abweichung von nur 10^{-5} wiedergibt.

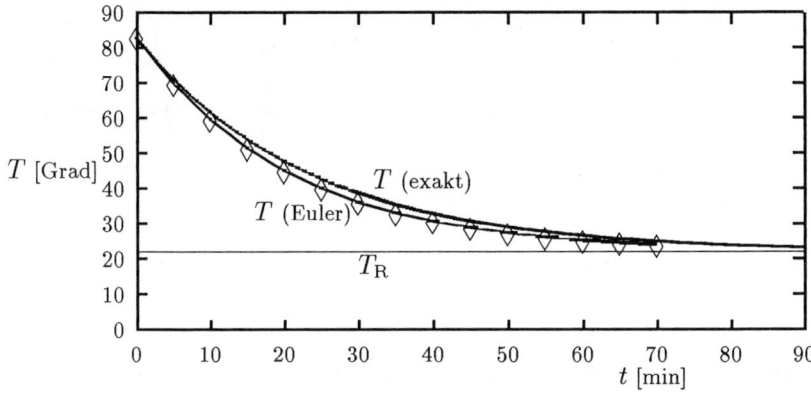

Abb. 14.5: Das Euler-Verfahren im Vergleich zur exakten Lösung

14.3.2 Die Integration von Differentialgleichungen höherer Ordnung

Die schrittweise Integration einer gewöhnlichen Differentialgleichung 1. Ordnung nach Euler läßt sich in folgender Weise auf die Integration von Differentialgleichungen höherer Ordnung übertragen. Es sei beispielsweise die Differentialgleichung 2. Ordnung

$$\frac{d^2 x}{d t^2} = f\left(x, \frac{d x}{d t}, t\right)$$

gegeben. Mit den Bezeichnungen

$$y_1(t) = x(t) \qquad \text{und} \qquad y_2(t) = \frac{d x(t)}{d t}$$

ergibt sich daraus das gekoppelte System zweier Differentialgleichungen 1. Ordnung:

$$\frac{d y_1}{d t} = y_2$$

$$\frac{d y_2}{d t} = f(y_1, y_2, t)$$

Die numerische Integration geht hier natürlich von zwei Anfangswerten aus:

Anfangswerte:	$y_1(0)$	$y_2(0)$
1. Schritt:	$y_1(h)$	$y_2(h)$
2. Schritt:	$y_1(2h)$	$y_2(2h)$
$\vdots$	$\vdots$	$\vdots$

Auch verfeinerte Integrationsverfahren, wie das von Runge und Kutta, können auf die Lösung dieser gekoppelten Differentialgleichungen angewandt werden.

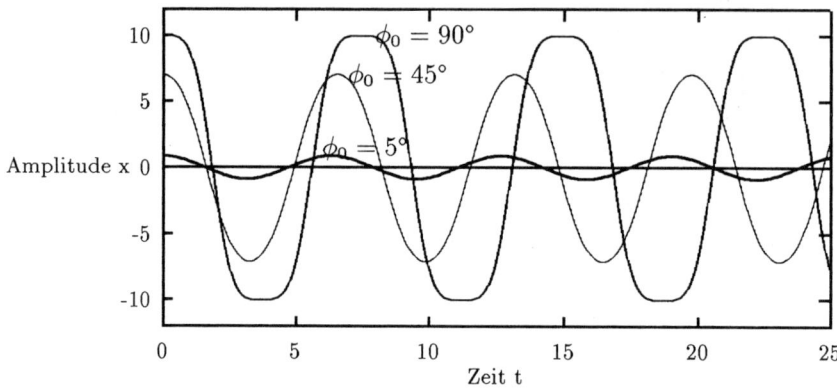

Abb. 14.6: Nichtlineare Schwingungen für $\Phi_0 = 5°$, $45°$ und $90°$

Eine spezielle Variante dieses Verfahrens wurde von E.J.Nyström 1925 für die numerische Lösung der Differentialgleichung

$$\Phi'' = f(t, \Phi)$$

angegeben. [19]

$$\Phi_{\nu+1} = \Phi_\nu + h \cdot \left\{ \Phi'_\nu + \frac{1}{6} \left(k_1 + 2\,k_2 \right) \right\}$$

$$\Phi'_{\nu+1} = \Phi'_\nu + \frac{1}{6} \left(k_1 + 4\,k_2 + k_3 \right)$$

$$\text{mit} \quad k_1 = h \cdot f(t_\nu,\ \Phi_\nu)$$

$$k_2 = h \cdot f(t_\nu + \frac{h}{2},\ \Phi_\nu + \frac{h}{2} \Phi'_\nu + \frac{h}{8} k_1)$$

$$k_3 = h \cdot f(t_\nu + h,\ \Phi_\nu + h\,\Phi'_\nu + \frac{h}{2} k_2)$$

Nach Vorgabe einer Schrittweite h berechnet man punktweise die gesuchte Funktion $\Phi = \Phi(t)$. rekursiv aus den beiden Anfangsbedingungen

$$t_0,\ \Phi_0 \qquad \text{z.B.} \qquad t_0 = 0 \quad \Phi_0 = const$$

$$\text{und} \qquad t_0,\ \Phi'_0 \qquad\qquad\qquad t_0 = 0 \quad \Phi'_0 = 0$$

Anwendung auf die nichtlineare Schwingungsgleichung

Die Berechnung der Lösungsfunktion $\Phi(t)$ der nichtlinearen Schwingungsgleichung (Gl. 14.1) gestaltet sich nach dieser Methode unter Einsatz eines Computers einfach. Im Anhang A ist ein FORTRAN77-Programm zur numerischen Berechnung der Schwingungsamplitude in Abhängigkeit von der Maximalamplitude angegeben.

In Abbildung 14.6 ist das Ergebnis dieser Prozedur für drei verschiedene Werte der Maximalamplitude Φ_0 als Projektion $x(t) = L \cdot \sin(\phi(t))$ dargestellt. Es macht den mit wachsender Maximalamplitude zunehmenden Einfluß höherer harmonischer Frequenzen deutlich. (Zur Fourieranalyse dieser Schwingung s. Kap. 16 und Kap. 19)

Kapitel 15

Partielle Differentialgleichungen

Physikalische Aufgabenstellungen führen normalerweise auf partielle Differentialgleichungen. Das sind Gleichungen für Funktionen mehrerer unabhängiger Variabler

$$u = u(x_1, x_2, x_3, \cdots, x_n)$$

die die Variablen selbst sowie Ableitungen der Funktion nach den Variablen bis zu
beliebiger Ordnung enthalten können:

$$F\left(x_1, x_2, \cdots, x_n, u, \frac{\partial u}{\partial x_1}, \frac{\partial u}{\partial x_2}, \cdots, \frac{\partial u}{\partial x_n}, \frac{\partial^2 u}{\partial x_1^2}, \frac{\partial^2 u}{\partial x_1 \partial x_2}, \cdots\right) = 0$$

1. Beispiel: Die Potentialgleichung (Poisson):

$$\Delta \Phi = -\frac{1}{\epsilon_0} \rho$$

in kartesischen Koordinaten geschrieben:

$$\frac{\partial^2 \Phi}{\partial x^2} + \frac{\partial^2 \Phi}{\partial y^2} + \frac{\partial^2 \Phi}{\partial z^2} = -\frac{1}{\epsilon_0} \rho(x, y, z)$$

(Φ = Potential, ρ = Ladungsdichte)

2. Beispiel: Die Wärmeleitungsgleichung (Fourier):

$$\frac{\partial T(\vec{r}, t)}{\partial t} = \frac{k}{c \cdot \rho} \Delta T(\vec{r}, t)$$

(T = räumlich und zeitlich variables Temperaturfeld, k = Wärmeleitvermögen,
c = spezifische Wärme, ρ = Dichte)

3. Beispiel: Die Wellengleichung:
   Für die Ausbreitung elektromagnetischer Wellen im ladungsfreien Raum ergibt sich aus den Maxwellschen Gleichungen

$$\text{div } \vec{E} = 0 \qquad\qquad \text{rot } \vec{B} = \epsilon_0 \, \mu_0 \frac{\partial \vec{E}}{\partial t}$$

$$\text{div } \vec{B} = 0 \qquad\qquad \text{rot } \vec{E} = -\frac{\partial \vec{B}}{\partial t}$$

$$\text{rot } (\text{rot } \vec{E}) \quad = \quad \text{rot } \left(-\frac{\partial \vec{B}}{\partial t} \right)$$

$$\text{grad } (\text{div } \vec{E}) - \Delta \vec{E} \quad = \quad -\frac{\partial}{\partial t}(\text{rot } \vec{B})$$

mit

$$c^2 = \frac{1}{\epsilon_0 \, \mu_0}$$

die Wellengleichung für den elektrischen Feldvektor:

$$\Delta \vec{E} = \frac{1}{c^2} \frac{\partial^2 \vec{E}}{\partial t^2}$$

die zu verstehen ist als je eine solche partielle Differentialgleichung für jede Komponente der Feldstärke $\vec{E}$.

15.1   Allgemeine Eigenschaften partieller Differentialgleichungen

Zur Veranschaulichung werde eine partielle Differentialgleichung betrachtet, deren Lösungsfunktionen $f = f(x, y)$ nur von zwei Variablen x und y abhängen:

$$F \left\{ x, y, f, \frac{\partial f}{\partial x}, \frac{\partial f}{\partial y}, \frac{\partial^2 f}{\partial x^2}, \frac{\partial^2 f}{\partial y^2}, \frac{\partial^2 f}{\partial x \partial y}, \cdots \right\} = 0$$

Zur Nomenklatur: Die **Ordnung** der Differentialgleichung wird bestimmt durch die höchste Ordnung der in ihr vorkommnenden Ableitungen. Die DGl ist **linear**, wenn die Funktion F in f und allen Ableitungen f_x, f_y, $\cdots$ linear ist.
Die Mannigfaltigkeit der Lösungen ist viel größer als bei gewöhnlichen Differentialgleichungen n-ter Ordnung: Wird sie dort durch n willkürliche Integrationskonstanten bestimmt, so hängen die Lösungen einer partiellen Differentialgleichung n-ter Ordnung von n **willkürlichen Funktionen** ab. Die Anzahl der Variablen dieser willkürlichen Funktionen ist um eins kleiner als die Anzahl der unabhängigen Variablen in der Differentialgleichung.

Beispiel 15.1: ▬▬▬▬▬▬▬▬▬▬▬▬▬▬▬▬▬▬▬▬▬▬▬▬▬▬▬▬▬
Die partielle Differentialgleichung 2. Ordnung

$$\frac{\partial^2 f}{\partial x^2} = c^2 \cdot \frac{\partial^2 f}{\partial y^2}$$

Die Variablentransformation

$$u = y + c\,x \qquad \text{und} \qquad v = y - c\,x$$

ergibt durch Differentiation und Einsetzen in die Differentialgleichung

$$\frac{\partial^2 f}{\partial u \partial v} = 0$$

Da hier $f = f(u, v)$ ist, kann die allgemeine Lösung nur lauten:

$$f = w_1(u) + w_2(v)$$

worin w_1 und w_2 willkürliche, aber zweimal stetig differenzierbare Funktionen jeweils nur *einer Variablen* sind. Ausführlich geschrieben lautet die Lösung:

$$f = w_1(y + c\,x) + w_2(y - c\,x)$$

Mit $x = t$ (Zeit) kann die Differentialgleichung als die DGl der *schwingenden Saite* identifiziert werden:

$$\frac{\partial^2 f}{\partial t^2} = c^2 \, \frac{\partial^2 f}{\partial y^2}$$

mit der bekannten allgemeinen Lösung:

$$f(y, t) = w_1(y + c\,t) + w_2(y - c\,t)$$

▬▬

15.2 Separation der Variablen

Zur Lösung linearer partieller Differentialgleichungen zweiter Ordnung – Beispiele dafür sind die Wellengleichung, die Wärmeleitungsgleichung und die Schrödinger-gleichung – kann in vielen Fällen der auf D. Bernoulli * zurückgeführte Produktansatz mit Erfolg eingesetzt werden. Das Verfahren soll am Beispiel der Lösung der **Differentialgleichung einer schwingenden Saite** gezeigt werden.

---

*D. Bernoulli, (1701 - 1784)

15.2.1   Die schwingende Saite

Die Auslenkung y der Saite als Funktion von x und t gehorcht der Differentialgleichung

$$\frac{\partial^2 y}{\partial t^2} = c^2 \frac{\partial^2 y}{\partial x^2}$$

mit den physikalisch vorgegebenen Rand- und Anfangsbedingungen:

$$
\begin{aligned}
t = 0: \qquad\qquad y(x,0) &= f(x) \\[2mm]
\frac{\partial y(x,0)}{\partial t} &= g(x) \\[2mm]
x = 0: \qquad\qquad y(0,t) &= 0 \\[2mm]
x = l: \qquad\qquad y(l,t) &= 0
\end{aligned}
$$

(Die Saite ist an beiden Enden fest eingespannt.)

Zur Lösung wird nach Bernoulli der folgende **Ansatz** gemacht:

$$y(x,t) = X(x) \cdot T(t)$$

$$\Rightarrow \qquad \frac{\partial^2 y}{\partial t^2} = X \cdot \frac{d^2 T}{dt^2} \qquad \text{und} \qquad \frac{\partial^2 y}{\partial x^2} = T \cdot \frac{d^2 X}{dx^2}$$

Einsetzen in die Differentialgleichung ergibt:

$$X \cdot \frac{d^2 T}{dt^2} = c^2 \, T \cdot \frac{d^2 X}{dx^2}$$

und nach Division durch $y = X \cdot T$:

$$\frac{1}{c^2 \, T} \cdot \frac{d^2 T}{dt^2} = \frac{1}{X} \cdot \frac{d^2 X}{dx^2}$$

Weiterhin ergibt die Differentiation dieser Gleichung nach t:

$$\frac{\partial}{\partial t}\left(\frac{1}{c^2 \, T} \cdot \frac{d^2 T}{dt^2}\right) = 0 \qquad\qquad \Rightarrow \qquad\qquad \frac{1}{c^2 \, T} \cdot \frac{d^2 T}{dt^2} = \text{const.}$$

und die Differentiation nach x:

$$\frac{\partial}{\partial x}\left(\frac{1}{X} \cdot \frac{d^2 X}{dx^2}\right) = 0 \qquad\qquad \Rightarrow \qquad\qquad \frac{1}{X} \cdot \frac{d^2 X}{dx^2} = \text{const.}$$

Damit ist eine Trennung der Variablen vollzogen, und zu lösen bleiben zwei gewöhnliche Differentialgleichungen 2. Ordnung. Sie sind allerdings über die **Separationskonstante** const. $= -\lambda^2$ miteinander verknüpft.

Lösung der x-Differentialgleichung:

$$\frac{d^2 X}{dx^2} + \lambda^2 \, X = 0$$

$$\Rightarrow \qquad X(x) = C_1 \, \cos \lambda x + C_2 \, \sin \lambda x$$

Die Integrationskonstanten C_1 und C_2 werden durch die Randbedingungen bestimmt:

$$X(0) = 0 \qquad \Rightarrow \qquad C_1 = 0$$

$X(l) = 0$ liefert mit $C_2 \neq 0$, z.B. $C_2 = 1$ eine Bedingung für die möglichen Werte von λ, die **Folge von Eigenwerten**:

$$\lambda_n = \frac{\pi \, n}{l} \qquad\qquad (n = 1, 2, \cdots)$$

Die zugehörigen Lösungsfunktionen der DGl stellen das **System von Eigenfunktionen** dar:

$$X_n(x) = \sin \frac{\pi \, n \, x}{l} \qquad\qquad (n = 1, 2, \cdots)$$

Lösung der t-Differentialgleichung

$$\frac{d^2 T}{dt^2} + c^2 \, \lambda^2 \, T = 0$$

für die eben ermittelten Eigenwerte λ_n. Zu jedem λ_n gehört eine Lösungsfunktion:

$$T_n(t) = A_n \, \cos \left(\frac{c \, \pi \, n \, t}{l} \right) + B_n \, \sin \left(\frac{c \, \pi \, n \, t}{l} \right) \qquad (n = 1, 2, \cdots)$$

Die Einzellösungen (**partikuläre Integrale**) der ursprünglichen Differentialgleichung lauten damit:

$$y_n(x, t) = \left\{ A_n \, \cos \left(\frac{c \, \pi \, n \, t}{l} \right) + B_n \, \sin \left(\frac{c \, \pi \, n \, t}{l} \right) \right\} \cdot \sin \frac{\pi \, n \, x}{l} \qquad (n = 1, 2, \cdots)$$

Wegen der Linearität der Wellengleichung ist ihre **allgemeine Lösung** eine Überlagerung der Einzellösungen:

$$y(x, t) = \sum_{n=1}^{\infty} \left\{ A_n \, \cos \left(\frac{c \, \pi \, n \, t}{l} \right) + B_n \, \sin \left(\frac{c \, \pi \, n \, t}{l} \right) \right\} \cdot \sin \frac{\pi \, n \, x}{l}$$

Aus den Anfangsbedingungen errechnen sich die A_n und B_n als **Fourierkoeffizienten** (s.Kap. 16):

$$y(x, 0) = f(x) \qquad \Rightarrow \qquad f(x) = \sum_{n=1}^{\infty} A_n \, \sin \frac{\pi \, n \, x}{l}$$

$$\text{mit} \qquad A_n = \frac{2}{l} \int_0^l f(x) \cdot \sin \frac{\pi \, n \, x}{l} \, dx \qquad (n = 1, 2, \cdots)$$

$$\frac{\partial y(x, 0)}{\partial t} = g(x) \qquad \Rightarrow \qquad g(x) = \sum_{n=1}^{\infty} \left(B_n \, \frac{c \, \pi \, n}{l} \right) \sin \frac{\pi \, n \, x}{l}$$

$$\text{mit} \qquad B_n = \frac{2}{l} \int_0^l g(x) \cdot \sin \frac{\pi \, n \, x}{l} \, dx \qquad (n = 1, 2, \cdots)$$

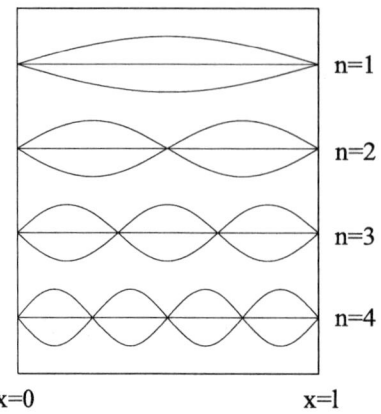

n=1

n=2

n=3

n=4

x=0   x=l

Abb. 15.1: Amplituden der ersten vier
Eigenschwingungen der Saite

Die Einzellösungen sind harmonische Schwingungen, die **Eigenschwingungen der Saite**.

$$y_n(x,t) = \left\{ y_{n0} \cdot \sin \frac{\pi \, n \, x}{l} \right\} \cdot \sin \left(\frac{c \, \pi \, n \, t}{l} + \alpha_n \right)$$

$$\text{mit} \qquad y_{n0} = \sqrt{A_n^2 + B_n^2} \qquad \text{und} \qquad \tan \alpha_n = \frac{A_n}{B_n}$$

Ihre Amplituden sind über dem Intervall $[0,l]$ Funktionen von x:

$$y_{n0} \cdot \left| \sin \frac{\pi \, n \, x}{l} \right|$$

mit Nullstellen (**Schwingungsknoten**) bei:

$$x = 0 \, , \, \frac{l}{n} \, , \, \frac{2l}{n} \, \cdots \, \frac{(n-1)l}{n} \, , \, l$$

Das wird für die ersten Werte von n in Abbildung 15.1 illustriert.

15.2.2 Schwingungen einer quadratischen Membran

Die Auslenkung z einer an ihrem Rand fest eingespannten quadratischen Membran (Seitenlänge a) als Funktion der Zeit und der beiden Ortskoordinaten in der Ebene der Membran gehorcht der Wellengleichung in der folgenden Gestalt

$$\Delta z(x,y,t) = \frac{1}{c^2} \cdot \frac{\partial^2 z}{\partial t^2} \tag{15.1}$$

Der Bernoullische Produktansatz

$$z(x,y,t) = X(x) \cdot Y(y) \cdot T(t)$$

ermöglicht die Trennung der Variablen. Durch Einsetzen erhält man die Wellengleichung in der Form

$$\frac{1}{X} \cdot \frac{\partial^2 X}{\partial x^2} + \frac{1}{Y} \cdot \frac{\partial^2 Y}{\partial y^2} = \frac{1}{c^2} \cdot \frac{1}{T} \cdot \frac{\partial^2 T}{\partial t^2}$$

Differentiation nach den einzelnen Variablen und nachfolgende Integration liefert die drei gewöhnlichen Differentialgleichungen mit den bekannten Lösungen:

$$\implies \quad \frac{1}{X} \cdot \frac{\partial^2 X}{\partial x^2} = -\lambda_x^2 \qquad \implies \qquad X(x) = A_x \, \cos \lambda_x \, x + B_x \, \sin \lambda_x \, x$$

$$\implies \quad \frac{1}{Y} \cdot \frac{\partial^2 Y}{\partial y^2} = -\lambda_y^2 \qquad \implies \qquad Y(y) = A_y \, \cos \lambda_y \, y + B_y \, \sin \lambda_y \, y$$

$$\implies \quad \frac{1}{c^2} \cdot \frac{1}{T} \cdot \frac{\partial^2 T}{\partial t^2} = -\omega^2 \qquad \implies \qquad T(t) = A \, \cos(\omega \, t - \phi)$$

Der Zusammenhang zwischen den drei Gleichungen wird durch die aus der Wellengleichung folgende **Eigenwertbedingung** vermittelt.

$$\lambda_x^2 + \lambda_y^2 = \frac{\omega^2}{c^2} \tag{15.2}$$

Mit den Randbedingungen

$$X(x) = 0 \qquad \text{für} \qquad x = 0 \qquad \text{und} \qquad x = a$$
$$Y(y) = 0 \qquad \text{für} \qquad y = 0 \qquad \text{und} \qquad y = a$$

lassen sich die möglichen **Eigenwerte** der Separationsparameter λ_x und λ_y ermitteln:

$$x = 0 \implies \quad A_x = 0$$
$$x = a \implies \quad B_x \, \sin \lambda_x \, a = 0 \quad \longrightarrow \quad \begin{array}{c} \lambda_x = \frac{n\,\pi}{a} \\ n = 0,\, 1,\, 2,\, \cdots \end{array}$$

$$y = 0 \implies \quad A_y = 0$$
$$y = a \implies \quad B_y \, \sin \lambda_y \, a = 0 \quad \longrightarrow \quad \begin{array}{c} \lambda_y = \frac{m\,\pi}{a} \\ m = 0,\, 1,\, 2,\, \cdots \end{array}$$

Die **Eigenfunktionen**, d.h. die zu den Eigenwerten gehörenden Lösungsfunktionen der Differentialgleichungen, lauten:

$$X(x) \;=\; B_x \cdot \sin\left(\frac{n\,\pi}{a} \cdot x\right)$$

$$Y(y) \;=\; B_y \cdot \sin\left(\frac{m\,\pi}{a} \cdot y\right)$$

Die Eigenwerte des Parameters ω erhält man über die Eigenwertgleichung

$$\frac{\omega^2}{c^2} = \left(\frac{n\,\pi}{a}\right)^2 + \left(\frac{m\,\pi}{a}\right)^2$$

Diese Eigenwerte nennt man **Eigenfrequenzen**:

$$\omega_{nm} = \frac{c\,\pi}{a} \cdot \sqrt{n^2 + m^2}$$

Zu jedem Paar natürlicher Zahlen n und m gibt es eine solche Eigenfrequenz und eine zugehörige Eigenfunktion für die Elongation der Membran:

$$z_{nm}(x,y,t) = A_{nm} \cdot \sin\left(\frac{n\,\pi}{a} \cdot x\right) \cdot \sin\left(\frac{m\,\pi}{a} \cdot y\right) \cdot \cos(\omega_{nm}\,t - \phi_{nm})$$

(15.3)

Die Integrationskonstanten A_{nm} und ϕ_{nm} werden durch die Anregungsbedingungen festgelegt. Die allgemeine Lösung $z(x,y,t)$ der Wellengleichung für die schwingende quadratische Membran ist dann die Überlagerung aller partikulären Lösungsfunktionen $z_{nm}(x,y,t)$.

Entartung

Die Lösungen der hier behandelten Differentialgleichung weisen eine Besonderheit auf: Für jedes Paar natürlicher Zahlen $n \neq m$ gibt es die beiden gleichen Eigenfrequenzen

$$\omega_{nm} = \omega_{mn}$$

für die die zugehörigen partikulären Lösungsfunktionen verschieden sind:

$$z_{nm} \neq s_{mn}$$

Der Frequenzwert ω_{nm} heißt *zweifach entartet*.
Für $n = 1$ und $m = 2$ zum Beispiel ist

$$\omega_{12} = \omega_{21} = \frac{\pi\,c}{a} \cdot \sqrt{5}$$

Die beiden Eigenfunktionen lauten:

$$z_{12}(x,y,t) = A_{12} \cdot \sin\left(\frac{\pi}{a} \cdot x\right) \cdot \sin\left(\frac{2\,\pi}{a} \cdot y\right) \cdot \cos(\omega_{12}\,t - \phi_{12})$$

$$z_{21}(x,y,t) = A_{21} \cdot \sin\left(\frac{2\,\pi}{a} \cdot x\right) \cdot \sin\left(\frac{\pi}{a} \cdot y\right) \cdot \cos(\omega_{21}\,t - \phi_{21})$$

Den Verlauf ihrer Knotenlinien zeigt die Abbildung 15.2.

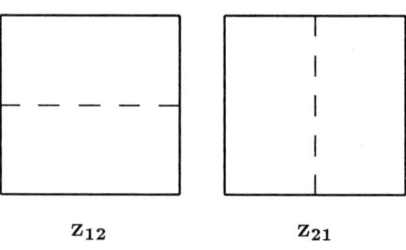

$\mathbf{z_{12}}$ $\mathbf{z_{21}}$

Abb. 15.2: Knotenlinien der Funktionen z_{12} und z_{21}

15.3 Lösung in krummlinigen orthogonalen Koordinatensystemen

In vielen Fällen von praktischer Bedeutung läßt sich die Separation der Variablen in kartesischen Koordinaten nicht vollziehen, wohl aber in krummlinigen Koordinaten. So lautet z.B. die Differentialgleichung für die Schwingung einer kreisförmigen Membran in Zylinderkoordinaten ohne Berücksichtigung der z-Abhängigkeit:

$$\Delta\, s \;=\; \frac{1}{c^2}\,\frac{\partial^2 s}{\partial t^2}$$

$$\frac{1}{r}\,\frac{\partial}{\partial r}\left(r\,\frac{\partial s}{\partial r}\right) + \frac{1}{r^2}\,\frac{\partial^2 s}{\partial \phi^2} \;=\; \frac{1}{c^2}\,\frac{\partial^2 s(r,\phi,t)}{\partial t^2}$$

Der Produktansatz

$$s(r,\phi,t) = R(r)\cdot\Phi(\phi)\cdot T(t)$$

führt mit

$$T(t) = e^{\pm i\omega t}$$

zu:

$$\frac{1}{R\cdot r}\,\frac{d}{dr}\left(r\,\frac{dR}{dr}\right) + \frac{1}{r^2}\,\frac{1}{\Phi}\,\frac{d^2 X\,\Phi}{d\phi^2} = -\frac{\omega^2}{c^2}$$

Die Trennung der Variablen ergibt:

$$\Rightarrow \quad \frac{1}{\Phi}\,\frac{d^2\Phi}{d\phi^2} = k = \text{const.} \qquad \Rightarrow \qquad \Phi(\phi) = e^{\pm\phi\sqrt{k}}$$

Hier gilt die Periodizitätsforderung:

$$s(\phi) = s(\phi + 2\,\pi) \qquad \text{und} \qquad \Phi(\phi) = \Phi(\phi + 2\,\pi)$$

so daß in $k = -\lambda^2$ gelten muß :

$$\lambda = 0, 1, 2, \cdots$$

$$\Rightarrow \qquad \Phi_\lambda(\phi) = a_\lambda\,\cos\lambda\phi + b_\lambda\,\sin\lambda\phi$$

Mit

$$\frac{1}{r^2}\,\frac{1}{\Phi}\,\frac{d^2\Phi}{d\phi^2} = -\frac{\lambda^2}{r^2}$$

ergibt sich als *Radialgleichung*:

$$\frac{1}{R\cdot r}\,\frac{d}{dr}\left(r\,\frac{dR}{dr}\right) + \left(\frac{\omega^2}{c^2} - \frac{\lambda^2}{r^2}\right) = 0$$

$$\frac{d^2 R}{dr^2} + \frac{1}{r}\,\frac{dR}{dr} + \left(\frac{\omega^2}{c^2} - \frac{\lambda^2}{r^2}\right)R = 0$$

Diese Besselsche Differentialgleichung wird durch die **Zylinderfunktionen**, eine spezielle Klasse von Funktionen der Mathematischen Physik, gelöst. Mit den Substitutionen:

$$\rho = \frac{\omega}{c} \cdot r \quad \text{und} \quad p = \lambda$$

erhält man die **Besselsche Differentialgleichung** für ganzzahlige Parameter p:

$$\left\{ \frac{d^2}{d\rho^2} + \frac{1}{\rho} \cdot \frac{d}{d\rho} + \left(1 - \frac{p^2}{\rho^2} \right) \right\} Z_p(\rho) = 0 \qquad (15.4)$$

Lösung der Besselschen Differentialgleichung:
Für $p = 0$ wird im folgenden die Lösung der Besselschen Differentialgleichung durch einen Potenzreihenansatz gezeigt (s. Kap. 14.1.2):

$$Z_0(\rho) = \sum_{\nu=0}^{\infty} \alpha_\nu \, \rho^\nu = \alpha_0 + \alpha_1 \, \rho + \alpha_2 \, \rho^2 + \alpha_3 \, \rho^3 + \cdots$$

ist in die Differentialgleichung

$$\left\{ \frac{d^2}{d\rho^2} + \frac{1}{\rho} \cdot \frac{d}{d\rho} + 1 \right\} Z_0(\rho) = 0$$

einzusetzen. Eine spezielle Lösung wird durch die folgenden Anfangswerte festgelegt:

$$Z_0(0) = 1 \quad \text{und} \quad Z_0'(0) = 0$$

Damit sind $\alpha_0 = 1$ und $\alpha_1 = 0$ gegeben:

$$Z_0(\rho) = 1 + \alpha_2 \, \rho^2 + \alpha_3 \, \rho^3 + \alpha_4 \, \rho^4 + \cdots$$

Die drei Terme der Differentialgleichung lauten:

$$
\begin{aligned}
\frac{d^2 Z_0}{d\rho^2} &= 2\,\alpha_2 &+\ 3 \cdot 2\,\alpha_3\,\rho &+\ 4 \cdot 3\,\alpha_4\,\rho^2 &+\ 5 \cdot 4\,\alpha_5\,\rho^3 + \cdots \\
\frac{1}{\rho} \cdot \frac{d Z_0}{d\rho} &= 2\,\alpha_2 &+\ 3\,\alpha_3\,\rho &+\ 4\,\alpha_4\,\rho^2 &+\ 5\,\alpha_5\rho^3 + \cdots \\
Z_0(\rho) &= 1 &+ \quad &+\ \alpha_2\,\rho^2 &+\ \alpha_3\,\rho^3 + \cdots
\end{aligned}
$$

Die Summe der drei Zeilen muß gemäß der DGl identisch verschwinden, d.h. die Koeffizienten aller Potenzen von ρ müssen einzeln gleich Null sein:

$$0 \equiv (2 \cdot 2\,\alpha_2 + 1) + (3 \cdot 3\,\alpha_3)\,\rho + (4 \cdot 4\,\alpha_4 + \alpha_2)\,\rho^2 + (5 \cdot 5\,\alpha_5 + \alpha_3)\,\rho^3 + (6 \cdot 6\,\alpha_6 + \alpha_4)\,\rho^4 + \cdots$$

Es ergibt sich daraus eine Folge von Bestimmungsgleichungen für die Koeffizienten α_ν:

$$2^2\,\alpha_2 + 1 = 0 \qquad \Longrightarrow \qquad \alpha_2 = -\frac{1}{2^2}$$

$$3^2\,\alpha_3 = 0 \qquad \Longrightarrow \qquad \alpha_3 = 0$$

$$4^2\,\alpha_4 + \alpha_2 = 0 \qquad \Longrightarrow \qquad \alpha_4 = +\frac{1}{2^2\cdot 4^2}$$

$$5^2\,\alpha_5 + \alpha_3 = 0 \qquad \Longrightarrow \qquad \alpha_5 = 0$$

$$6^2\,\alpha_6 + \alpha_4 = 0 \qquad \Longrightarrow \qquad \alpha_6 = -\frac{1}{2^2\cdot 4^2\cdot 6^2}$$

$$\cdots \qquad \Longrightarrow \qquad \cdots$$

Durch Einsetzen erhält man so als Lösung die Besselfunktion nullter Ordnung[†]

$$Z_0(\rho) \equiv J_0(\rho) \;=\; 1 - \frac{1}{2^2}\cdot\rho^2 + \frac{1}{2^2\cdot 4^2}\cdot\rho^4 - \frac{1}{2^2\cdot 4^2\cdot 6^2}\cdot\rho^6 + -\cdots$$

$$= \sum_{k=0}^{\infty} \frac{(-1)^k\cdot\left(\frac{r}{2}\right)^{2k}}{(k!)^2} \tag{15.5}$$

Für $p > 0$ kann man in ähnlicher Weise die Besselfunktionen p-ter Ordnung ermitteln:

$$J_p(\rho) = \frac{\rho^p}{2^p\cdot p!}\left\{ 1 - \frac{\rho^2}{2\,(2p+2)} + \frac{\rho^4}{2\cdot 4\,(2p+2)(2p+4)} - +\cdots \right\}$$

Eine Näherungsdarstellung für die Zylinderfunktionen $Z_p(\rho)$ gewinnt man aus der DGl (15.4) folgendermaßen: Schreibt man sie in der Form:

$$\left\{ \frac{d^2}{d\rho^2} + 1 - \frac{p^2 - 1/4}{\rho^2} \right\}\,(\sqrt{\rho}\cdot Z_p(\rho)) = 0$$

so reduziert sich dieser Ausdruck für $\rho \gg p$ und damit $\dfrac{p^2 - 1/4}{\rho^2} \ll 1$ zu

$$\left\{ \frac{d^2}{d\rho^2} + 1 \right\}\,(\sqrt{\rho}\cdot Z_p(\rho)) = 0$$

Diese „Schwingungsgleichung" hat Lösungen der Form

$$Z_p \sim \frac{\alpha\,\cos\rho + \beta\,\sin\rho}{\sqrt{\rho}}$$

Tabelle 15.1: Eigenfrequenzen und Knotenlinien der schwingenden kreisförmigen Membran

p	ν	$\frac{\omega}{c}a$	Knotenlinie
0	1	$2.405 \approx \frac{3}{4}\pi$	Keine Knotenlinie
1	1	$3.832 \approx \frac{5}{4}\pi$	Ein Durchmesser
2	1	$5.135 \approx \frac{7}{4}\pi$	Zwei Durchmesser senkrecht zueinander
0	2	$5.520 \approx \frac{7}{4}\pi$	Eine radiale Knotenlinie
$\vdots$	$\vdots$	$\vdots$	

Eine asymptotische Näherungsform der Bessel–Funktionen p-ter Ordnung lautet [1],[6]:

$$J_p(\rho) \approx \sqrt{\frac{2}{\pi\rho}} \cdot \left\{ \cos\left(\rho - \frac{\pi}{2} \cdot p - \frac{\pi}{4} \right) \right\} \tag{15.6}$$

Mit ihr lassen sich die Eigenfrequenzen und die zugehörigen Knotenlinien der schwingenden kreisförmigen Membran aus den folgenden Randbedingungen bestimmen:

(1) In der Mitte bei $r - 0$ soll die Membran frei schwingen: $s \neq 0$

(2) Am Rand bei $r = a$ ist die Membran fest eingespannt: $s = 0$

Die erste der Randbedingungen wird durch die eigentlichen Besselfunktionen vom Typ $J_p(\rho)$ erfüllt. Die Bedingung (2) heißt

$$s(r,\phi,t) \sim J_p(\rho) = 0 \qquad \text{bei} \qquad r = a$$

und führt wegen $\rho = \dfrac{\omega}{c}r$ zu

$$J_p\left(\frac{\omega}{c}a \right) = 0$$

Mit der oben angegebenen Näherungsform für $J_p(\rho)$ folgen die gesuchten Eigenfrequenzen $\omega_{p\nu}$ für ganzzahlige p aus den Nullstellen der Kosinusfunktion, d.h. aus

$$\omega_{p\nu} = \frac{c}{a}\left\{ \left(p + \frac{1}{2} \right) + (2\nu - 1) \right\} \cdot \frac{\pi}{2} \qquad \text{für} \qquad \nu = 1, 2, 3, \cdots$$

Einige der ersten Werte der Eigenfrequenzen mit den zugehörigen Knotenlinien sind in Tabelle 15.1 aufgeführt. (vgl. hierzu auch [7][8])

[†]Näheres über die Zylinderfunktionen, ihre Eigenschaften, ihre Nomenklatur etc. entnehme man der Literatur [1][6][8].

Teil V

Fourierreihen und -transformationen

Kapitel 16

Näherungsdarstellungen II: Fourierreihen

Zahlreiche Anwendungen aus Physik und Technik führen auf **periodische Funktionen**, d.h. Funktionen $f(x)$ mit der Eigenschaft

$$f(x) = f(x + P) \qquad P = \text{const.}$$

In der Elektrotechnik beispielsweise treten sie als Wechselspannungen auf, die sinusförmigen aber auch rechteckigen oder sägezahnähnlichen Verlauf haben können. Solche Funktionen zu analysieren, ermöglichen die **Fourierreihen** [*].

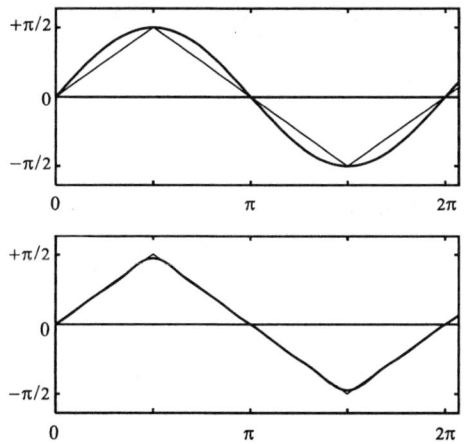

Abb. 16.1: Vergleich einer Dreiecksfunktion mit der Sinusfunktion (oberes Bild) und mit den ersten Termen ihrer Fourierreihe (unteres Bild). Hier ist der Unterschied zwischen beiden Kurven mit dem Auge kaum noch wahrzunehmen.

Zur Erläuterung ist in Abbildung 16.1 eine Dreiecksfunktion dargestellt über dem Periodizitätsintervall $[0, 2\pi]$. Der Verlauf dieser Funktion, die über die Intervallgrenzen 0 und 2π hinaus periodisch fortsetzbar sein soll, legt eine näherungsweise Beschreibung durch eine Sinusfunktion nahe (Abb. 16.1, oben).

---

[*]J. B. J. Fourier, 1768 - 1830

Die Verbesserung dieser Approximation durch Verwendung des trigonometrischen Polynoms:

$$T(x) = \frac{4}{\pi} \cdot \sin x - \frac{4}{9\,\pi} \cdot \sin 3x + \frac{4}{25\,\pi} \cdot \sin 5x - \frac{4}{49\,\pi} \cdot \sin 7x$$

(Abb. 16.1, unten) ist evident.

16.1   Die trigonometrische Fourierreihe

Eine periodische Funktion $f(x)$ mit der Periode 2π:

$$f(x) = f(x + 2\pi)$$

kann über jedem abgeschlossenen Intervall $[x, x + 2\pi]$ durch ihre **Fourierreihe**

$$
\begin{aligned}
T(x) &= \frac{a_0}{2} + a_1 \cos x + a_2 \cos 2x + a_3 \cos 3x + \cdots \\
&\quad + b_1 \sin x + b_2 \sin 2x + b_3 \sin 3x + \cdots \\
&= \frac{a_0}{2} + \sum_{k=1}^{\infty} \{a_k \cos kx + b_k \sin kx\}
\end{aligned}
\tag{16.1}
$$

angenähert werden. Aus der Forderung, daß die mittlere quadratische Abweichung der Reihe $T(x)$ von der Funktion $f(x)$ über dem Periodizitätsintervall $[-\pi, \pi]$ minimal sein soll, dem **Gaußschen Prinzip der kleinsten Quadrate** (s. Kap. 19),

$$\epsilon = \frac{\int_{-\pi}^{\pi} \{f(x) - T(x)\}^2 \, dx}{\int_{-\pi}^{\pi} dx} = \frac{1}{2\pi} \int_{-\pi}^{\pi} \{f(x) - T(x)\}^2 \, dx = \min \tag{16.2}$$

lassen sich die Koeffizienten der einzelnen Term dieser Reihe berechnen:

$$
\begin{aligned}
a_k &= \frac{1}{\pi} \int_{-\pi}^{\pi} f(x) \, \cos kx \, dx & k = 0, 1, 2, \cdots \\
\\
b_k &= \frac{1}{\pi} \int_{-\pi}^{\pi} f(x) \, \sin kx \, dx & k = 1, 2, \cdots
\end{aligned}
\tag{16.3}
$$

Berechnet man nämlich das Minimum von ϵ durch Variation der Koeffizienten, indem man sie als Variable behandelt, so folgt:

$$\frac{\partial \epsilon}{\partial a_k} = \frac{\partial}{\partial a_k} \left(\frac{1}{2\pi} \int\limits_{-\pi}^{\pi} [f(x) - T(x)]^2 \, dx \right)$$

$$= -\frac{1}{\pi} \int\limits_{-\pi}^{\pi} [f(x) - T(x)] \cdot \cos kx \, dx = 0 \qquad (16.4)$$

$$k = 0, 1, 2, \cdots$$

$$\frac{\partial \epsilon}{\partial b_k} = \frac{\partial}{\partial b_k} \left(\frac{1}{2\pi} \int\limits_{-\pi}^{\pi} [f(x) - T(x)]^2 \, dx \right)$$

$$= -\frac{1}{\pi} \int\limits_{-\pi}^{\pi} [f(x) - T(x)] \cdot \sin kx \, dx = 0 \qquad (16.5)$$

$$k = 1, 2, \cdots$$

Die Ausführung der Integrationen in Gleichung (16.4) ergibt

$$\int\limits_{-\pi}^{\pi} f(x) \cos kx \, dx = \int\limits_{-\pi}^{\pi} T(x) \cos kx \, dx$$

$$= a_0 \cdot \int\limits_{-\pi}^{\pi} \cos kx \, dx + a_1 \cdot \int\limits_{-\pi}^{\pi} \cos x \cos kx \, dx +$$

$$+ \cdots + a_k \cdot \int\limits_{-\pi}^{\pi} \cos kx \cos kx \, dx + \cdots$$

$$b_1 \cdot \int\limits_{-\pi}^{\pi} \sin x \cos kx \, dx +$$

$$+ \cdots + b_k \cdot \int\limits_{-\pi}^{\pi} \sin kx \cos kx \, dx + \cdots$$

$$= a_k \cdot \int\limits_{-\pi}^{\pi} \cos kx \cos kx \, dx = \pi \cdot a_k$$

Entsprechendes ergibt sich aus (16.5) für die Koeffizienten b_k. Zu Hilfe kommt bei diesen Integrationen die folgende Eigenschaft der trigonometrischen Funktionen:

$$\int\limits_{-\pi}^{\pi} \cos mx \, \cos nx \, dx \; = \; \pi \cdot \delta_{mn} = \left\{ \begin{array}{ll} \pi & \text{für} \quad m = n \\ 0 & \text{für} \quad m \neq n \end{array} \right.$$

$$\int\limits_{-\pi}^{\pi} \sin mx \, \sin nx \, dx \; = \; \pi \cdot \delta_{mn} = \left\{ \begin{array}{ll} \pi & \text{für} \quad m = n \\ 0 & \text{für} \quad m \neq n \end{array} \right.$$

$$\int\limits_{-\pi}^{\pi} \sin mx \, \cos nx \, dx \; = \; 0 \qquad \text{für alle } m \text{ und } n \qquad\qquad (16.6)$$

Die vorstehenden Gleichungen nennt man die **Orthogonalitätsrelationen der trigonometrischen Funktionen**. Näheres dazu folgt im nächsten Kapitel.

16.1.1 Konvergenz der Fourierreihe

Eine *hinreichende Bedingung* für die Konvergenz der so definierten Fourierreihe geht auf Dirichlet zurück [†]:

> Die Fourierreihe einer stückweise glatten, d.h. einer über endlich vielen Teilintervallen stetig differenzierbaren Funktion $f(x)$ mit der Periode 2π konvergiert für alle x.
> Ihre Summe ist gleich $f(x)$ überall, wo $f(x)$ stetig ist, sie ist gleich $\frac{1}{2}\{f(x+0) + f(x-0)\}$, d.h. gleich dem arithmetischen Mittel der rechts- und linksseitigen Grenzwerte an den Unstetigkeitsstellen.
> Ist $f(x)$ überall stetig, so konvergiert die Fourierreihe absolut und gleichmäßig.

16.1.2 Allgemeines zur Berechnung der Fourierreihen

Auswirkung der Symmetrie der Funktion $f(x)$

Für eine *gerade Funktion* $f_g(x)$ gilt: $f_g(x) = f_g(-x)$, eine *ungerade Funktion* ist durch: $f_u(x) = -f_u(-x)$ gekennzeichnet. Ist $f_u(x)$ über $[-l, l]$ integrierbar, so folgt

$$\int\limits_{-l}^{l} f_u(x) \, dx = 0$$

Fourierreihen gerader Funktionen: $f_g(x)$ sei über $[-\pi, \pi]$ eine gerade Funktion. $\cos nx$ mit $n \in \mathbf{N}$ ist über dem gleichen Intervall ebenfalls eine gerade Funktion,

---

[†]L. Dirichlet, 1805 - 1859

sin nx eine ungerade Funktion. Da nun die verketteten Funktionen $f_g(x) \cdot \cos nx$ gerade und $f_g \cdot \sin nx$ ungerade Funktionen sind, folgt

$$a_n = \frac{1}{\pi} \int_{-\pi}^{\pi} f_g \cdot \cos nx \, dx = \frac{2}{\pi} \int_{0}^{\pi} f_g \cdot \cos nx \, dx \qquad \text{und alle} \quad b_n = 0$$

Die zu $f_g(x)$ gehörende Fourierreihe lautet also:

$$f_g(x) = \frac{a_0}{2} + \sum_{k=1}^{\infty} a_k \cos kx \qquad \text{mit} \qquad a_k = \frac{2}{\pi} \int_{0}^{\pi} f_g \cdot \cos kx \, dx \qquad k = 0, 1, 2, \cdots$$

$$(16.7)$$

Fourierreihen ungerader Funktionen lauten entsprechend:

$$f_u(x) = \sum_{k=1}^{\infty} b_k \sin kx \qquad \text{mit} \qquad b_k = \frac{2}{\pi} \int_{0}^{\pi} f_u \cdot \sin kx \, dx \qquad k = 1, 2, \cdots$$

$$(16.8)$$

Beispiel 16.1: ━━━━━━━━━━━━━━━━━━━━━━━━━━━━━━━━━━
Die Fourierreihe der Dreiecksfunktion
Die in der Einleitung dieses Kapitels erwähnte Dreiecksfunktion kann analytisch folgendermaßen geschrieben werden:

$$f(x) = \begin{cases} x & \text{für} & 0 < x < \frac{\pi}{2} \\ \pi - x & \text{für} & \frac{\pi}{2} < x < \frac{3\pi}{2} \\ x - 2\pi & \text{für} & \frac{3\pi}{2} < x < 2\pi \end{cases}$$

$f(x)$ ist eine ungerade Funktion. Ihre Fourierreihe (16.8) weist daher nur Sinusterme auf.

$$T(x) = \sum_{n=1}^{\infty} b_n \sin nx$$

Die Berechnung der Fourierkoeffizienten b_n erfordert die folgenden Integrationen:

$$\begin{aligned} b_n &= \frac{1}{\pi} \int_{0}^{2\pi} f(x) \cdot \sin nx \, dx \\ &= \frac{1}{\pi} \int_{0}^{\pi/2} x \cdot \sin nx \, dx + \frac{1}{\pi} \int_{\pi/2}^{3\pi/2} (\pi - x) \cdot \sin nx \, dx \\ &\quad + \frac{1}{\pi} \int_{3\pi/2}^{2\pi} (x - 2\pi) \cdot \sin nx \, dx \\ &= \frac{4}{\pi n^2} \cdot \sin\left(\frac{n\pi}{2}\right) \end{aligned}$$

Die ersten Terme der damit berechneten Fourierreihe lauten:

$$T(x) = \frac{4}{\pi} \cdot \sin x - \frac{4}{3^2\pi} \cdot \sin 3x + \frac{4}{5^2\pi} \cdot \sin 5x - + \cdots$$

$$= 1.273 \cdot \sin x - 0.1415 \cdot \sin 3x + 0.05093 \cdot \sin 5x - + \cdots$$

Integral und Ableitung einer Fourierreihe

Die folgenden Hinweise können dazu dienen, die Berechnung der Fourierreihe einer Funktion zu erleichtern.

1. Die 2π-periodische Funktion $f(x)$ sei stückweise glatt. Ihre Fourierreihe

$$t(x) = \frac{a_0}{2} + \sum_{n=1}^{\infty} \{a_n \cos nx + b_n \sin nx\}$$

ist dann gemäß dem oben genannten Konvergenzkriterium (s. Abschnitt 16.1.1) überall konvergent. Durch gliedweise **Integration** gewinnt man daraus die trigonometrische Reihe:

$$T(x) = \frac{a_0}{2} \cdot x + \sum_{n=1}^{\infty} \left\{ \frac{a_n}{n} \sin nx - \frac{b_n}{n} \cos nx \right\}$$

Diese Reihe konvergiert für alle $x \in \mathbb{R}$ gegen einen Grenzwert $F(x)$. $F(x)$ ist überall stetig und dort, wo $f(x)$ stetig ist, differenzierbar mit $F'(x) = f(x)$. Falls $a_0 = 0$ ist, gilt: **T(x) ist die Fourierreihe zu F(x)**. $F(x)$ hat die Periode 2π.

2. Die 2π-periodische Funktion $f(x)$ sei stückweise glatt und ihre Fourierreihe ist wieder gegeben als

$$T(x) = \frac{a_0}{2} + \sum_{n=1}^{\infty} \{a_n \cos nx + b_n \sin nx\}$$

$f(x)$ sei zweimal differenzierbar und $f'(x)$ sei stückweise glatt. Gliedweises **Ableiten** der Fourierreihe $T(x)$ ergibt dann eine trigonometrische Reihe

$$T'(x) = \sum_{n=1}^{\infty} \{n\, b_n \cos nx - n\, a_n \sin nx\}$$

die für alle x gegen $f'(x)$ konvergiert: $T'(x) = f'(x)$.
Das bedeutet: **T'(x) ist die Fourierreihe von f'(x)**.

Funktionen mit der Periode l

Gegeben sei die Funktion $F(x)$ mit der Periode l:

$$F(x) = F(x + l)$$

Die Variablentransformation

$$x \quad \longrightarrow \quad \frac{l}{2\pi} x$$

überführt $F(x)$ in eine 2π-periodische Funktion. Die Fourierreihe der l-periodischen Funktion lautet:

$$F(x) = \frac{a_0}{2} + \sum_{n=1}^{\infty} \left\{ a_n \cos\left(\frac{2\pi}{l} nx\right) + b_n \sin\left(\frac{2\pi}{l} nx\right) \right\} \qquad (16.9)$$

mit den Koeffizienten:

$$a_n = \frac{2}{l} \int_0^l f(x) \cos\left(\frac{2\pi}{l} nx\right) dx \qquad (n = 0, 1, 2, \cdots)$$

$$b_n = \frac{2}{l} \int_0^l f(x) \sin\left(\frac{2\pi}{l} nx\right) dx \qquad (n = 1, 2, \cdots) \qquad (16.10)$$

16.2 Die komplexe Form der Fourierreihe

Die Fouriereihe der 2π-periodischen Funktion $f(x)$

$$f(x) = \frac{a_0}{2} + \sum_{n=1}^{\infty} \left\{ a_n \cos nx + b_n \sin nx \right\}$$

kann unter Verwendung von

$$\cos nx = \frac{1}{2}\left(e^{inx} + e^{-inx}\right) \qquad \text{und} \qquad \sin nx = \frac{i}{2}\left(-e^{inx} + e^{-inx}\right)$$

geschrieben werden als

$$f(x) = \frac{a_0}{2} + \sum_{n=1}^{\infty} \left\{ \left(\frac{a_n - ib_n}{2}\right) e^{inx} + \left(\frac{a_n + ib_n}{2}\right) e^{-inx} \right\}$$

Daraus folgt mit

$$c_0 = \frac{a_0}{2} \qquad c_n = \frac{a_n - ib_n}{2} \qquad c_{-n} = \frac{a_n + ib_n}{2}$$

$$f(x) = c_0 + \sum_{n=1}^{\infty} c_n e^{inx} + \sum_{n=1}^{\infty} c_{-n} e^{-inx}$$

Zusammengefaßt lautet die komplexe Fourierreihe:

$$f(x) = \sum_{-\infty}^{\infty} c_n \, e^{inx} \tag{16.11}$$

Zur Berechnung der Koeffizienten geht man wieder von der Gaußschen Anpassungsforderung (16.2) aus, die hier mit der Abkürzung

$$\Delta(x) = f(x) - \sum_{-\infty}^{\infty} c_n \, e^{inx}$$

lautet:

$$\epsilon = \frac{1}{2\,\pi} \int\limits_{-\pi}^{\pi} \Delta^2(x) \, dx \overset{!}{=} \text{Minimum}$$

Die Koeffizienten $c_{\pm k}$, die diese Bedingung erfüllen, erhält man mit

$$\frac{\partial \epsilon}{\partial c_{\pm k}} = 0$$

Die Differentiation von ϵ nach den Koeffizienten ergibt das Gleichungssystem

$$\frac{1}{2\,\pi} \int\limits_{-\pi}^{\pi} 2 \cdot \epsilon \cdot \frac{\partial \epsilon}{\partial c_k} = 0$$

$$\frac{1}{\pi} \int\limits_{-\pi}^{\pi} \left\{ f(x) - \sum_{n=-\infty}^{\infty} c_n \, e^{inx} \right\} e^{ikx} \, dx = 0$$

Für die Exponentialfunktionen e^{inx} und e^{ikx} mit ganzzahligen Werten von n und k gilt die „Orthogonalitätsrelation" (s. Kapitel 17):

$$\frac{1}{2\,\pi} \int\limits_{-\pi}^{\pi} e^{inx} \cdot e^{-ikx} \, dx = \delta_{nk} = \left\{ \begin{array}{ll} 1 & \text{für} \quad n = k \\ 0 & \text{für} \quad n \neq k \end{array} \right.$$

Damit bleibt für die Berechnung jedes Koeffizienten nur genau eine Bestimmungsgleichung aus dem Gleichungssystem übrig: Aus

$$\frac{1}{\pi} \int\limits_{-\pi}^{\pi} \left\{ f(x) - c_{-k} \, e^{-ikx} \right\} e^{ikx} \, dx = 2\,\pi$$

folgt

$$c_{\pm k} = \frac{1}{2\,\pi} \int\limits_{-\pi}^{\pi} f(x) \, e^{\mp ikx} \, dx \qquad \text{für alle} \qquad k = 0, \pm 1, \pm 2, \cdots$$

Für Funktionen mit der Periode $2l$ gilt analog:

$$f(x) = \sum_{-\infty}^{\infty} c_n \, e^{i\frac{\pi n x}{l}} \qquad \text{mit} \qquad c_n = \frac{1}{2\,l} \int\limits_{-l}^{l} f(x) \, e^{-i\frac{\pi n x}{l}} \, dx \qquad n = 0, \pm 1, \pm 2, \cdots$$

.

Beispiel 16.2:
Die Fourierreihe einer Rechteckfunktion
Gegeben sei die Funktion

$$f(t) = \begin{cases} -10 & \text{für} \quad -\frac{T_0}{2} < t < -\frac{T_0}{4} \quad \text{und} \quad \frac{T_0}{4} < t < +\frac{T_0}{2} \\ +10 & \text{für} \quad -\frac{T_0}{4} < t < +\frac{T_0}{4} \\ 0 & \text{für} \quad t = (2\,k+1)\,\frac{T_0}{4} \qquad k = 0, \pm 1, \pm 2, \cdots \end{cases}$$

Die Funktion $f(t)$ ist gerade, d.h. in ihrer Fourierreihe sollten nur die Kosinus-Terme auftreten. Zu

$$f(t) = \sum_{-\infty}^{\infty} c_n\, e^{in\,t}$$

lauten die Koeffizienten:

$$\begin{aligned} c_n &= \frac{1}{T_0} \int_{-T_0/2}^{T_0/2} f(t)\, e^{-in\,t}\, dx \\ &= \frac{10}{T_0} \cdot \left\{ \int_{-T_0/2}^{-T_0/4} -e^{-i2\pi nt/T_0}\, dt + \int_{-T_0/4}^{+T_0/4} e^{-i2\pi nt/T_0}\, dt + \int_{+T_0/4}^{+T_0/2} -e^{-i2\pi nt/T_0}\, dt \right\} \\ &= \frac{10}{2\pi in} \left\{ 2 \cdot \left(e^{in\pi/2} - e^{-in\pi/2} \right) - \left(-e^{-in\pi} + e^{in\pi} \right) \right\} \\ &= (-1)^{(n+3)/2} \cdot \frac{20}{n\pi} \end{aligned}$$

Das gilt für *ungerade n*, denn:

$$e^{\pm in\pi} = +1 \qquad \text{für} \qquad n = 0 \quad \text{und} \quad n = \text{gerade} \qquad \Rightarrow \qquad c_n = 0$$

$$e^{\pm in\pi} = -1 \qquad \text{für} \qquad n = \text{ungerade}$$

Die gesuchte Fourierreihe lautet also:

$$\begin{aligned} f(t) &= \sum_{-\infty}^{\infty} (-1)^{\frac{n+3}{2}} \frac{20}{n\pi}\, e^{2\pi in\,t/T_0} \\ &= \sum_{n=1}^{\infty} (-1)^{\frac{n+3}{2}} \frac{40}{n\pi} \cdot \left\{ \frac{1}{2} \cdot \left(e^{2\pi in\,t/T_0} + e^{-2\pi in\,t/T_0} \right) \right\} \\ &= \sum_{n=1}^{\infty} (-1)^{\frac{n+3}{2}} \frac{40}{n\pi} \cdot \cos\left(\frac{2\pi n\,t}{T_0} \right) \qquad \text{mit} \qquad n = 1, 3, 5, \cdots \end{aligned}$$

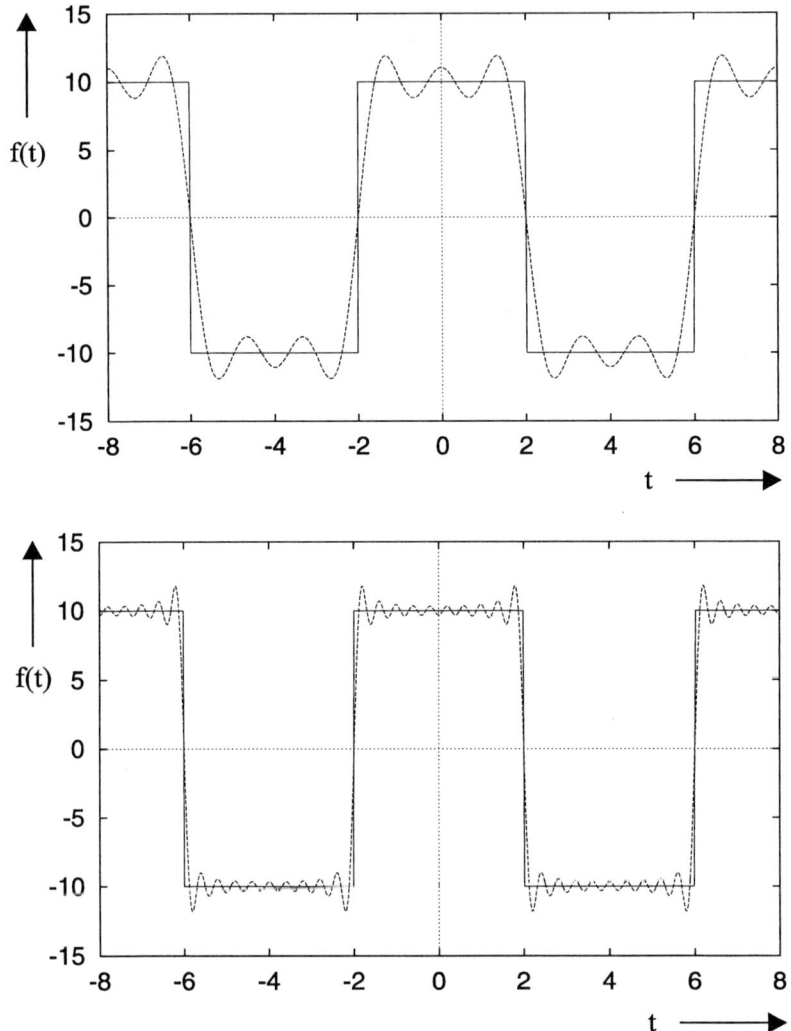

Abb. 16.2: Fourierreihendarstellung der Rechteckschwingung aus Beispiel 16.2 (Oberes Teilbild: $n_{max} = 5$, unteres Teilbild: $n_{max} = 19$)

Kapitel 17

Entwicklung nach orthogonalen Funktionensystemen

Das in Kapitel 16 vorgestellte Verfahren, eine periodische Funktion in eine Fourierreihe zu entwickeln, kann verallgemeinert werden: Neben den trigonometrischen Funktionen gibt es eine Reihe anderer Funktionensysteme, die eine Reihendarstellung beliebiger Funktionen erlauben. Die Erläuterungen hierzu beginnen mit einem Rückgriff auf die Komponentendarstellung von Vektoren.

17.1 Komponentendarstellung n-dimensionaler Vektoren

In Abschnitt 5.4 wird für Vektoren im dreidimensionalen Raum die Komponentendarstellung bezüglich eine **orthogonalen Basis** dreier Einheitsvektoren $\vec{e}_i$ $i = 1, 2, 3$ vorgestellt. Man sagt: Der Vektor

$$\vec{v} = v_1\,\vec{e}_1 + v_2\,\vec{e}_2 + v_3\,\vec{e}_3 = \sum_{i=1}^{3} v_i\,\vec{e}_i$$

wird **bezüglich der Basis entwickelt.** Die Komponenten von $\vec{v}$ in Richtung der Basisvektoren sind die **Entwicklungskoeffizienten** v_i. Sie berechnen sich als Skalarprodukte

$$v_i = (\vec{v} \cdot \vec{e}_i) \qquad i = 1, 2, 3$$

dank der Orthogonalität der Basisvektoren.

Ist nun $\vec{v}$ ein beliebiger **Vektor im n-dimensionalen Vektorraum**, dann kann er ganz entsprechend bezüglich eines Systems linear unabhängiger, orthogonaler Basisvektoren $\vec{e}_1, \vec{e}_2, \cdots, \vec{e}_n$ entwickelt werden. **Orthogonal** nennt man die Vektoren $\vec{e}_i$, wenn für das Skalarprodukt je zweier Vektoren gilt

$$(\vec{e}_i \cdot \vec{e}_j) = \begin{cases} |\vec{e}_i|^2 & \text{für} \quad i = j \\ 0 & \text{für} \quad i \neq j \end{cases}$$

Ist für alle i überdies $|\vec{e}_i| = 1$, so bilden die $\vec{e}_n$ ein **normiertes Orthogonalsystem** (Orthonormalsystem, ONS).

Die Entwicklungskoeffizienten v_k (*Komponenten des Vektors in Richtung des Basisvektors $\vec{e}_k$*) des Vektors

$$\vec{v} = v_1\,\vec{e}_1 + v_2\,\vec{e}_2 + \cdots + v_k\,\vec{e}_k + \cdots + v_n\,\vec{e}_n = \sum_{k=1}^{n} v_k\,\vec{e}_k$$

erhält man wieder als Skalarprodukt

$$\text{Beispielsweise} \quad v_j\,: \qquad (\vec{v}\cdot\vec{e}_j) = \sum_{k=1}^{n} v_k\,(\vec{e}_k\cdot\vec{e}_j) = \sum_{k=1}^{n} v_k\,\delta_{kj} = v_j$$

17.2 Orthogonale Funktionensysteme

In völliger Analogie zur erwähnten Entwicklung eines Vektors bezüglich einer Basis aus linear unabhängigen, zueinander orthogonalen Vektoren steht die Reihenentwicklung einer Funktion bezüglich eines System von Funktionen. Die trigonometrischen Fourierreihen (s. Kap. 16) stellen einen Spezialfall dazu dar.

17.2.1 Voraussetzungen und Definitionen

Die hier betrachteten Funktionen $f(x)$, $\phi(x)$ etc. seien über einem Intervall $[a, b]$ **stetig** (eventuell mit Ausnahme endlich vieler Sprungstellen). Sie seien über $[a, b]$ **absolut und quadratisch integrierbar**. D.h. für $f(x)$ existieren

$$\int_a^b |f(x)|\,dx \qquad \text{und} \int_a^b f^2(x)\,dx$$

Es gelten dann die folgenden Definitionen:

- **Das Skalarprodukt bzw. innere Produkt** der Funktionen $\phi(x)$ und $\psi(x)$ ist über dem Intervall $[a, b]$ erklärt als:

$$(\phi\cdot\psi) = \int_a^b \phi(x)\cdot\psi(x)\,dx$$

- Die **Norm** der Funktion $\phi(x)$ nennt man das innere Produkt der Funktion $\phi(x)$ mit sich selbst:

$$\|\phi\|^2 = (\phi\cdot\phi) = \int_a^b \phi^2(x)\,dx \qquad \Rightarrow \qquad \|\phi\| = \sqrt{\int_a^b \phi^2(x)\,dx}$$

- Zwei Funktionen $\phi(x)$ und $\psi(x)$ heißen **über** $[a, b]$ **orthogonal**, wenn ihr Skalarprodukt verschwindet:

$$(\phi \cdot \psi) = \int_a^b \phi(x) \cdot \psi(x) \, dx = 0$$

- Ein unendliches **System orthogonaler, normierter Funktionen (ONS)** liegt vor, wenn für alle Funktionen der Folge

$$\phi_0(x), \ \phi_1(x), \ \phi_2(x), \ \cdots, \ \phi_n(x), \ \cdots$$

die Orthogonalität auf dem Intervall $[a, b]$ entsprechend

$$(\phi_n \cdot \phi_m) = \int_a^b \phi_n(x) \cdot \phi_m(x) \, dx = 0 \qquad \text{für} \quad n \neq m$$

und die Normierung auf dem Intervall $[a, b]$ durch

$$\| \ \phi_n \ \|^2 = \int_a^b \phi_n^2(x) \, dx = 1$$

gegeben sind.

17.2.2 Entwicklung einer Funktion $f(x)$ nach einem orthogonalen Funktionensystem

Unter der **Entwicklung der Funktion** $f(x)$ nach dem Funktionensystem

$$\phi_0(x), \ \phi_1(x), \ \phi_2(x), \ \cdots$$

versteht man die Beschreibung der Funktion $f(x)$ mit der Funktionenreihe

$$\phi(x) = \sum_{\nu=0}^{\infty} \alpha_\nu \cdot \phi_\nu(x)$$

über einem Intervall [a,b]. Ein Rezept für die Berechnung der Entwicklungskoeffizienten α_ν liefert die Ausgleichsrechnung mit dem Gaußschen Prinzip der kleinsten Quadrate (16.2):

$$\epsilon^2 = \frac{\int_a^b \{f(x) - \phi(x)\}^2 \, dx}{\int_a^b dx} \stackrel{!}{=} \text{Minimum}$$

Zur Erfüllung dieser Forderung setzt man

$$\frac{\partial}{\partial \alpha_\nu} \left\{ \int_a^b \{f(x) - \sum_{\nu=0}^{\infty} \alpha_\nu \cdot \phi_\nu(x) \right\}^2 \, dx = 0 \qquad \nu = 0, 1, \cdots$$

und erhält das System der linearen *Normalgleichungen* für die Entwicklungskoeffizienten α_ν

$$\alpha_0 \cdot \int_a^b \phi_0 \phi_0 \, dx \;+\; \alpha_1 \cdot \int_a^b \phi_0 \phi_1 \, dx \;+\; \cdots \;=\; \int_a^b f(x)\, \phi_0 \, dx$$

$$\alpha_0 \cdot \int_a^b \phi_1 \phi_0 \, dx \;+\; \alpha_1 \cdot \int_a^b \phi_1 \phi_1 \, dx \;+\; \cdots \;=\; \int_a^b f(x)\, \phi_1 \, dx$$

$$\vdots \;+\; \qquad \vdots \qquad +\; \qquad =\; \vdots$$

Bei der Auflösung dieser Normalgleichungen nach den α_ν macht sich der Vorteil **orthogonaler Funktionensysteme** bemerkbar. Orthogonalität heißt (s.o):

$$\int_a^b \phi_\mu \cdot \phi_\nu \, dx = 0 \qquad \text{für} \qquad \mu \neq \nu$$

Damit reduziert sich das System der Normalgleichungen zu:

$$\alpha_0 \cdot \int_a^b \phi_0 \phi_0 \, dx \;+\; \qquad\qquad +\; \cdots \;=\; \int_a^b f(x)\, \phi_0 \, dx$$

$$+\; \alpha_1 \cdot \int_a^b \phi_1 \phi_1 \, dx \;+\; \cdots \;=\; \int_a^b f(x)\, \phi_1 \, dx$$

$$\vdots \;+\; \qquad \vdots \qquad +\; \qquad =\; \vdots$$

Die Entwicklungskoeffizienten sind unabhängig voneinander als Skalarprodukt zu berechnen.

Entwicklung einer Funktion $f(x)$ bezüglich eines gegebenen ONS:

$f(x)$ sei über dem Intervall [a,b] definiert und dort bezüglich des ebenfalls über dem Intervall gegebenen ONS $\phi_n(x)$ darstellbar durch:

$$f(x) = \sum_{n=0}^\infty \alpha_n \cdot \phi_n(x) = \alpha_0 \cdot \phi_0(x) + \alpha_1 \cdot \phi_1(x) + \cdots + \alpha_n \cdot \phi_n(x) + \cdots$$

Die Entwicklungskoeffizienten α_n erhält man als Skalarprodukt

$$\alpha_j : \qquad (f(x) \cdot \phi_j(x)) \;=\; \int_a^b f(x) \cdot \phi_j(x) \, dx$$

$$=\; \sum_{n=0}^\infty \int_a^b \alpha_n \, \phi_n(x) \cdot \phi_j(x) \, dx$$

$$=\; \sum_{n=0}^\infty \alpha_n \cdot \delta_{nj}$$

$$=\; \alpha_j$$

Verallgemeinernd nennt man

$$f(x) = \sum_{n=0}^\infty \alpha_n \cdot \phi_n(x) \qquad\qquad\qquad (17.1)$$

die Fourierreihe der Funktion f(x) bezüglich des Funktionensystems ϕ_n über dem Intervall $[a, b]$ mit den Fourierkoeffizienten:

$$\alpha_n = \int_a^b f(x) \cdot \phi_n(x) \, dx \qquad (n = 0, 1, 2, \cdots) \qquad (17.2)$$

17.2.3 Beispiele orthogonaler Funktionensysteme

1. Über dem Intervall $[0,\pi]$ seien die Funktionen:

$$\boxed{\phi_0 = 1, \quad \phi_1 = \cos x, \quad \phi_2 = \cos 2x, \quad \cdots \quad \phi_n = \cos nx, \quad \cdots}$$

gegeben. Die Funktionen ϕ_n sind über $[0,\pi]$ orthogonal, denn

$$(\phi_0 \cdot \phi_n) = \int_0^\pi \cos nx \, dx = \frac{1}{n} [\sin nx]_0^\pi = 0 \qquad (n = 1, 2, \cdots)$$

und

$$(\phi_n \cdot \phi_m) = \int_0^\pi \cos nx \cdot \cos mx \, dx$$

$$= \tfrac{1}{2} \int_0^\pi \cos(n+m)x \, dx + \tfrac{1}{2} \int_0^\pi \cos(n-m)x \, dx$$

$$= 0 \qquad\qquad\qquad \text{für} \quad n \neq m$$

Die Funktionen ϕ_n lassen sich normieren:

$$\| \phi_0 \|^2 = \int_0^\pi \phi_0^2 \, dx = \int_0^\pi dx = \pi$$

$$\| \phi_n \|^2 = \int_0^\pi \phi_n^2 \, dx = \int_0^\pi \cos^2 nx \, dx = \int_0^\pi \frac{1 + \cos 2nx}{2} \, dx = \frac{\pi}{2}$$

Das Funktionensystem

$$\psi_0(x) = \frac{1}{\sqrt{\pi}}, \quad \psi_1(x) = \sqrt{\frac{2}{\pi}} \cos x, \quad \cdots, \quad \psi_n(x) = \sqrt{\frac{2}{\pi}} \cos nx, \quad \cdots$$

ist orthogonal und normiert (ONS).
Die Entwicklung einer Funktion $f(x)$ über dem Intervall $[0,\pi]$ nach dem System der $\psi_n(x)$ lautet:

$$f(x) = \frac{1}{\sqrt{\pi}} c_0 + \sqrt{\frac{2}{\pi}} \sum_{n=1}^\infty c_n \cos nx \, dx$$

mit den Fourierkoeffizienten:

$$c_0 = \frac{1}{\sqrt{\pi}} \int_0^\pi f(x) \, dx \qquad \text{und} \qquad c_n = \sqrt{\frac{2}{\pi}} \int_0^\pi f(x) \cos nx \, dx$$

2. Über dem Intervall $[-\pi, \pi]$ stellen die Funktionen

$$\phi_0 = \frac{1}{\sqrt{2\pi}}, \quad \phi_1 = \frac{e^{ix}}{\sqrt{2\pi}}, \quad \cdots, \quad \phi_n = \frac{e^{inx}}{\sqrt{2\pi}}, \quad \cdots$$

ein normiertes Orthogonalsystem dar. Berücksichtigt man, daß für komplexwertige Funktionen das Skalarprodukt als

$$(\phi_n \cdot \phi_m^*) = \int_a^b \phi_n(x) \cdot \phi_m^*(x) \, dx$$

definiert ist, worin ϕ_m^* die zu ϕ_m konjugiert komplexe Funktion ist, so lautet in diesem Fall die Orthogonalitätsrelation (vgl. Kapitel 16):

$$\frac{1}{2\pi} \int_{-\pi}^{\pi} e^{i(m-n)x} \, dx = \delta_{mn}$$

3. Die *Legendre-Polynome (Kugelfunktionen 1. Art)* stellen über dem Intervall $[-1, 1]$ ein Orthogonalsystem dar:

$$
\begin{aligned}
P_0(x) &= 1 \\[1ex]
P_1(x) &= x \\[1ex]
P_2(x) &= \tfrac{1}{2}\left(3x^2 - 1\right) \\[1ex]
P_3(x) &= \tfrac{1}{2}\left(5x^3 - 3x\right) \\[1ex]
P_4(x) &= \tfrac{1}{8}\left(35x^4 - 30x^2 + 3\right) \\
&\vdots
\end{aligned}
$$

Für ihre Normierung gilt:

$$\int_{-1}^{1} P_n^2(x) \, dx = \frac{2}{2n + 1}$$

Die Orthogonalität läßt sich durch Bildung der Skalarprodukte $(P_n \cdot P_m)$ für $n \neq m$ nachweisen. Die P_n sind Lösungs-Eigenfunktionen der Legendre'schen Differentialgleichung:

$$(x^2 - 1)\, y'' + 2x\, y' - n(n + 1)\, y = 0$$

4. Weitere orthogonale Funktionensysteme sind die Besselfunktionen, die Tsche-byscheffschen Polynome, die Jakobischen (hypergeometrischen) Polynome, die Laguerreschen Polynome und die Hermiteschen Polynome.

Beispiel 17.1: ━━━━━━━━━━

Entwicklung einer Funktion nach Legendre-Polynomen

Hier wird die Entwicklung der Funktion $f(x)$ nach Legendre-Polynomen gezeigt: Über dem Intervall $[-1, 1]$ ist die Funktion als

$$f(x) = \begin{cases} -1 & \text{für} \quad x < 0 \\ 0 & \text{für} \quad x = 0 \\ +1 & \text{für} \quad x > 0 \end{cases}$$

gegeben. Gesucht sind die ersten Terme der Reihenentwicklung

$$f(x) = \sum_{\nu=0}^{\infty} \alpha_\nu \cdot P_\nu(x)$$

worin die $P_\nu(x)$ die oben in Abschnitt 17.2.3 vorgestellten Legendre-Polynome sind. (Vgl. auch [1].)

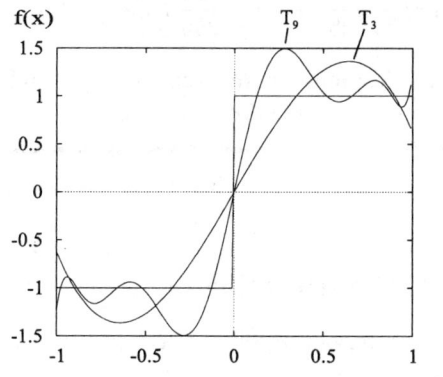

Abb. 17.1: Die Funktion $f(x)$ und zwei Näherungen aus der Entwicklung nach Legendre-Polynomen

Die Koeffizienten berechnen sich aus

$$\alpha_\nu = \frac{1}{\| P_\nu \|^2} \int_{-1}^{1} f(x)\, P_\nu(x)\, dx$$

$$= \frac{2\nu + 1}{2} \int_{-1}^{1} f(x)\, P_\nu(x)\, dx$$

$$= (2\nu + 1) \int_{0}^{1} P_\nu(x)\, dx$$

$\| P_\nu \|$ ist darin die Norm der Legendre-Polynome. Hier sind alle Koeffizienten mit geradem Index gleich Null, da $f(x)$ eine ungerade Funktion im Integrationsintervall darstellt. (Vgl. Abschnitt 16.1.2.1.) Im einzelnen ergibt sich

$$\alpha_1 = 3 \cdot \int_0^1 x \, dx = \frac{3}{2}$$

$$\alpha_3 = 7 \cdot \int_0^1 \frac{1}{2}(5x^3 - 3x) \, dx = -\frac{7}{8}$$

$$\alpha_5 = 11 \cdot \int_0^1 \frac{1}{8}(63x^5 - 70x^3 + 15x) \, dx = \frac{11}{16}$$

$$\alpha_7 = 15 \cdot \int_0^1 \frac{1}{16}(429x^7 - 693x^5 + 315x^3 - 35x) \, dx = -\frac{75}{128}$$

$$\alpha_9 = 19 \cdot \int_0^1 \frac{1}{128}(12155x^9 - 25740x^7 + 18018x^5 - 4620x^3 + 315x) \, dx = \frac{133}{256}$$

Die ersten fünf Terme der gesuchten Reihenentwicklung lauten:

$$T_9(x) = \frac{3}{2} P_1(x) - \frac{7}{8} P_3(x) + \frac{11}{16} P_5(x) - \frac{75}{128} P_7(x) + \frac{133}{256} P_9(x)$$

In Abbildung 17.1 ist über der Funktion $f(x)$ der Verlauf der Näherungen $T_3(x)$ und $T_9(x)$ dargestellt, die eine langsame Konvergenz gegen $f(x)$ erkennen lassen.

17.2.4   Stichworte zur Konvergenz der Fourierreihen

Die Entwicklung einer Funktion $f(x)$ über dem Intervall $[a, b]$ in eine Fourierreihe bezüglich des Funktionensystem $\phi_n(x)$ setzt voraus:

- $f(x)$ ist über $[a, b]$ quadratisch integrierbar, d.h. $\int_a^b f^2(x) \, dx$ existiert und ist endlich.

- Das System der $\phi_n(x)$ ist über $[a, b]$ orthogonal und normierbar.

Das Funktionensystem $\phi_n(x)$ nennt man **vollständig**, wenn unter den gegebenen Voraussetzungen für jede Funktion $f(x)$ über $[a, b]$ gilt:

$$\lim_{n \to \infty} \int_a^b \left[f(x) - \sum_{k=0}^{n} \alpha_k \, \phi_k(x) \right]^2 dx = 0$$

Umgekehrt: Ist das Funktionensystem vollständig, dann konvergiert die Fourierreihe

$$\sum_{k=0}^{\infty} \alpha_k \, \phi_k(x)$$

im Mittel gegen $f(x)$.

Eine Konsequenz dieser **Konvergenz im Mittel** ist, daß die Funktion $f(x)$ durch ihre Fourierreihe eindeutig bestimmt ist. Allerdings wird durch dieselbe Reihe auch eine andere Funktion $g(x)$ beschrieben, die sich von $f(x)$ an endlich vielen Stellen x in $[a, b]$ unterscheidet. (Zum ausführlichen Studium dieser Zusammenhänge s. z. B. [8].)

Kapitel 18

Integraltransformationen

18.1   Fouriertransformationen

In Kapitel 16 über Fourierreihen sowie im vorangegangenen Kapitel wurde die Darstellung einer periodischen Funktion f(x) durch ihre Entwicklung nach dem orthogonalen System der trigonometrischen Funktionen vorgestellt. In der komplexen Form lautete sie:

$$f(x) = \sum_{n=-\infty}^{\infty} c_n \cdot e^{\frac{in\pi x}{l}} \qquad \text{mit} \qquad c_n = \frac{1}{2l} \int_{-l}^{l} f(x) \cdot e^{\frac{-in\pi x}{l}} \, dx \qquad (18.1)$$

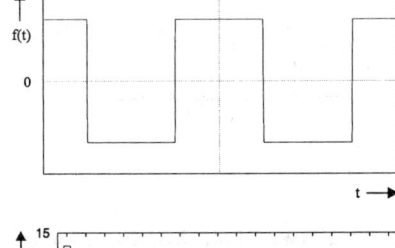

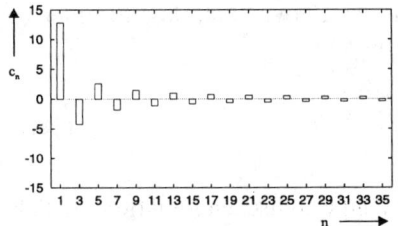

Abb. 18.1: Eine periodische Funktion $f(t)$ und das diskrete Spektrum ihrer Entwicklungskoeffizienten a_n

Vorausgesetzt, die Konvergenz der Reihe ist gewährleistet, bestimmt das vollständige System der Entwicklungskoeffizienten c_n die Funktion $f(x)$ über dem Periodizitätsintervall $[-l,\, l]$ in dem in Kapitel 16 dargestellten Sinne exakt.

18.1.1 Darstellung nichtperiodischer Funktionen

Die Fourierreihe der Funktion $f(x)$ aus Gleichung (18.1) kann durch Einsetzen der Koeffizienten c_n in folgende Form gebracht werden:

$$f(x) = \sum_{-\infty}^{\infty} \frac{1}{2\,l} \int_{-l}^{l} f(u)\, e^{-i\frac{\pi n u}{l}}\, du \quad e^{i\frac{\pi n x}{l}}$$

Schreibt man für die „Frequenzen" λ

$$\frac{\pi}{l} = \lambda_1, \quad \frac{2\pi}{l} = \lambda_2, \quad \cdots \quad \frac{n\pi}{l} = \lambda_n \quad \text{und} \quad \Delta\lambda_n = \lambda_{n+1} - \lambda_n = \frac{\pi}{l}$$

so zeigt sich, daß der Abstand benachbarter Frequenzen $\Delta\lambda_n$ der Länge des Periodizitätsintervalls umgekehrt proportional ist. Um die Fourierdarstellung auf nichtperiodische Funktionen zu erweitern, muß man die Erweiterung des Definitionsintervalls $[-l,\, l]$ in Betracht ziehen: Der Grenzübergang $l \to \infty$ entspricht gleichzeitig dem Übergang $\Delta\lambda_n \to 0$, die Frequenzen λ_n rücken dichter zusammen und füllen für $n \to \infty$ die ganze λ-Achse von $\lambda = -\infty$ bis $\lambda = \infty$: Aus dem diskreten Frequenzspektrum der Fourierreihe ergibt sich dann ein kontinuierliches Spektrum. Es folgt

$$f(x) = \frac{1}{2\,\pi} \sum_{-\infty}^{\infty} \Delta\lambda_n \cdot \int_{-l}^{l} f(u)\, e^{-i\lambda_n(x-u)}\, du$$

für $\quad l \to \infty \quad \Delta\lambda \to d\lambda \to 0$

$$f(x) = \frac{1}{2\,\pi} \int_{-\infty}^{\infty} d\lambda \cdot \int_{-\infty}^{\infty} f(u)\, e^{-i\lambda_n(x-u)}\, du$$

$$= \frac{1}{\sqrt{2\,\pi}} \int_{-\infty}^{\infty} \underbrace{\frac{1}{\sqrt{2\,\pi}} \int_{-\infty}^{\infty} f(u)\, e^{-i\lambda u}\, du}_{g(\lambda)}\ e^{i\lambda x}\, d\lambda$$

18.1.2 Die Fouriertransformation

Die Funktion $g(\lambda)$, die bei dem Grenzübergang aus den Entwicklungskoeffizienten c_n hervorgegangen ist, nennt man die **Spektralfunktion:**

$$g(\lambda) = \frac{1}{\sqrt{2\pi}} \int_{-\infty}^{\infty} f(u) \cdot e^{i\lambda u}\, du \tag{18.2}$$

Mit ihr erhält man die komplexe Darstellung der nichtperiodischen Funktion $f(x)$ als ihr **Fourierintegral:**

$$f(x) = \frac{1}{\sqrt{2\pi}} \int_{-\infty}^{\infty} g(\lambda) \cdot e^{-i\lambda x}\, d\lambda \tag{18.3}$$

Statt durch das diskrete „Frequenz"-Spektrum der c_n, das die periodische Funktion beschreibt (s. Abb.18.1), wird die nichtperiodische Funktion durch ein kontinuierliches Frequenz-Spektrum $g(\lambda)$ (s. Abb.18.2) im Fourierintegral wiedergegeben.

Die Funktion $f(x)$ wird so aus dem „Ortsraum" der x-Werte in den „Frequenzraum" der λ-Werte transformiert:

Fouriertransformation:

$$f(x) = \frac{1}{\sqrt{2\pi}} \int\limits_{-\infty}^{\infty} g(\lambda) \cdot e^{-i\lambda x} \, d\lambda \qquad \Longleftrightarrow \qquad g(\lambda) = \frac{1}{\sqrt{2\pi}} \int\limits_{-\infty}^{\infty} f(u) \cdot e^{i\lambda u} \, du \tag{18.4}$$

In Tabelle 18.1 sind einige häufig verwendete Fouriertransformationen zusammengestellt.

Tabelle 18.1: Tabelle einiger Fourier-Transformationen

$f(x) = \dfrac{1}{\sqrt{2\pi}} \displaystyle\int\limits_{-\infty}^{\infty} g(\lambda)\, e^{i\lambda x}\, d\lambda$	$g(\lambda) = \dfrac{1}{\sqrt{2\pi}} \displaystyle\int\limits_{-\infty}^{\infty} f(x)\, e^{-i\lambda x}\, dx$
$\sqrt{\dfrac{\kappa}{\sqrt{\pi}}} e^{-\frac{1}{2}\kappa^2 x^2}$	$\sqrt{\dfrac{1}{\kappa\sqrt{\pi}}} e^{-\frac{\lambda^2}{2\kappa^2}}$
$\sqrt{\gamma} \cdot e^{-\gamma|x|}$	$\sqrt{\dfrac{2\gamma^3}{\pi}}\, \dfrac{1}{\gamma^2 + \lambda^2}$
$\delta(x)$	$\dfrac{1}{\sqrt{2\pi}} = const$
$f(x) = \begin{cases} \frac{1}{\sqrt{2a}} & \text{für } |x| < a \\ 0 & \text{für } |x| > a \end{cases}$	$\sqrt{\dfrac{a}{\pi}} \cdot \dfrac{\sin(a\lambda)}{a\lambda}$

Für reelle integrierbare Funktionen $f(x)$ lassen sich auch die folgenden Formen der Fouriertransformation verwenden:

- **Fouriersche Kosinustransformierte der Funktion $f(u)$:**

$$F(\lambda) = \sqrt{\frac{2}{\pi}} \int\limits_{0}^{\infty} f(u) \cdot \cos \lambda u \, du$$

$$f(x) = \sqrt{\frac{2}{\pi}} \int\limits_{0}^{\infty} F(\lambda) \cdot \cos x\lambda \, d\lambda \tag{18.5}$$

- **Fouriersche Sinustransformierte der Funktion f(u):**

$$\Phi(\lambda) = \sqrt{\frac{2}{\pi}} \int\limits_{0}^{\infty} f(u) \cdot \sin \lambda u \; du$$

$$f(x) = \sqrt{\frac{2}{\pi}} \int\limits_{0}^{\infty} \Phi(\lambda) \cdot \sin x\lambda \; d\lambda \tag{18.6}$$

18.1.3 Beispiele für Fouriertransformationen

1. Das Frequenzspektrum einer Rechteckstufe

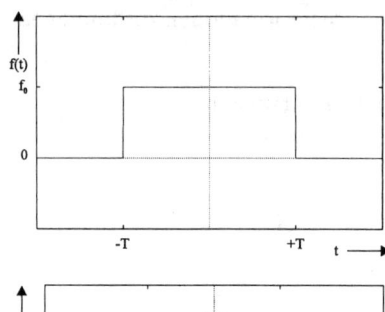

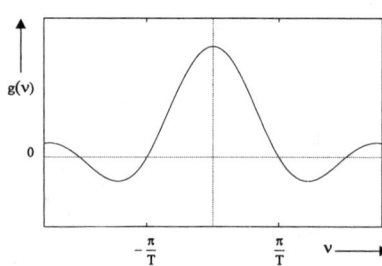

Abb. 18.2: Fouriertransformation einer rechteckigen Stufenfunktion

Die Funktion

$$f(t) = \begin{cases} f_0 & \text{für} & |t| \le T \\ 0 & \text{für} & |t| > T \end{cases}$$

entspricht in idealisierter Form der Schallwellenamplitude eines kurzzeitigen Schallimpulses von der zeitlichen Dauer $2\,T$. Die Fouriertransfomation in den Frequenzraum ergibt das Frequenzspektrum (s. Abb. 18.2, unteres Bild):

$$\begin{aligned} g(\nu) &= \frac{1}{\sqrt{2\pi}} \int\limits_{-\infty}^{\infty} f(t) \, e^{-i\nu t} \, d\,t \\[2mm] &= \frac{f_0}{\sqrt{2\pi}} \int\limits_{-T}^{T} e^{-i\nu t} \, d\,t \\[2mm] &= f_0 \sqrt{\frac{2}{\pi}} \cdot \frac{\sin T\nu}{\nu} \end{aligned} \tag{18.7}$$

Die Darstellung der Schallwellenamplitude $f(t)$ durch das Fourierintegral lautet:

$$f(t) = \frac{1}{\sqrt{2\pi}} \int_{-\infty}^{\infty} g(\nu) \cdot e^{i\nu t} \, d\nu$$

$$= \frac{1}{\sqrt{2\pi}} \int_{0}^{\infty} \left\{ g(-\nu)\, e^{-i\nu t} + g(\nu)\, e^{i\nu t} \right\} \, d\nu$$

$$= \frac{1}{\sqrt{2\pi}} \cdot f_0 \cdot \frac{2}{\pi} \int_{0}^{\infty} \frac{\sin \nu T}{\nu} \cdot \left(e^{i\nu t} + e^{-i\nu t} \right) \, d\nu$$

$$= \frac{2 f_0}{\pi} \int_{0}^{\infty} \frac{\sin \nu T}{\nu} \cdot \cos \nu t \, d\nu$$

Die Breite des Frequenzspektrums, gegeben z. B. als Abstand der ersten Nullstellen von $g(\nu)$

$$\Delta \nu \approx \frac{\pi}{T}$$

ist umgekehrt proportional zur zeitlichen Dauer des Schallimpulses.
Anmerkung zur *Beugung am Spalt*: Eine mathematisch identische Fouriertransformation beschreibt die Abhängigkeit der Amplitude des Beugungslichtes von der x-Komponente des Wellenzahlvektors $\vec{k}$ als Fouriertransformierte des Wellenfeldes unmittelbar hinter der Spaltöffnung. Korrespondierende Variable sind bei dieser Transformation die x-Koordinate in Richtung der Spaltöffnung und $k_x = \frac{2\pi}{\lambda}$

2. **Frequenzunschärfe eines angeregten Atomzustandes als Funktion seiner Zerfallswahrscheinlichkeit**
Die Funktion

$$f(t) = \begin{cases} 0 & \text{für} \quad |t| < 0 \\ f_0\, e^{-t/\tau} & \text{für} \quad |t| \geq 0 \end{cases}$$

stellt die Wahrscheinlichkeit dafür dar, daß ein angeregter Atomzustand zur Zeit t noch nicht zerfallen ist, d.h. ein Energiesprung in z.B. den Grundzustand noch nicht stattgefunden hat. (τ ist die Lebensdauer des Zustandes.)

Die Spektralfunktion $g(\omega)$ zu $f(t)$ berechnet sich als (s. Abb. 18.3):

$$g(\omega) = \frac{1}{\sqrt{2\pi}} \int_{-\infty}^{\infty} f(t)\, e^{-i\omega t} \, dt$$

$$= \frac{f_0}{\sqrt{2\pi}} \int_{0}^{\infty} e^{-(1/\tau + i\omega)\, t} \, dt$$

$$= \frac{f_0}{\sqrt{2\pi}} \left\{ \frac{1/\tau}{\omega^2 + (1/\tau)^2} - i \cdot \frac{\omega}{\omega^2 + (1/\tau)^2} \right\}$$

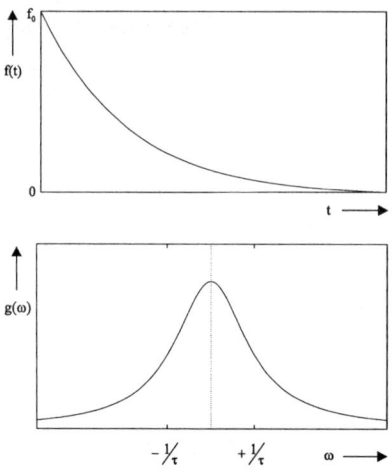

Abb. 18.3: Spektralfunktion einer abklingenden Exponentialfunktion

Das Fourierintegral dazu lautet:

$$f(t) \;=\; \frac{f_0}{\sqrt{2\,\pi}} \int\limits_{-\infty}^{\infty} g(\omega) \cdot e^{i\omega t}\, d\omega$$

$$=\; f_0\, \frac{2}{\pi} \left\{ \int\limits_{0}^{\infty} \frac{1/\tau}{\omega^2 + (1/\tau)^2}\, \cos\omega t\, d\omega + \int\limits_{0}^{\infty} \frac{\omega}{\omega^2 + (1/\tau)^2}\, \sin\omega t\, d\omega \right\}$$

Die Breite der Spektralfunktion ist:

$$\Delta\omega \;\sim\; \frac{1}{\tau}$$

d.h. je größer die Lebensdauer des angeregten Zustandes ist, umso genauer ist seine Frequenz und damit die Frequenz des beim Energiesprung ausgesandten Lichtes definiert. Mit der Planckschen Beziehung

$$E = \hbar \cdot \omega$$

folgt damit für den Zusammenhang der Energieunschärfe mit der Lebensdauer:

$$\Delta E \cdot \tau \sim \hbar$$

18.2 Verallgemeinerung: Integraltransformationen

Die Fouriertransformation

$$g(\lambda) = \frac{1}{\sqrt{2\pi}} \int\limits_{-\infty}^{\infty} f(x) \cdot e^{i\lambda x}\, dx \qquad \Longleftrightarrow \qquad f(x) = \frac{1}{\sqrt{2\pi}} \int\limits_{-\infty}^{\infty} g(\lambda) \cdot e^{-i\lambda x}\, d\lambda$$

stellt eine spezielle Integralgleichung, eine *Fredholmsche Integralgleichung der ersten Art* und deren Lösung dar [8][18]. In ihr ist

$$K(x, \lambda) = e^{-i\lambda x}$$

der **Kern der Integralgleichung**. Realteil und Imaginärteil dieser Exponentialfunktion bilden separat jeweils den Kern der Fourier-Kosinustransformation und der Fourier-Sinustransformation (18.5) und (18.6).
Einige weitere gebräuchliche Integraltransformationen

$$g(\lambda) = \frac{1}{\sqrt{2\pi}} \int\limits_{a}^{b} f(x) \cdot K(x, \lambda)\, dx \qquad \Longleftrightarrow \qquad f(x) = \frac{1}{\sqrt{2\pi}} \int\limits_{a}^{b} g(\lambda) \cdot K(x, \lambda)\, d\lambda$$

sind in Tabelle 18.2 zusammengestellt.

Tabelle **18.2:** Tabelle einiger Integraltransformationen

Name	Kern $K(x, \lambda)$	Integraltransformation $g(\lambda) = \mathcal{L}\{f(x)\}$
Fourier	$e^{i\lambda x}$	$g(\lambda) = \frac{1}{\sqrt{2\pi}} \int\limits_{-\infty}^{\infty} f(x)\, e^{i\lambda x}\, dx$
	$\cos \lambda x$	$g(\lambda) = \sqrt{\frac{2}{\pi}} \int\limits_{0}^{\infty} f(x)\, \cos \lambda x\, dx$
	$\sin \lambda x$	$g(\lambda) = \sqrt{\frac{2}{\pi}} \int\limits_{0}^{\infty} f(x)\, \sin \lambda x\, dx$
Laplace	$e^{-\lambda x}$	$g(\lambda) = \int\limits_{0}^{\infty} f(x)\, e^{-\lambda x}\, dx$
Fourier – Bessel	$t \cdot J_n(\lambda x)$	$g(\lambda) = \int\limits_{0}^{\infty} f(x)\, t\, J_n(\lambda x)\, dx$

18.2.1   Linearität der Integraltransformationen

Sind c_1 und c_2 Konstanten und $f_1(x)$ und $f_2(x)$ zwei verschiedene Funktionen, für die die Integraltransformationen existieren, so gilt

$$\int_a^b \{c_1\, f_1(x) + c_2\, f_2(x)\} \cdot K(x,\lambda)\, dx \;=\; c_1 \int_a^b f_1(x) \cdot K(x,\lambda)\, dx$$

$$+ c_2 \int_a^b f_2(x) \cdot K(x,\lambda)\, dx$$

für die in Tabelle 18.2 enthaltenen Transformationen.

Tabelle 18.3: Lösung einer Differentialgleichung mit Hilfe einer Integraltransformation

---

Problem im Originalraum (Variable x):
Differentialgleichung mit Anfangsbedingungen (schwer lösbar)

⇓

Integraltransformation der Differentialgleichung

⇓

Problem im Bildraum (Variable λ):
Algebraische Gleichung (leicht lösbar)

⇓

Inverse Integraltransformation der Lösung der algebraischen Gleichung

⇓

Lösung des Problems im Originalraum

18.2.2   Anwendungen

Ist $\mathcal{L}\{f(x)\}$ eine der genannten linearen Integraltransformationen mit

$$g(\lambda) = \mathcal{L}\{f(x)\}$$

so ist ihre Umkehrung von besonderem Interesse: Für die Fouriertransformation (Gl.19.4) lautet sie:

$$f(x) = \mathcal{L}^{-1}\{g(\lambda)\} = \frac{1}{\sqrt{2\,\pi}} \int_{-\infty}^{\infty} g(\lambda)\, e^{-i\lambda x}\, d\lambda$$

Eine der für Physik und Technik wichtigsten Anwendungen besteht darin, daß ein mathematisches Problem, das im Originalraum (Variable x) nur schwer, wenn überhaupt lösbar ist, durch lineare Integraltransformation in den Bildraum (Variable λ) in ein leicht lösbares Problem überführt werden kann. Die Rücktransformation dieser Lösung in den Originalraum ergibt dann die gesuchte Lösung des Problems. Es handelt sich dabei um den in Tabelle 18.3 schematisch dargestellten Zyklus.

Insbesondere **Laplace-Transformationen** haben sich für die Lösung von Differentialgleichungen der Elektrotechnik, der Thermodynamik, der technischen Mechanik u.a.m. zu einem wertvollen Hilfsmittel entwickelt.

18.3 Laplace-Transformationen

18.3.1 Definition

Die Integralgleichung

$$\mathcal{L}\{f(t)\} = g(s) = \int\limits_{0}^{\infty} f(t) \, e^{-st} \, dt \qquad (18.8)$$

nennt man die **Laplace-Transformation** der Funktion $f(t)$. Darin ist s eine komplexe Variable. Die dazu inverse Transformation erfordert demgemäß eine Integration im Komplexen

$$\mathcal{L}^{-1}\{g(\lambda)\} = f(t) = \frac{1}{2\pi i} \int\limits_{\gamma-i\infty}^{\gamma+i\infty} e^{st} \, g(s) \, ds \qquad (18.9)$$

(γ ist darin eine positive Konstante. Die Integration erfolgt in der komplexen Ebene in Richtung der imaginären Achse.)[18]

Für die praktische Anwendung der Laplace-Transformationen besonders wichtig ist die Tatsache, daß umfangreiche Tabellen mit den Transformationen zahlreicher Funktionen existieren (z. B. [1],[6]). Darauf und auf den im folgenden beschriebenen Eigenschaften beruht die Bedeutung der Laplace-Transformationen als Hilfsmittel für die Lösung von Differentialgleichungen.

18.3.2 Laplace-Transformationen elementarer Funktionen

In den folgenden Beispielen der Anwendung der Laplace-Transformation auf elementare Funktionen sei stets $f(t) = 0$ für $t > 0$.

- $f(t) = 1$ für $t > 0$

$$\Longleftrightarrow \mathcal{L}\{1\} = \int\limits_{0}^{\infty} e^{-st} \, dt = \frac{1}{s} \qquad s > 0$$

- $f(t) = e^{kt}$ für $t > 0$

$$\Longleftrightarrow \mathcal{L}\{e^{kt}\} = \int\limits_0^\infty e^{-st}\, e^{kt}\, dt = \frac{1}{s-k} \qquad s > k$$

- $f(t) = \frac{1}{2}\left(e^{kt} + e^{-kt}\right) = \cosh kt$

$$\Longleftrightarrow \mathcal{L}\{\cosh kt\} = \frac{1}{2}\left(\frac{1}{s-k} + \frac{1}{s+k}\right) = \frac{s}{s^2 - k^2} \qquad s > k$$

- $f(t) = \frac{1}{2}\left(e^{kt} - e^{-kt}\right) = \sinh kt$

$$\Longleftrightarrow \mathcal{L}\{\sinh kt\} = \frac{1}{2}\left(\frac{1}{s-k} - \frac{1}{s+k}\right) = \frac{k}{s^2 - k^2} \qquad s > k$$

- $f(t) = \cosh ikt = \cos kt$

$$\Longleftrightarrow \mathcal{L}\{\cos kt\} = \frac{s}{s^2 + k^2} \qquad s > 0$$

- $f(t) = -i\,\sinh ikt = \sin kt$

$$\Longleftrightarrow \mathcal{L}\{\sin kt\} = \frac{k}{s^2 + k^2} \qquad s > 0$$

- $f(t) = t^n$ für $n > -1$

$$\Longleftrightarrow \mathcal{L}\{t^n\} = \int\limits_0^\infty e^{-st}\, t^n\, dt = \frac{n!}{s^{n+1}} \qquad s > 0$$

18.3.3   Laplace-Transformationen der Ableitungen von $f(t)$

Für die Laplace-Transformation der ersten Ableitung der Funktion $f(t)$ gilt:

$$\mathcal{L}\{f'(t)\} = \int\limits_0^\infty e^{-st}\, \frac{df}{dt}\, dt$$

Durch partielle Integration folgt daraus:

$$\mathcal{L}\{f'(t)\} = \left\lfloor e^{-st} \cdot f(t)\right\rfloor_0^\infty + s \cdot \int e^{-st}\, f(t)\, dt$$

$$= -f(+0) + s \cdot \mathcal{L}\{f(t)\}$$

Voraussetzung dafür ist, daß die Funktion $f(t)$ stetig differenzierbar und ihre Ableitung absolut integrierbar über $[0\,,\infty]$ sind.

$$\left(f(+0) = \lim_{t \to 0} f(t) \qquad \text{für} \qquad t > 0\right)$$

Für die Laplace-Transformation der zweiten Ableitung von $f(t)$ gilt entsprechend:

$$\mathcal{L}\{f''(t)\} = s^2 \cdot \mathcal{L}\{f(t)\} - s \cdot f(+0) - f'(+0)$$

Analog folgt für die n-te Ableitung von $f(t)$:

$$\mathcal{L}\{f^{(n)}(t)\} = s^n \cdot \mathcal{L}\{f(t)\} - s^{n-1} \cdot f(+0) - s^{n-2} \cdot f'(+0) - \cdots - f^{(n-1)}(+0)$$

18.3.4 Anwendung der Laplace-Transformation auf die Lösung einer Differentialgleichung

Als Beispiel sei die Differentialgleichung der einfachen harmonischen Schwingung gewählt:

$$m \, \frac{d^2 x(t)}{dt^2} + D \cdot x(t) = 0$$

mit den Anfangsbedingungen: $x(0) = x_0$ und $x'(0) = 0$

$$\Downarrow$$

Laplace-Transformationen

$$\Downarrow$$

$$m \cdot \mathcal{L} \left\{ \frac{d^2 x(t)}{dt^2} \right\} + D \cdot \mathcal{L}\{x(t)\} = 0$$
$$m \cdot s^2 \cdot g(s) - m \cdot s \cdot x_0 + D \cdot g(s) = 0$$

$$g(s) = x_0 \cdot \frac{s}{s^2 + D/m} = x_0 \cdot \frac{s}{s^2 + \omega_0^2}$$
$$\Downarrow$$

Inverse Laplace-Transformation

$$\Downarrow$$

$$x(t) = x_0 \cdot \cos \omega_0 \, t$$

Im Bildraum der Laplace-Transformation (Variable s) war also nur eine algebraische Gleichung zu lösen. Die Rücktransformation dieser Lösungsfunktion $g(s)$ in den Originalraum erfolgte unter Zuhilfenahme einer Tabelle der Laplace-Transformationen (z.B. [1]).

Teil VI

Zur Statistik und Datenanalyse

Kapitel 19

Fehlerrechnung und Statistik

Zunächst werden im folgenden einige Begriffe und Definitionen zusammengestellt, die unter anderem in der Statistischen Mechanik von Bedeutung sind. Es folgen Methoden zur Bewertung von Meßdaten, d.h. der Ermittlung der Genauigkeit direkter und abgeleiteter Meßergebnisse. Zum Schluß werden einige Grundzüge der Ausgleichsrechnung dargestellt.

19.1   Aus Kombinatorik und Statistik

19.1.1   Formeln der Kombinatorik

1. Legt man drei Elemente, anschaulich Gegenstände wie zum Beispiel drei verschiedenfarbige Kugeln, eine blaue (B), eine weiße (W) und eine rote (R) Kugel nebeneinander, so gibt es für ihre Reihenfolge sechs verschieden Möglichkeiten:

    $$B\,W\,R \quad W\,R\,B \quad R\,B\,W \quad B\,R\,W \quad R\,W\,B \quad W\,B\,R$$

    Jede dieser Anordnungen nennt man eine **Permutation** der drei Elemente. Die Anzahl der Permutationen $P(n)$ von n Elementen beträgt

    $$P(n) = n! = 1 \cdot 2 \cdot 3 \cdots \cdot n$$

    (Anmerkung: $n!$ spricht man „n Fakultät".)

2. Sind unter den n Elementen einer Menge $\{a_j\}$ i Gruppen von n_i gleichartigen Elementen, so ist die Zahl der Permutationen geringer:

    $$P(n) = \frac{n!}{n_1! \cdot n_2! \cdots} = \frac{n!}{\prod\limits_{i} n_i!}$$

3. Aus n verschiedenen Elementen einer Menge $\{a_j\}$ lassen sich K verschiedene Auswahlen (*Kombinationen*) von p Elementen treffen ($p \leq n$) ohne Berücksichtigung ihrer Anordnung und ohne Wiederholung, d.h. derart, daß jedes Element nur einmal ausgewählt wird. Für die Anzahl dieser **Kombinationen ohne Wiederholung** gilt:

    $$K(n, p) = \binom{n}{p} = \frac{n!}{p! \cdot (n - p)!}$$

(Anmerkung: Den *Binomialkoeffizienten* $\binom{n}{p}$ spricht man „n über p".)
Greift man beispielsweise aus den drei verschiedenfarbigen Kugeln zwei heraus, so gibt es drei mögliche Kombinationen

B W   B R   W R

wenn man auf die Reihenfolge der farbigen Kugeln keinen Wert legt:

$$K(3,2) = \binom{3}{2} = \frac{3!}{2! \cdot (3-2)!} = 3$$

4. Die Anzahl der möglichen Kombinationen von p Elementen aus den n Elementen einer Menge $\{a_j\}$ beträgt

$$K_W(n,p) = \binom{n+p-1}{p} = \frac{(n+p-1)!}{p! \cdot (n-1)!}$$

wenn man ihre Anordnung unberücksichtigt läßt, aber gleiche Elemente mehrfach entnehmen kann (**Kombinationen mit Wiederholung**).

5. Beachtet man in den $K(n,p)$ ausgewählten *Kombinationen ohne Wiederholung* zusätzlich die Anordnung der p Elemente, so ergeben sich V Möglichkeiten für die **Variationen ohne Wiederholung**:

$$V(n,p) = K(n,p) \cdot p! = \frac{n!}{(n-p)!}$$

6. Beachtet man die Anordnung der Elemente in den $K_W(n,p)$ *Kombinationen mit Wiederholung*, so beträgt die Anzahl der Möglichkeiten der **Variationen mit Wiederholung**:

$$V_W(n,p) = n^p$$

19.1.2 Wahrscheinlichkeitsverteilungen

Definition der Wahrscheinlichkeit

Für Ereignisse, die dem Zufall unterworfen sind, läßt sich aus wiederholter Beobachtung der Häufigkeit ihres Eintretens ihre *Wahrscheinlichkeit* definieren: In einem Zufallsexperiment (z.B. Ermittlung der Augensumme beim Würfeln mit zwei Würfeln) seien m Zufallsvariable x_i mit $i = 1, \cdots, m$ (stochastische Variable) beobachtbar (z.B. die $m = 11$ möglichen Werte der Augensumme beider Würfel). In n Versuchen werde die i-te Zufallsvariable x_i genau n_i-mal beobachtet: Sie tritt mit der **relativen Häufigkeit**

$$h_i = \frac{n_i}{n}$$

auf. Als **Wahrscheinlichkeit** für das Eintreten des Ereignisses x_i bezeichnet man den Grenzwert

$$p(x_i) = \lim_{n \to \infty} \frac{n_i}{n}$$

Demgegenüber ist die **mathematische Wahrscheinlichkeit** eines solchen stochastischen Prozesses, bei dem die Ereignismenge aus abzählbar vielen möglichen Werten m besteht, von denen g Werte ein bestimmtes Ereignis x_g repräsentieren, nach Laplace definiert als

$$p(x_g) = \frac{g}{m}$$

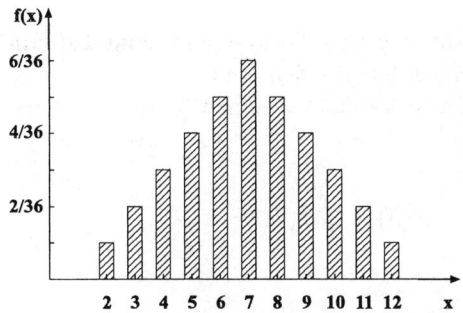

Abb. 19.1: Wahrscheinlichkeitsfunktion der Augensumme beim Wurf zweier Würfel

Diskrete Verteilungen

Die **Wahrscheinlichkeitsfunktion** eines Zufallsexperiments, dessen Variable x nur diskrete Werte x_i annehmen kann, ist definiert als:

$$f(x) = \begin{cases} p(x_i) & \text{für} \quad x = x_i \\ 0 & \text{für alle anderen } x-\text{Werte} \end{cases}$$

Als **Verteilungsfunktion** bezeichnet man

$$F(x) = \sum_{x_i \leq x} f(x_i)$$

Sie gibt die Wahrscheinlichkeit dafür an, daß die Zufallsvariable irgendeinen Wert $\leq x$ annimmt:

$$p(x_i \leq x) = F(x)$$

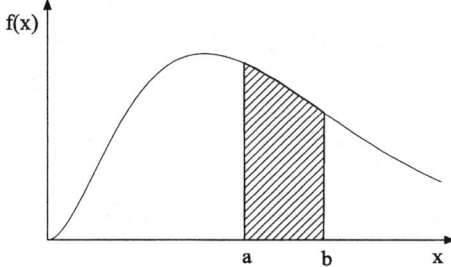

Abb. 19.2: Berechnung der Wahrscheinlichkeit aus einer stetigen Verteilung

Kontinuierliche Verteilungen

Kann die Zufallsvariable X auf einer Teilmenge der reellen Zahlen $\mathbb{R}$ jeden Wert annehmen und ist ihre Verteilungsfunktion

$$F(x) = p(-\infty < X \leq x) = \int_{-\infty}^{x} f(\xi)\, d\xi$$

stetig, so spricht man von einer *stetigen Verteilung*. Als **Wahrscheinlichkeitsdichte** oder **Dichte der Verteilung** bezeichnet man den Integranden $f(x)$.

Die **Wahrscheinlichkeit**, daß die stochastische Variable X einen Wert zwischen a und b annimmt, ist

$$p(a < X \leq b) = F(b) - F(a) = \int_{a}^{b} f(\xi)\, d\xi$$

Speziell gilt:

$$p(-\infty < X < +\infty) = \int_{-\infty}^{+\infty} f(\xi)\, d\xi = 1$$

19.1.3   Erwartungswerte und Momente

1. Gegeben sei die diskrete Wahrscheinlichkeitsfunktion $f(x_i)$ bzw. die stetige Wahrscheinlichkeitsdichte $f(x)$. Dann ist der **mathematische Erwartungswert** E einer beliebigen, für alle Werte der stochastischen Variablen definierten Funktion $q(x_i)$ bzw. $q(x)$ gegeben durch:

$$E(q(x_i)) = \sum_i q(x_i) \cdot f(x_i) \qquad\qquad E(q(x)) = \int_{-\infty}^{+\infty} q(x) \cdot f(x)\, dx$$

$$(19.1)$$

2. Lautet die Funktion $q(x)$ speziell

$$q(x) = x^k \qquad\qquad k = 1, 2, \cdots$$

so nennt man die Erwartungswerte bezüglich der Verteilung $f(x)$ die k**-ten Momente** der Verteilung:

$$E(x_i^k) = \sum_i x_i^k \cdot f(x_i) \qquad\qquad E(x^k) = \int_{-\infty}^{+\infty} x^k \cdot f(x)\, dx$$

$$(19.2)$$

- Für $k = 0$ ist
$$E(1) = 1$$

- Für $k = 1$ folgt: Das 1. Moment der Verteilung ist ihr **Mittelwert** μ
$$E(x) = \mu$$

3. Für die Funktion
$$q(x) = (x - \mu)^k$$
ergeben sich die k-**ten zentralen Momente**:

$$E\left\{(x_i - \mu)^k\right\} = \sum_i (x_i - \mu)^k \cdot f(x_i)$$

$$E\left\{(x - \mu)^k\right\} = \int\limits_{-\infty}^{+\infty} (x - \mu)^k \cdot f(x)\, dx \qquad (19.3)$$

- Für $k = 2$ ist: Das 2. zentrale Moment einer Verteilung ist ihre **Varianz**:

$$\sigma^2 = E\left\{(x - \mu)^2\right\}$$

$\sigma = +\sqrt{\sigma^2}$ wird **Standardabweichung** genannt.

- Mit dem 3. zentralen Moment einer Verteilung ergibt sich ein Maß für die **Schiefe** der Verteilung:

$$\gamma = \frac{1}{\sigma^3} \cdot E\left\{(x - \mu)^3\right\}$$

19.1.4 Spezielle Verteilungen und ihre Maßzahlen

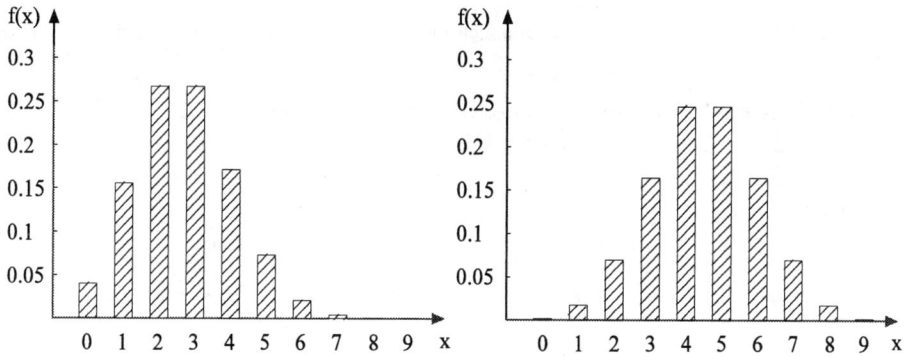

Abb. 19.3: Beispiele für binomische Wahrscheinlichkeitsverteilungen mit $n = 9$, $p = 0.3$ (linkes Teilbild) und $n = 9$, $p = 0.5$ (rechtes Teilbild)

1. **Die Binomische Verteilung.**
   Ein Zufallsexperiment habe zwei mögliche Ergebnisse A für das Eintreten des Ereignisses und $\bar{A}$ für sein Nichteintreten. Die Wahrscheinlichkeit für das Eintreten von A in einem Versuch sei

$$P(A) = p$$

Dann ist

$$q = 1 - p$$

die Wahrscheinlichkeit dafür, daß A nicht eintritt.

Die Wahrscheinlichkeit dafür, daß bei n Versuchen das Ereignis A genau k-mal eintritt, ist durch die diskrete **binomische Wahrscheinlichkeitsverteilung** gegeben:

$$f(x) = P(n, x) = \binom{n}{x} \cdot p^x \cdot q^{n-x} \qquad (x = 0, 1, 2, \cdots, n)$$
(19.4)

Mittelwert: $\mu = n \cdot p$ **Varianz:** $\sigma^2 = n \cdot p \cdot q$

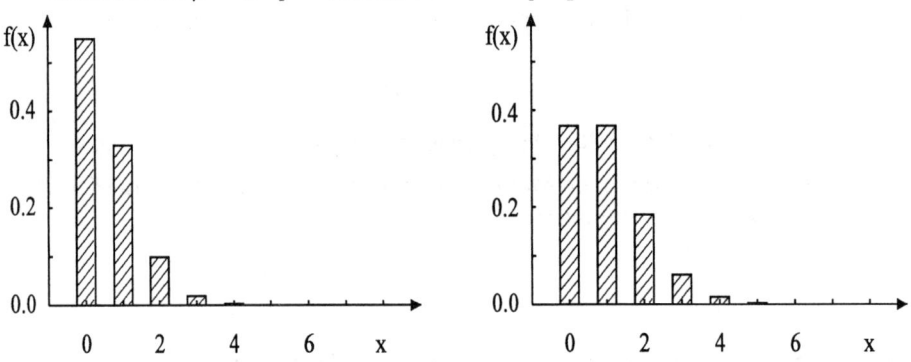

Abb. 19.4: Beispiele für Poisson-Verteilungen mit $\mu = 0.6$ im linken und $\mu = 1.0$ im rechten Teilbild

2. **Die Poisson-Verteilung.** Aus der binomischen Verteilung geht für den Grenzfall, daß die Zahl der Versuche n sehr groß und gleichzeitig die Wahrscheinlichkeit p für das Eintreten des Ereignisses sehr klein wird, die Poisson-Verteilung hervor. Mit

$$n \cdot p = \mu = \text{const.} \qquad \text{und} \qquad n \to \infty$$

folgt aus Gleichung (19.4) die diskrete Wahrscheinlichkeitsfunktion

$$f(x) = \frac{\mu^x}{x!} \cdot e^{-\mu} \qquad (x = 0, 1, 2, \cdots)$$
(19.5)

Mittelwert: μ **Varianz:** $\sigma^2 = \mu$ **Schiefe:** $\gamma = \frac{1}{\sqrt{\mu}}$

3. **Die Normalverteilung, auch Gaußverteilung genannt.**
Die Wahrscheinlichkeitsdichte des Auftretens einer Zufallsvariablen x beträgt:

$$f(x) = \frac{1}{\sigma\sqrt{2\pi}} \exp\left\{-\frac{1}{2}\left(\frac{x - \mu}{\sigma}\right)^2\right\}$$
(19.6)

mit $-\infty < x < +\infty$ und $\sigma > 0$

Mittelwert: μ **Varianz:** σ^2 **Schiefe:** 0

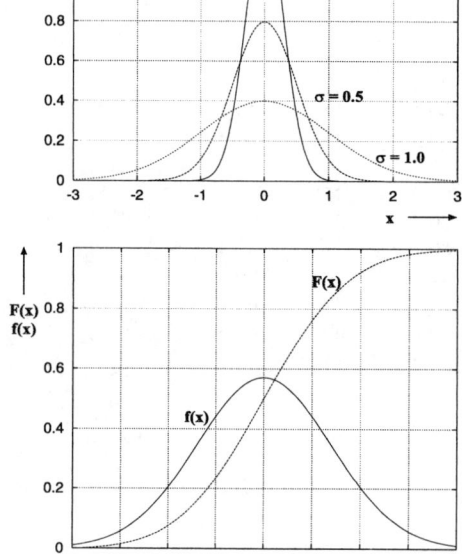

Abb. 19.5: Normalverteilungen mit unterschiedlicher Varianz

Abb. 19.6: Die Normalverteilung $f(x)$ und ihr Integral, die Verteilungsfunktion $F(x)$

Die Verteilungsfunktion der Normalverteilung lautet:

$$F(x) = \frac{1}{\sigma\sqrt{2\pi}} \cdot \int\limits_{-\infty}^{x} \exp\left\{ -\frac{1}{2}\left(\frac{\xi - \mu}{\sigma}\right)^2 \right\} d\xi$$

Die Wahrscheinlichkeit dafür, daß die Zufallsvariable x einen Wert aus dem Intervall $a < x \le b$ annimmt, ist:

$$P(a < x \le b) = \frac{1}{\sigma\sqrt{2\pi}} \int\limits_{a}^{b} \exp\left\{ -\frac{1}{2}\left(\frac{\xi - \mu}{\sigma}\right)^2 \right\} d\xi = F(b) - F(a)$$

19.2 Fehler- und Ausgleichsrechnung

Die folgende Meßreihe (Tabelle 19.1) bildet eine willkürlich herausgegriffene **Stichprobe** der Gesamtheit aller möglichen Messungen der Schwingungsdauer T eines gegebenen Fadenpendels (gemessen jeweils in Sekunden pro 50 Schwingungen).

Mit diesen Meßdaten sollen die im folgenden dargestellten Methoden der Fehlerrechnung veranschaulicht werden. Angesichts der um einen häufigsten Wert verteilten Meßwerte (s. Abb. 19.7) lauten die ersten Fragen: Welchen Wert der Schwingungsdauer des Pendels akzeptiert man als endgültiges Meßergebnis und welche Meßgenauigkeit haftet diesem Wert an?

Tabelle 19.1: Stichprobe einer Messung (i = Nummer der Messung, T_i = zugehöriger Meßwert (in s/50 Schwingungen))

i	T_i	i	T_i	i	T_i
1	80.1	11	79.9	21	80.1
2	80.1	12	80.1	22	79.9
3	79.8	13	80.2	23	80.2
4	80.0	14	80.3	24	80.3
5	80.0	15	80.0	25	79.7
6	80.1	16	80.3	26	80.2
7	80.1	17	80.2	27	80.4
8	80.0	18	80.5	28	80.2
9	79.9	19	80.1	29	80.1
10	80.2	20	80.1	30	80.4

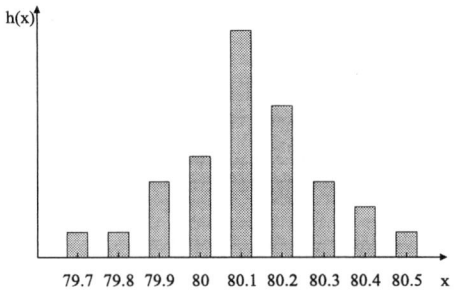

Abb. 19.7: Häufigkeitsverteilung $h(x)$ der Stichprobe aus Tabelle 19.1

19.2.1 Die Methode der kleinsten Quadrate

Gegeben seien n unabhängige Messungen einer Größe x, eine Stichprobe X mit den Werten

$$\{X\} = x_1, \quad x_2, \quad \cdots, \quad x_n.$$

Der **wahre Wert** x_0 der gemessenen Größe ist nicht bekannt. Gesucht ist stattdessen ein Schätzwert x_0^*, der dem wahren Wert möglichst nahe kommt.

Kann man von **groben Meßfehlern** und **systematischen Fehlern** absehen, sind die verbleibenden Meßfehler **zufällig** und damit in der Regel **normalverteilt** (s. Abb.19.5) Jeder einzelne Meßwert x_i der Stichprobe besitzt danach die Wahrscheinlichkeitsdichte (19.6):

$$f(x_i, x_0, \sigma_0) = \frac{1}{\sigma_0\sqrt{2\pi}} e^{-\frac{1}{2}\left(\frac{x_i - x_0}{\sigma_0}\right)^2}$$

Darin sind x_0 der gesuchte, unbekannte wahre Wert und σ_0 die Varianz der Verteilung. Für die Wahrscheinlichkeitsdichte der gesamten Stichprobe X gilt wegen der Unabhängigkeit der n Beobachtungen das Produkt der Einzelwahrscheinlichkeitsdichten, die **Likelihood-Funktion**

$$L(X, x_0, \sigma_0) = \left(\frac{1}{\sigma_0\sqrt{2\pi}}\right)^n \cdot \exp\left\{-\frac{1}{2\sigma_0^2}\sum_{i=1}^n (x_i - x_0)^2\right\}$$

Um einen besten Schätzwert für x_0 zu errechnen, ersetzt man x_0 durch x_0^* und ermittelt das Maximum der Gesamtwahrscheinlichkeitsdichte der Stichprobe, also das Maximum der Likelihood-Funktion. Ersichtlich erhält man dieses Maximum, wenn der Betrag des Exponenten in der Exponentialfunktion **minimal** wird:

$$Q = \sum_{i=1}^{n}(x_i - x_0^*)^2 \overset{!}{=} \text{Minimum}$$

(Gaußsches Prinzip der kleinsten Fehlerquadratsumme)

Mit dem arithmetischen Mittel der Meßreihe

$$\bar{x} = \frac{1}{n}\sum_{i=1}^{n}x_i$$

folgt

$$
\begin{aligned}
Q &= \sum_{i=1}^{n}\{(x_i - \bar{x}) + (\bar{x} - x_0^*)\}^2 \\
&= \sum_{i=1}^{n}(x_i - \bar{x})^2 + 2\sum_{i=1}^{n}(x_i - \bar{x})(\bar{x} - x_0^*) + \sum_{i=1}^{n}(\bar{x} - x_0^*)^2 \\
&= \sum_{i=1}^{n}(x_i - \bar{x})^2 + 2(\bar{x} - x_0^*)\underbrace{\sum_{i=1}^{n}(x_i - \bar{x})}_{=0} + n\cdot(\bar{x} - x_0^*)^2 \\
&= \sum_{i=1}^{n}(x_i - \bar{x})^2 + n\cdot(\bar{x} - x_0^*)^2
\end{aligned}
$$

Q wird minimal für

$$x_0^* = \bar{x}$$

‖ **Der beste Schätzwert für den unbekannten wahren Wert x_0** ‖
‖ **ist das arithmetische Mittel $\bar{x}$.** ‖

Für den besten Schätzwert σ^2 der Varianz ergibt sich bei Annahme des arithmetischen Mittels als Ersatz für den wahren Meßwert aus einer analogen Rechnung

$$\sigma^2 = \frac{1}{n-1}\sum_{i=1}^{n}(x_i - \bar{x})^2$$

Die Wahrscheinlichkeit W dafür, daß ein Meßwert in das **Vertrauensintervall:** $[\bar{x} \pm n\cdot\sigma]$ fällt, geht aus Abbildung 19.8 hervor.

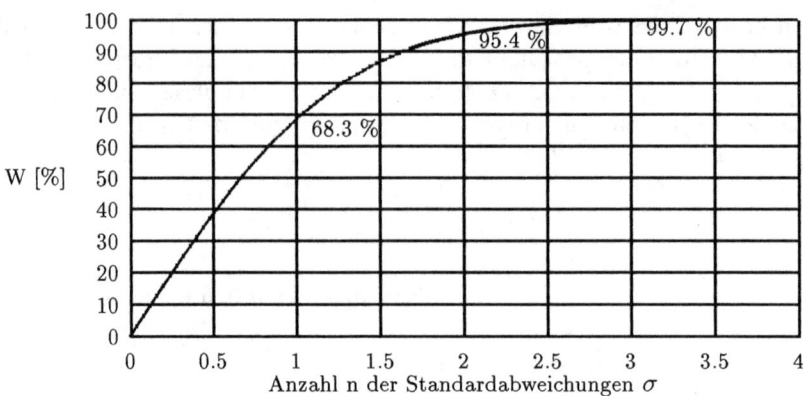

Abb. 19.8: Vertrauensintervall

19.2.2 Meßfehler – Fehlermaße

Während *systematische Fehler* und *grobe Meßfehler* eine Überprüfung der Meßapparatur bzw. des Meßvorgangs erforderlich machen, sind *zufällige Abweichungen* des Meßwertes vom wahren Wert nicht auszuschließen. (s. Beispiel in Tabelle 19.1)
Gegeben sei eine Meßreihe, bestehend aus n Messungen der Größe x:

$$x_1 \quad , x_2 \quad , \cdots \quad x_n$$

- Als **Ergebnis der Messung** bezeichnet man das **arithmetische Mittel** der n Messungen:

$$\bar{x} = \frac{1}{n} \sum_{i=1}^{n} x_i \tag{19.7}$$

- Unter der Voraussetzung einer Normalverteilung der Meßwerte um den Mittelwert ist der **mittlere quadratische Fehler s** gegeben als die **Standardabweichung**

$$s =_+ \sqrt{\frac{1}{n-1} \sum_{i=1}^{n} (x_i - \bar{x})^2} \tag{19.8}$$

Das bedeutet, daß das Ergebnis jeder weiteren Einzelmessung mit 68% Wahrscheinlichkeit im Intervall

$$[\bar{x} - s, \bar{x} + s]$$

liegt.
Im obigen Beispiel (Tab. 19.1) lautet das Ergebnis der Messung:

$$\bar{x} \pm s = 80.12 \pm 0.18 \qquad \frac{s}{50 \text{ Schwingungen}}$$

Die Schwingungsdauer des Pendels selbst beträgt:

$$T = 1.602 \pm 0.004 \quad s$$

- Sind in der Stichprobe die n Meßwerte mit verschiedener Genauigkeit gemessen, so werden sie bei der Berechnung des Mittelwertes mit dementsprechend verschiedenem Gewicht berücksichtigt. Mit den Gewichten:

$$g_1 \sim \frac{1}{\sigma_1^2}, \quad g_2 \sim \frac{1}{\sigma_2^2}, \quad \cdots, \quad g_n \sim \frac{1}{\sigma_n^2}$$

lautet das **gewogene Mittel**:

$$\bar{x}_g = \frac{\sum\limits_{i=1}^{n} g_i x_i}{\sum\limits_{i=1}^{n} g_i} = \frac{g_1 x_1 + g_2 x_2 + \cdots + g_n x_n}{g_1 + g_2 + \cdots + g_n} \tag{19.9}$$

19.2.3 Das Fehlerfortpflanzungsgesetz

Ein wichtiges Verfahren zur Bestimmung der Schwerebeschleunigung g beruht auf der Messung der Schwingungsdauer eines Schwerependels. Im einfachsten Fall eines Fadenpendels gilt bei genügend kleinen Ausschlägen

$$T = 2\pi \cdot \sqrt{\frac{L}{g}}$$

Um g zu bestimmen, sind die Länge L des Pendels und die Schwingungsdauer T zu messen. Beide Messungen können unabhängig voneinander ausgeführt werden. Die Größe L sei n-mal gemessen mit dem Ergebnis

$$\bar{L} = \sum_{i=1}^{n} L_i \quad \text{und} \quad s_L = \sqrt{\frac{1}{n-1} \sum_{i=1}^{n} \lambda_i^2}$$

Es sind $\bar{L}$ der Mittelwert der gemessenen Pendellängen, $\lambda_i = L_i - \bar{L}$ die Abweichungen der Einzelmessungen vom Mittelwert und s_L die Standardabweichung aus der Stichprobe der Pendellängenmessungen. Entsprechend folgt aus der m-maligen Messung der Schwingungsdauer T mit $\tau_j = T_j - \bar{T}$

$$\bar{T} = \sum_{j=1}^{m} T_j \quad \text{und} \quad s_T = \sqrt{\frac{1}{m-1} \sum_{j=1}^{m} \tau_j^2}$$

Der Fehler der Größe g, die mit Hilfe der Funktion $g = g(L, T)$ aus den beiden direkt gemessenen Größen L und T berechnet wird, ergibt sich unter Berücksichtigung der Meßfehler der Einzelmessungen in linearer Näherung wie folgt.
Für zwei beliebige Meßpunkte L_i und T_j aus den Stichproben erhält man $g_{ij} = g(L_i, T_j)$. Durch Taylorreihenentwicklung der Funktion g um den Entwicklungspunkt $g(\bar{L}, \bar{T})$ herum folgt (vgl. Kapitel 3):

$$g_{ij} = g(\bar{L} + \lambda_i, \bar{T} + \tau_j) = g(\bar{L}, \bar{T}) + \frac{\partial g}{\partial L} \lambda_i + \frac{\partial g}{\partial T} \tau_j + \cdots$$

Der **Mittelwert aller** g_{ij} folgt durch Summation über i und j:

$$\sum_{i=1}^{n}\sum_{j=1}^{m} g_{ij} = n \cdot m \cdot g(\bar{L}, \bar{T}) + m \frac{\partial g}{\partial L} \underbrace{\sum_{i=1}^{n} \lambda_i}_{=0} + n \frac{\partial g}{\partial T} \underbrace{\sum_{j=1}^{m} \tau_j}_{=0} + \cdots$$

$$\Longrightarrow \qquad \bar{g} = \frac{1}{n \cdot m} \sum_{i=1}^{n}\sum_{j=1}^{m} g_{ij} = g(\bar{L}, \bar{T}) \qquad (19.10)$$

Berechnung der **Standardabweichung von** $\bar{g}$:

$$s^2 = \frac{1}{n \cdot m - 1} \sum_{i=1}^{n}\sum_{j=1}^{m} (g_{ij} - \bar{g})^2$$

Aus der Taylorreihenentwicklung entnimmt man:

$$g_{ij} - \bar{g} = \frac{\partial g}{\partial L} \lambda_i + \frac{\partial g}{\partial T} \tau_j + \text{Terme höherer Ordnung}$$

Die Summe der Fehlerquadrate ist:

$$\sum_{i=1}^{n}\sum_{j=1}^{m} (g_{ij} - \bar{g})^2 = \sum_{i=1}^{n}\sum_{j=1}^{m} \left(\frac{\partial g}{\partial L}\right)^2 \lambda_i^2 + 2 \underbrace{\sum_{i=1}^{n}\sum_{j=1}^{m} \lambda_i \tau_j \frac{\partial g}{\partial L} \frac{\partial g}{\partial T}}_{=0} + \sum_{i=1}^{n}\sum_{j=1}^{m} \left(\frac{\partial g}{\partial T}\right)^2 \tau_j^2$$

$$= m \left(\frac{\partial g}{\partial L}\right)^2 \sum_{i=1}^{n} \lambda_i^2 + n \left(\frac{\partial g}{\partial T}\right)^2 \sum_{j=1}^{m} \tau_j^2$$

Unter Verwendung der Standardabweichungen der Einzelmessungen s_L und s_T folgt

$$s^2 = \frac{1}{nm-1} \left\{ (n-1) \cdot m \left(\frac{\partial g}{\partial L}\right)^2 \cdot s_L^2 + (m-1) \cdot n \left(\frac{\partial g}{\partial T}\right)^2 \cdot s_T^2 \right\}$$

Für große n und m ergibt sich so näherungsweise

$$s = \sqrt{\left(\frac{\partial g}{\partial L}\right)^2 \cdot s_L^2 + \left(\frac{\partial g}{\partial T}\right)^2 \cdot s_T^2}$$

als **mittlerer Fehler** der aus L und T abgeleiteten Größe g.

Eine Verallgemeinerung dieser Überlegungen führt zum
Gaußschen Fehlerfortpflanzungsgesetz: Eine Größe z sei aus k Meßgrößen $\zeta_1, \cdots, \zeta_k$ über die Funktion

$$z = f(\zeta_1, \zeta_2, \cdots, \zeta_k)$$

abgeleitet. Dann ergibt sich aus den k Meßreihen für die Einzelgrößen mit den Ergebnissen

$$\bar{\zeta}_i \pm \Delta\zeta_i \qquad\qquad i = 1, 2, \cdots, k$$

als Ergebnis für z:

$$\bar{z} = f(\bar{\zeta}_1, \bar{\zeta}_2, \cdots, \bar{\zeta}_k) \pm \Delta z \qquad \text{mit}$$

$$\Delta z = \sqrt{\left(\frac{\partial f}{\partial \zeta_1}\right)^2 \Delta \zeta_1^2 + \cdots + \left(\frac{\partial f}{\partial \zeta_k}\right)^2 \Delta \zeta_k^2} \qquad (19.11)$$

Folgerungen:

- Hängt die abgeleitete Größe z mit den Meßgrößen x, y und w speziell in der Form

$$z = a \cdot \frac{w^b \cdot x^c}{y^d}$$

zusammen (a, b, c, d sind Konstanten), so lautet ihr Mittelwert

$$\bar{z} = a \cdot \frac{\bar{w}^b \cdot \bar{x}^c}{\bar{y}^d}$$

mit dem **relativen Fehler**:

$$\frac{\Delta z}{\bar{z}} = \sqrt{\left(b \cdot \frac{\Delta w}{\bar{w}}\right)^2 + \left(c \cdot \frac{\Delta x}{\bar{x}}\right)^2 + \left(d \cdot \frac{\Delta y}{\bar{y}}\right)^2} \qquad (19.12)$$

- **Fehler des Mittelwertes:**
  Der Mittelwert einer Stichprobe sei aus n Einzelmessungen

$$x_1, \quad x_2, \quad \cdots, \quad x_n$$

bestimmt, jede Einzelmessung um ihre Standardabweichung s_i ungenau. Das Fehlerfortpflanzungsgesetz ergibt für den Fehler von

$$\bar{x} = \frac{1}{n} \sum_{i=1}^{n} x_i$$

den Wert

$$\Delta \bar{x}^2 = \left(\frac{\partial \bar{x}}{\partial x_1}\right)^2 \cdot s_1^2 + \cdots + \left(\frac{\partial \bar{x}}{\partial x_n}\right)^2 \cdot s_n^2 = \frac{1}{n^2} \cdot s_1^2 + \cdots + \frac{1}{n^2} \cdot s_n^2$$

Sind alle s_i gleich, folgt für den **Fehler des Mittelwertes**:

$$\Delta \bar{x} = \frac{s}{\sqrt{n}} \qquad (19.13)$$

Beispiel 19.1: ━━
Bestimmung der Schwerebeschleunigung g aus der Messung der Länge L und der Schwingungsdauer T eines Fadenpendels:
Für die Abhängigkeit der Schwerebeschleunigung g von den Meßgrößen L und T werde zugrundegelegt:

$$T = 2\pi \cdot \sqrt{\frac{L}{g}} \quad \Rightarrow \quad g = \frac{4\pi^2}{T^2} \cdot L \qquad (19.14)$$

Meßgrößen: $L = 0.638 \pm 0.002$ m $(\pm\, 0.31\%)$
                  $T = 1.602 \pm 0.004$ s $(\pm\, 0.25\%)$

Nach dem Fehlerfortpflanzungsgesetz (19.11) berechnet man aus der Beziehung (19.14) unter Verwendung von (19.12):

$$\Delta g^2 = \left(\frac{\partial g}{\partial T}\right)^2 \cdot \Delta T^2 + \left(\frac{\partial g}{\partial L}\right)^2 \cdot \Delta l^2$$

$$\Rightarrow \quad \frac{\Delta g}{g} = \sqrt{\left(2\frac{\Delta T}{T}\right)^2 + \left(\frac{\Delta L}{L}\right)^2} = 0.59 \quad \%$$

$$\Rightarrow \quad g = 9.81 \pm 0.06 \quad \frac{\text{m}}{\text{s}^2}$$

19.2.4   Ausgleichsrechnung

Gegeben sei die Stichprobe einer **zweidimensionalen** Grundgesamtheit, bestehend aus den n Wertepaaren:

$$(x_1, y_1), \quad (x_2, y_2), \quad \cdots, \quad (x_n, y_n)$$

Aufgabe der Ausgleichsrechnung ist, eine Funktion

$$y = f(x)$$

mit vorgegebener mathematischer Gestalt (Polynom k-ten Grades, Fourierpolynom etc.), die aber von k freien Parametern abhängt, so zu ermitteln, daß sie die Meßpunkte möglichst gut wiedergibt. Die freien Parameter $(k < n)$ werden nach dem **Prinzip der kleinsten Quadrate** berechnet, nämlich aus der Forderung, daß

‖ die Summe der Quadrate der y-Abstände
‖ der Meßpunkte von der Kurve minimal wird. ‖

Die Regressionsgerade

Die n Meßpunkte sollen speziell durch die Gerade

$$y = b_0 + b_1 \cdot x$$

beschrieben werden. Die Parameter b_0 und b_1 sind durch Ausgleichung gemäß der genannten Forderung zu berechnen: Die Summe der Abstandsquadrate

$$q = \sum_{i=1}^{n}(y_i - b_0 - b_1 \, x_i)^2$$

ist eine Funktion der Variablen b_0 und b_1. Sie wird minimal für

$$\frac{\partial q}{\partial b_0} = 0 \qquad \text{und} \qquad \frac{\partial q}{\partial b_1} = 0$$

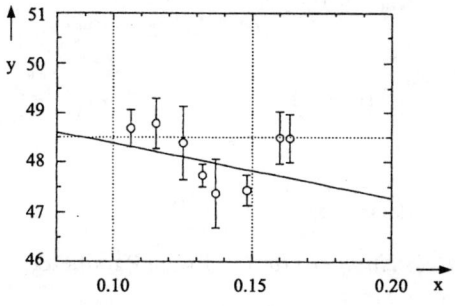

Abb. 19.9: Regressionsgerade durch gegebene Meßpunkte

Durch Differenzieren von q nach b_0 und b_1 erhält man das „System der Normalgleichungen":

$$b_0 \cdot n + b_1 \cdot \sum_{i=1}^{n} x_i = \sum_{i=1}^{n} y_i$$

$$b_0 \cdot \sum_{i=1}^{n} x_i + b_1 \cdot \sum_{i=1}^{n} x_i^2 = \sum_{i=1}^{n} x_i \cdot y_i$$

dessen Auflösung zu den Parameterwerten

$$b_0 = \bar{y} - b_1 \cdot \bar{x} \qquad \text{mit} \qquad b_1 = \frac{\sum\limits_{i=1}^{n} x_i \, y_i - n\bar{x}\bar{y}}{\sum\limits_{i=1}^{n} x_i^2 - n\bar{x}^2} \tag{19.15}$$

führt, worin

$$\bar{x} = \frac{1}{n}\sum_{i=1}^{n} x_i \qquad \text{und} \qquad \bar{y} = \frac{1}{n}\sum_{i=1}^{n} y_i$$

sind.

Ausgleichspolynome

In analoger Weise kann ein Polynom k-ten Grades mit (k+1) freien Parametern b_i

$$y = b_0 + b_1 \cdot x + b_2 \cdot x^2 + \cdots + b_k \cdot x^k$$

durch n Meßpunkte $y_i(x_i)$ gemäß der allgemeinen Ausgleichsforderung berechnet werden.

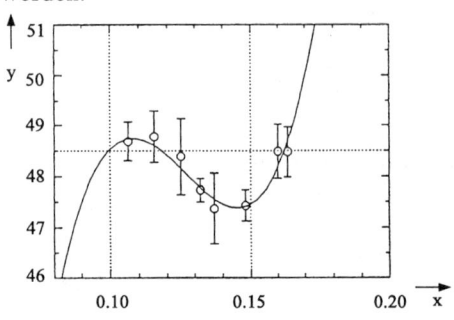

Abb. 19.10: Ausgleichspolynom 3.Grades durch die gleichen Meßpunkte wie in Abb. 19.9

Die Forderung

$$q = \sum_{i=1}^{n} (y_i - y(x_i))^2 \stackrel{!}{=} \text{Minimum}$$

ergibt über

$$\frac{\partial q}{\partial b_0} = 0, \quad \frac{\partial q}{\partial b_1} = 0, \quad \cdots, \quad \frac{\partial q}{\partial b_k} = 0$$

die (k+1) Bestimmungsgleichungen (*Normalgleichungen*) für die freien Parameter:

$$b_0 \cdot n \quad + \quad b_1 \cdot \sum x_i \quad + \quad \cdots \quad + \quad b_k \cdot \sum x_i^k \quad = \quad \sum y_i$$

$$b_0 \cdot \sum x_i \quad + \quad b_1 \cdot \sum x_i^2 \quad + \quad \cdots \quad + \quad b_k \cdot \sum x_i^{k+1} \quad = \quad \sum x_i\, y_i$$

$$\vdots \qquad\qquad \vdots \qquad\qquad\qquad \vdots \qquad\qquad \vdots$$

$$b_0 \cdot \sum x_i^k \quad + \quad b_1 \cdot \sum x_i^{k+1} \quad + \quad \cdots \quad + \quad b_k \cdot \sum x_i^{2k} \quad = \quad \sum x_i^k\, y_i$$

Details hierzu, insbesondere über die Berücksichtigung der Meßfehler der einzelnen Meßpunkte entnehme man der Literatur.(Z.B.[5],[24],[26])

Numerische Fourieranalyse

Ist eine periodische Funktion $\Phi(x)$ z.B. aus Messungen numerisch gegeben,z.B. durch N Meßwerte über ihrem Periodizitätsintervall, so kann die sie optimal beschreibende Fourierreihe (s.Kap.16) ebenfalls mit den Mitteln der Ausgleichsrechnung bestimmt werden.

$$\Phi_i(x) \approx F(x_i) = \frac{1}{2}\, a_0 + \sum_{k=1}^{K} (a_k \cdot \cos k\, x_i + b_k \cdot \sin k\, x_i) \qquad\qquad i = 1, \cdots N$$

Tabelle 19.2: Fourierspektren der nichtlinearen Schwingung für verschiedene Maximalamplituden sowie -zum Vergleich - der Rechteckschwingung

k	Fourierkoeffizienten a_k			
	$\Phi_0 = 5°$	$\Phi_0 = 45°$	$\Phi_0 = 90°$	Rechteck
0	0	0	0	0
1	+0.8719	+7.286	+11.440	+12.732
2	0	0	0	0
3	-0.0003	-0.2184	-1.547	-4.244
4	0	0	0	0
5	0	+0.0036	+0.1115	+2.547
6	0	0	0	0
7	0	0	-0.0067	-1.819
8	0	0	0	0
9	0	0	+0.00037	+1.415
10	0	0	0	0
11	0	0	0	-1.158
12	0	0	0	0
13	0	0	0	+0.979
14	0	0	0	0
15	0	0	0	-0.849
16	0	0	0	0

Die Ausgleichsforderung

$$\sum_{i=1}^{N} \left(\Phi_i - F(x_i) \right)^2 \stackrel{!}{=} \text{Minimum}$$

ergibt hier das System der $(2K + 1)$ Normalgleichungen für die Fourierkoeffizienten $a_0 \cdots a_K$ und $b_1 \cdots b_K$.

Unter Einsatz eines Computers ist das Gleichungssystem z.B. mit der Methode der Matrixinversion leicht bis zu ausreichend hohen Werten von K zu lösen. (Vgl. Kapitel 6)

Die nichtlinearen Schwingungen eines Pendels bei hohen Maximalausschlägen (s. Kapitel 14) wurden auf diese Weise einer Fourieranalyse unterzogen. Weil es sich hier um gerade Funktionen handelt, waren lediglich die Koeffizienten a_k zu berechnen. Für die drei Maximalausschläge $\Phi_0 = 5°$, $45°$ und $90°$ ergab die Ausgleichsrechnung entsprechend der mit dem Maximalausschlag zunehmenden Anharmonizität wachsende Amplituden der Kosinusterme höherer Frequenz. In Tabelle 19.1 ist das Ergebnis der Fourieranalyse der drei Schwingungsfunktionen zusammengestellt. Zum Vergleich enthält die Tabelle auch die Fourierkoeffizienten des Grenzfalls einer Rechteckschwingung (s. Beispiel 16.2 und Abbildung 18.1).

Anhang A

Computerprogramme zu den numerischen Verfahren

Die Quelltexte der Computerprogramme zu den in den Kapiteln 2 und 14 erwähnten numerischen Verfahren zur Berechnung bestimmter Integrale sowie von Lösungsfunktionen zu Differentialgleichungen sind im folgenden abgedruckt. Sie können auch unter http://www.spektrum-verlag.com aus dem Internet abgerufen werden.

A.1 Numerische Quadraturverfahren

Das hier angegebene, in PASCAL geschriebene Programm stellt die Konvergenz der verschiedenen, in Kapitel 2 beschriebenen Verfahren zur numerischen Berechnung bestimmter Integrale dar. In Abhängigkeit von der Unterteilung N des Integrationsintervalls zeigt es für das Sehnentrapezverfahren, das Tangententrapezverfahren, die Simpson'sche Regel und ein Gauss-Legendre Verfahren die Annäherung des berechneten Integralwertes an den angestrebten exakten Wert der Zahl π.

```
Program Integration;              { PASCAL }
    Const  Pi=3.14159265358979323846; A=0; B=1;
    Var
       M, N : Integer;
       H, T, R, S, SG, Deltat, Deltar, Deltas,
       Deltag : Real;
    Function At(Var x: Real):Real;
       Begin
         At:=1/(1+x*x)
       End;

    Procedure Trapez(Var T, H: Real; N: Integer);
       Var K: Integer; X: Real;
         Begin
         T:= 0;
         For K:=1 to N+1 do
           Begin
           X:= A+H*(K-1);
```

```
        If (K=1) Or (K=N+1) Then
        T:= T + At(X)*H/2
        Else
        T:= T + At(X)*H
        End;
      End;

Procedure Rechteck(Var R, H: Real; N: Integer);
    Var K: Integer; X: Real;
      Begin
      R:= 0;
      For K:=2 to N+1 do
      Begin
        X:= A + (2*K-3)*H/2;
        R:= R + At(X)*H
      End;
      End;

 Procedure Simpson(Var S, H: Real; N: Integer);
    Var K: Integer; X: Real;
      Begin
        S:= 0;
        For K:= 1 to N+1 do
        Begin
          X:= A + H*(K-1);

          If (K=1) or (K=N+1) then
             S:= S + At(X)* H/3;
          If (K mod 2 = 0) and (K<>1) and (K<>(N+1))
          then
             S:= S + At(X)* H * 4/3;
          Tf (K mod 2 = 1) and (K<>1) and (K<>(N+1))
          then
             S:= S + At(X)* H * 2/3;
        End;
      End;

Procedure Gauss_2(N:Integer);
    Const DH = 0.577350269189626;
    Var
      K: Integer;
      H, XL, XR : Real;
      Begin
        SG:= 0;
        For K:= 1 to N div 2 do
        Begin
          H:=(B-A)/N;
          XL:= A + H * ((2*K-1) - DH);
          XR:= A + H * ((2*K-1) + DH);
          SG:= SG + (At(XL) + At(XR)) * H
        End;
      End;

  Begin
```

```
For N:= 1 to 160 do
Begin
  H:= (B-A)/N;
  Trapez(T,H,N);
  Rechteck(R,H,N);
  Simpson(S,H,N);
  Gauss_2(N);
  T:=4*T; R:=4*R; S:=4*S; SG:=4*SG;
  Deltat:=T-Pi; Deltar:=R-Pi; Deltas:=S-Pi;
  Deltag:=SG-Pi;
End;

.............. Ausgabe ..................

End.
```

A.2 Vergleich numerischer Lösungsverfahren einer Differentialgleichung 1.Ordnung anhand der Wärmeleitungsgleichung

In Kapitel 14 (Abschnitt 14.3.2) werden verschiedene Methoden zur numerischen Integration von gewöhnlichen Differentialgleichungen 1.Ordnung vorgestellt. Ihr Vergleich anhand der Wärmeleitungsgleichung erfolgt dort mit dem hier aufgeführten, in der Programmiersprache C geschriebenen Programm.

```c
/* L"osung eines W"armeleitungsproblems mit Euler-Integration, */
/* Midpoint-Integration und Runge_Kutta-Integration  */

#include <stdio.h>
#include <math.h>

#define NEND 31

double Gamma=0.043, T_raum=22.0;

double dgl(double y, double dydx)
{
  dydx = -Gamma*(y-T_raum);
  return dydx;
}

double euler(double xu, double yu, double yo, double h)
{
  double dydx, k;
  dydx = dgl(yu, dydx);
  k = h* dydx;
  yo = yu + k;
  return yo;
}
```

```
double midpoint(double xu, double yu, double yo, double h)
{
  double dydx, k1, k2;
  dydx = dgl(yu, dydx);
  k1 = h* dydx;
  dydx = dgl((yu+0.5*k1),dydx);
  k2 = h * dydx;
  yo = yu + k2;
  return yo;
}


double runge_kutta(double xu, double yu, double yo, double h)
{
  double dydx, k1, k2, k3 ,k4;
  dydx = dgl(yu, dydx);
  k1 = h* dydx;
  dydx = dgl((yu+0.5*k1),dydx);
  k2 = h * dydx;
  dydx = dgl((yu+0.5*k2),dydx);
  k3 = h * dydx;
  dydx = dgl((yu+k3),dydx);
  k4 = h * dydx;
  yo = yu + k1/6. + k2/3. + k3/3. + k4/6.;
  return yo;
}


main()
{
  double euler();
  double midpoint();
  double runge_kutta();
  double xu, yu, yo, h, T_mp[NEND], T_rk[NEND];
  int i, n, nmax=11;
  double x[NEND], T_eu[NEND], T_exakt[NEND], T_start=83.0,
         x_start=0.0;
  printf("Schrittweite, Anzahl von Schritten\n");
  scanf("%lf %d", &h, &nmax);
  printf("     Zeit      Temperatur    Temperatur
         Temperatur    Temperatur \n");
  printf("                (Euler)      (Midpoint)
         (Runge/Kutta) (exakt)    \n");
  for(i=0; i<NEND; x[i++]=0.0);
  T_eu[0]=T_start;
  T_mp[0]=T_start;
  T_rk[0]=T_start;
  T_exakt[0]=T_start;
  x[0]=x_start;
  printf("%12.6f %12.6f %12.6f %12.6f %12.6f\n", x[0],
         T_eu[0], T_mp[0], T_rk[0], T_exakt[0]);
  for (n=1; n< nmax; n++)
    {
    x[n]=x[n-1]+h;
    xu = x[n-1];
```

```
    yu = T_eu[n-1];
    yo=euler(xu,yu,yo,h);
    T_eu[n] = yo;
    yu = T_mp[n-1];
    yo=midpoint(xu,yu,yo,h);
    T_mp[n] =yo;
    yu = T_rk[n-1];
    yo=runge_kutta(xu,yu,yo,h);
    T_rk[n] = yo;
    T_exakt[n] = T_raum+(T_start-T_raum)*exp(-Gamma*x[n]);
    printf("%12.6f %12.6f %12.6f %12.6f %12.6f\n", x[n],
          T_eu[n], T_mp[n], T_rk[n], T_exakt[n]);
  }
  printf("\n\nParameterwerte:\n");
  printf("   Schrittweite:      %f\n", h);
  printf("   Gamma [min^-1]:    %f\n", Gamma);
  printf("   Raumtemperatur:    %f\n", T_raum);
}
```

A.3   Numerische Integration der nichtlinearen Schwingungsgleichung

Die numerische Integration von gewöhnlichen Differentialgleichungen höherer Ordnung wird in Kapitel 14 (Abschnitt 14.3.3) erläutert. Die Anwendung auf die nichtlineare Schwingungsgleichung erfolgt mit dem hier wiedergegebenen, in der klassischen Programmiersprache FORTRAN77 geschriebenen Programm.

```
***     FORTRAN77 Programm zur Integration der
***     nichtlinearen Schwingungsgleichung
        implicit real*8 (a-h,o-z)
        parameter (pi=3.1415926d0)
        real*8 t(401),phi(401),phis(401),x(401),
     &  laenge,k1,k2,k3
        data laenge /10.d0/
        omega2=9.81d0/laenge
        omega0=dsqrt(omega2)
***     Integrationsbereich: 0 bis 4*t
        h=8.d0*pi/omega0/400.d0
        h2=h/2.d0
        h8=h/8.d0
***     Schleife "uber 35 Maximalamplituden:
***     5 Grad bis 175 Grad
        do 1 np=1,35
        phi0=pi/180.d0*5.d0*dfloat(np)
        phis0=0.d0
        phi(1)=phi0
        x(1)=laenge*dsin(phi(1))
        phis(1)=phis0
        t(1)=0.d0
***     Schleife "uber 400 Integrationsschritte
        do 2 n=2,401
        t(n)=t(n-1)+h
```

```
         k1=-omega2*h*dsin(phi(n-1))
         k2=-omega2*h*dsin(phi(n-1)+h2*phis(n-1)+h8*k1)
         k3=-omega2*h*dsin(phi(n-1)+h*phis(n-1)+h2*k2)
         b=phis(n-1)+(k1+2.d0*k2)/6.d0
         phi(n)=phi(n-1)+h*b
         phis(n)=b+(2.d0*k2+k3)/6.d0
         x(n)=laenge*dsin(phi(n))
2        continue
*..............................................
```

```
***   Ausgabe
```

```
*..............................................
1        continue
         stop
         end
```

Literaturverzeichnis

[1] M. Abramowitz, I. A. Stegun: „Handbook of Mathematical Functions" Dover Publications, New York 1965

[2] F. Ayres: „Differential- und Integralrechnung", McGraw-Hill, Düsseldorf 1975

[3] G. Berendt, E. Weimar: „Mathematik für Physiker", Bd.1, Physik-Verlag, Weinheim 1980

[4] D. E. Bourne, P. C. Kendall: „Vektoranalysis", Teubner-Verlag, Stuttgart 1973

[5] S. Brandt: „Datenanalyse", Bibliographisches Institut, Mannheim 1992

[6] I. N. Bronstein, K. A. Semendjajev: „Taschenbuch der Mathematik", Teubner-Verlag, Stuttgart 1991

[7] L. Collatz: „Differentialgleichungen", Teubner-Verlag, Stuttgart 1981

[8] R. Courant, D. Hilbert: „Methoden der Mathematischen Physik", J. Springer Verlag, Berlin 1931

[9] G. Engeln-Müllges, F. Reutter: „Formelsammlung zur Numerischen Mathematik mit Turbo-Pascal Programmen", BI Wissenschaftsverlag, Mannheim 1987

[10] G. Fischer: „Lineare Algebra", Vieweg-Verlag, Braunschweig 1986

[11] H. Fischer, H. Kaul: „Mathematik für Physiker", Teubner-Verlag, Stuttgart 1988

[12] O. Forster: „Analysis", Bd.1, Bd.2 und Bd.3, Vieweg-Verlag, Braunschweig 1992

[13] I. S. Gradstein, I. M. Ryszik: „Tables of Integrals, Series and Products", New York 1965

[14] S. Grossmann: „Mathematischer Einführungskurs für die Physik", Teubner-Verlag, Stuttgart 1981

[15] K. P. Grotemeyer: „Analytische Geometrie", W. de Gruyter & Co.,Berlin 1969

[16] W. Gröbner, M. Hofreiter: „Integraltafel", Berlin 1969

[17] J. Hainzl: „Mathematik für Naturwissenschaftler", Teubner-Verlag, Stuttgart 1977

[18] G. Joos, E. Richter: „Höhere Mathematik für den Praktiker",
      Verlag Harri Deutsch, Thun 1979

[19] E. Kamke: „Differentialgleichungen, Lösungsmethoden und Lösungen",
      Bd.1 : „Gewöhnliche Differentialgleichungen"
      Akademische Verlagsgesellschaft, Leipzig 1956

[20] H. Netz: „Formeln der Mathematik", Hanser-Verlag, München 1983

[21] W. H. Press, B. P. Flannery, S. A. Teukolsky, W. T. Vetterling:
      „Numerical Recipes", Cambridge University Press, New York 1986

[22] M. R. Spiegel: „Vektoranalysis", McGraw-Hill, Düsseldorf 1977

[23] M. R. Spiegel: „Statistik", McGraw-Hill, Düsseldorf 1976

[24] F. Stummel, K. Hainer: „Praktische Mathematik",
      Teubner-Verlag, Stuttgart 1989

[25] K. Weltner: „Mathematik für Physiker", Lehrbuch Bd.1 und Bd.2,
      Vieweg-Verlag, Braunschweig 1978

[26] R. Zurmühl: „Praktische Mathematik", Springer-Verlag, Heidelberg 1970

Stichwortverzeichnis